空管一次雷达
KONGGUAN YICI LEIDA

张　尉　张兴敢　等编著

国防工业出版社

·北京·

U0660095

内 容 简 介

本书共13章。第1章介绍空管一次雷达的产生、发展、种类和设备规范;第2章介绍发现、定位和录取目标的基本原理,简单描述雷达探测目标需要解决的问题及对策;第3章介绍各种回波的强度、统计、频谱和区域位置特性;第4章介绍噪声统计、频谱特性;第5章简单介绍奈曼—皮尔逊准则,导出匹配滤波器,分析各种环境下雷达探测性能;第6章将模糊函数与匹配滤波器结合进行信号波形分析,重点讨论了脉冲压缩特性;第7章介绍天线波束特点和射频通道组成;第8章介绍发射机组成及特点;第9章介绍接收机组成及特点;第10章介绍相参、正交双通道原理,重点讨论MTD特性、组成和点迹处理原理,介绍MTD处理典型结构及气象处理典型结构;第11章介绍目标跟踪过程、滤波原理,重点介绍了卡尔曼滤波原理;第12章介绍监控与显示原理;第13章简单介绍设备性能仪表测试方法。

本书可作为大专院校电子工程等有关专业的本科教材和培训资料,也可作为空管一次雷达工程技术人员的参考用书。

图书在版编目(CIP)数据

空管一次雷达/张尉等编著. —北京:国防工业出版社,
2015.3
ISBN 978-7-118-10009-9

Ⅰ.①空… Ⅱ.①张… Ⅲ.①空中交通管制–雷达管制 Ⅳ.①V355.1

中国版本图书馆 CIP 数据核字(2015)第 036834 号

※

国防工业出版社 出版发行
(北京市海淀区紫竹院南路23号 邮政编码100048)
北京嘉恒彩色印刷有限责任公司
新华书店经售
*
开本 710×1000 1/16 印张 15¾ 字数 298 千字
2015 年 3 月第 1 版第 1 次印刷 印数 1—2000 册 定价 56.00 元

(本书如有印装错误,我社负责调换)

国防书店:(010)88540777　　　　发行邮购:(010)88540776
发行传真:(010)88540755　　　　发行业务:(010)88540717

《空管一次雷达》
编审委员会

主　　编　张　尉　张兴敢

编审人员　林　强　毕红葵　焦晓丽　姜朝毅

　　　　　张　兵　张尊泉　谢幼才　张新勋

序

　　空管一次雷达是监视雷达在空中交通管制中的典型应用,历经 60 余年的发展,在技术、性能及结构上已日益成熟。目前,正值空管一次雷达在我国大量装备使用,本书积极适应这一需求,可为我国民航实现雷达管制、发挥应有效能提供有力支撑。特别是对于雷达初学者、运用人员等,可以在学习和运用中理论联系实际,起到事半功倍的效果。

　　本书编写者多年从事雷达系统、雷达原理、信号处理等方面的教学和研究,在空管雷达运用和培训方面积累了丰富的经验。该书提出了模糊函数与匹配滤波器结合对信号波形的分析方法,梳理了自适应动目标检测处理和飞机目标自动录取、自动跟踪的过程,原理与系统结合,技术与应用并重。全书内容系统、条理清晰、深入浅出,为阅读者快速掌握该雷达提供了捷径,对致力于该雷达的学习、运用人员尤其具有重要的实用价值和指导意义。此外,考虑到本科生层次的需要,本书内容与专业基础课程也有较好地衔接,可以作为高等院校雷达和相关专业的本科教材。

　　本书的出版,不仅是对现有雷达系统和雷达原理书籍的有益补充,也将为推动我国空管事业和雷达事业的发展贡献一份新的力量。

2015 年 1 月

前　言

空管一次雷达集飞机监视和气象探测于一体,是确保飞行安全、实现雷达管制和提高空域容量的基础,在保障日常飞行、主动式监视方面发挥着不可替代的作用。现在正是我国由民航大国向民航强国发展关键时期,《空管一次雷达》一书为需要掌握空管一次雷达工作原理、过程、运用的人员提供了及时的学习资料。

空管一次雷达紧密联系于监视雷达技术和空管需求,其技术复杂,内容繁杂,原理涉及数学公式多。本书引用经典雷达系统原著,查阅大量书籍、资料和互联网信息,梳理基本理论,简化重要公式推导过程,重新计算和标注曲线与图表,附加各章小结,对空管一次雷达系统探测空中目标、处理回波信号的脉络进行了描述。

各章附加思考题与习题,标有"＊"号的为较难习题。本书编写分为如下层次:

(1) 雷达探测目标基础:目标特性、杂波特性、噪声特性;

(2) 雷达检测目标性能分析;

(3) 模糊函数与匹配滤波器结合进行信号波形分析;

(4) 信号处理讨论;

(5) 数据处理讨论;

(6) 其他分系统讨论。

编者积累多年雷达系统、雷达原理、信号处理的教学体验,结合雷达装备培训、运用经验,总结出本书主线为信噪比/信杂比、目标跟踪与虚警控制。本书可作为大专院校电子工程等有关专业本科教材和培训资料,也可作为空管一次雷达工程技术人员参考书,便于教学和培训,阅读者可根据需要合理取舍本书内容。

参加本书编审工作的还有董长清、江晶、舒重胜、李洪力、王晗中、赵耀文、欧阳和贵、陈轶、赵铁英、禾刚、袁伟等。李侠、张荣华等对本书的形成提出了宝贵的意见,在本书出版过程中,空军预警学院的王永良、谭贤四、徐庭新等做出了许多贡献,正是大家的共同努力才使本书能正式出版。同时,编者对编写过程所参阅大量文献资料的作者表示感谢。

由于编审人员水平有限,书中错误和不妥之处在所难免,恳请读者批评指正。

编者
2015 年 1 月

目　录

第1章　概述 ……………………………………………………………………… 1

1.1　空管雷达产生和发展 ……………………………………………………… 1

1.2　空管雷达种类 ……………………………………………………………… 4

1.3　空管雷达设备及规范 ……………………………………………………… 7

1.4　主要技术参数与雷达性能之间的关系 …………………………………… 9

1.5　本章小结 …………………………………………………………………… 12

思考题与习题 …………………………………………………………………… 12

第2章　目标探测基本原理 …………………………………………………… 13

2.1　目标发现与人工录取 ……………………………………………………… 13

2.1.1　回波显示及目标发现 …………………………………………… 13

2.1.2　雷达坐标及人工录取 …………………………………………… 15

2.1.3　信噪比和信杂比 ………………………………………………… 16

2.2　距离测量 …………………………………………………………………… 18

2.2.1　距离测量方法 …………………………………………………… 19

2.2.2　距离测量性能 …………………………………………………… 20

2.3　方位测量 …………………………………………………………………… 20

2.3.1　方位测量方法 …………………………………………………… 21

2.3.2　方位测量性能 …………………………………………………… 21

2.4　门限检测与自动录取 ……………………………………………………… 22

2.4.1　门限检测 ………………………………………………………… 22

2.4.2　自动录取 ………………………………………………………… 23

2.5　速度计算 …………………………………………………………………… 25

2.6　空管雷达探测飞机目标需要解决的问题及对策 ………………………… 25

2.7　空管雷达探测气象目标需要解决的问题及对策 ………………………… 29

2.8 本章小结 ……………………………………………………………… 31

思考题与习题 ……………………………………………………………… 32

第3章 回波特性 ………………………………………………………… 33

3.1 目标分类 ……………………………………………………………… 33

3.2 飞机回波特性 ………………………………………………………… 34

    3.2.1 强度 ……………………………………………………………… 34

    3.2.2 统计特性 ………………………………………………………… 37

3.3 地面/海面回波特性 …………………………………………………… 41

    3.3.1 强度 ……………………………………………………………… 41

    3.3.2 统计特性 ………………………………………………………… 42

3.4 气象回波特性 ………………………………………………………… 43

3.5 回波频谱特性 ………………………………………………………… 45

3.6 杂波区域位置分布特性 ……………………………………………… 48

3.7 本章小结 ……………………………………………………………… 49

思考题与习题 ……………………………………………………………… 50

第4章 噪声特性 ………………………………………………………… 51

4.1 噪声统计特性 ………………………………………………………… 51

4.2 噪声频谱特性 ………………………………………………………… 53

4.3 接收机中等效噪声 …………………………………………………… 54

4.4 本章小结 ……………………………………………………………… 57

思考题与习题 ……………………………………………………………… 57

第5章 目标检测与雷达探测性能 ……………………………………… 59

5.1 奈曼—皮尔逊准则 …………………………………………………… 59

5.2 匹配滤波器 …………………………………………………………… 62

5.3 雷达探测威力 ………………………………………………………… 64

    5.3.1 噪声环境中雷达方程 …………………………………………… 65

    5.3.2 噪声环境中雷达威力范围 ……………………………………… 68

5.4 雷达系统增/减信噪比对探测性能影响 ……………………………… 73

    5.4.1 微波馈线组件衰减信噪比 ……………………………………… 73

     5.4.2　脉冲压缩提高信噪比与脉冲积累提高信噪比 ················ 73

  5.5　地球曲率对雷达探测性能限制 ················ 75

  5.6　地面对雷达探测性能影响 ················ 76

  5.7　大气对雷达探测性能影响 ················ 78

  5.8　杂波环境中雷达方程 ················ 83

     5.8.1　面杂波环境中雷达方程 ················ 83

     5.8.2　体杂波环境中雷达方程 ················ 84

  5.9　干扰噪声环境中雷达方程 ················ 85

  5.10　气象回波检测最大作用距离 ················ 86

  5.11　本章小结 ················ 87

  思考题与习题 ················ 87

第6章　信号波形分析 ················ 89

  6.1　信号复数表示 ················ 89

  6.2　模糊函数及其性质 ················ 90

  6.3　模糊函数与匹配滤波器关系 ················ 96

     6.3.1　模糊函数与匹配滤波器之间关系式 ················ 96

     6.3.2　信号波形分析步骤 ················ 98

     6.3.3　线性调频信号匹配滤波 ················ 98

  6.4　多普勒敏感性对信号波形的限制 ················ 100

  6.5　距离副瓣幅度对信号波形的限制 ················ 102

  6.6　脉冲压缩对雷达探测性能影响 ················ 105

     6.6.1　脉冲压缩后宽度和脉冲压缩系数 ················ 105

     6.6.2　脉冲压缩提高回波信噪比/信杂比 ················ 106

  6.7　长脉冲遮挡及解决措施 ················ 108

  6.8　窄脉冲干扰和异步干扰剔除 ················ 110

  6.9　非线性调频脉冲压缩特性 ················ 110

  6.10　本章小结 ················ 112

  思考题与习题 ················ 112

第7章　天线和射频通道 ················ 114

  7.1　主要技术指标规范要求 ················ 114

7.2　天线设备组成 ·· 115

7.3　天线辐射图 ·· 117

　　7.3.1　空管雷达威力图需求 ······························ 118

　　7.3.2　高/低波束接收特性 ································ 119

7.4　射频通道组成 ·· 120

7.5　本章小结 ·· 122

思考题与习题 ·· 123

第8章　发射机 ·· 124

8.1　主要技术指标规范要求 ······························ 125

8.2　放大设备组成 ·· 126

　　8.2.1　激励信号产生模块 ································ 127

　　8.2.2　放大模块 ·· 128

　　8.2.3　电源模块 ·· 129

8.3　监控分机 ·· 130

8.4　本章小结 ·· 132

思考题与习题 ·· 133

第9章　接收机 ·· 134

9.1　主要技术指标规范要求 ······························ 134

9.2　放大设备组成 ·· 135

9.3　放大/衰减特性 ·· 136

9.4　本章小结 ·· 137

思考题与习题 ·· 138

第10章　信号处理 ·· 139

10.1　主要技术指标规范要求 ······························ 139

10.2　回波相参鉴别及正交双通道处理 ·············· 140

　　10.2.1　相参处理 ·· 140

　　10.2.2　对消与滤波 ······································ 141

　　10.2.3　杂波抑制性能指标与系统稳定度限制 ····· 144

　　10.2.4　盲相与正交双通道结构 ····················· 146

10.3 回波自适应动目标检测 ·· 147

    10.3.1 窄带滤波器组分频道滤波 ································· 148

    10.3.2 恒虚警率处理 ·· 153

    10.3.3 剩余杂波图处理 ··· 157

    10.3.4 零频道处理 ·· 158

    10.3.5 二进制积累检测及跨周期回波滤除 ················· 159

    10.3.6 回波信息数据提取 ·· 161

    10.3.7 脉组参差变频及参差变周 ································· 162

10.4 点迹处理 ·· 163

    10.4.1 预点迹数据归并与分辨 ····································· 164

    10.4.2 点迹凝聚 ·· 165

    10.4.3 人工指定区域点迹过滤 ····································· 166

10.5 信号处理典型框图 ··· 167

    10.5.1 第一代 MTD ··· 167

    10.5.2 第二代 MTD ··· 169

    10.5.3 第三代 MTD ··· 169

    10.5.4 ASR - 10SS 雷达 MTD 处理 ···························· 170

    10.5.5 3821 雷达 MTD 处理 ····································· 171

    10.5.6 STAR - 2000 雷达 MTD 处理 ·························· 172

    10.5.7 ASR - 23SS 雷达 MTD 处理 ························· 173

10.6 气象通道处理 ·· 173

    10.6.1 晴空图自适应 FIR 滤波 ·································· 174

    10.6.2 STC 补偿 ·· 175

    10.6.3 积累及分级 ··· 176

    10.6.4 气象图确定 ··· 176

10.7 本章小结 ·· 177

思考题与习题 ·· 178

第 11 章 数据处理 ·· 179

11.1 主要技术指标规范要求 ·· 179

11.2 目标跟踪过程 ··· 180

11.3 目标跟踪模型 ··· 182

    11.3.1　目标运动模型 ⋯⋯⋯⋯⋯⋯⋯⋯⋯⋯⋯⋯⋯⋯⋯ 182

    11.3.2　目标观测模型 ⋯⋯⋯⋯⋯⋯⋯⋯⋯⋯⋯⋯⋯⋯⋯ 185

  11.4　目标跟踪滤波 ⋯⋯⋯⋯⋯⋯⋯⋯⋯⋯⋯⋯⋯⋯⋯⋯⋯⋯ 185

    11.4.1　$\alpha-\beta$ 滤波 ⋯⋯⋯⋯⋯⋯⋯⋯⋯⋯⋯⋯⋯⋯⋯⋯ 185

    11.4.2　卡尔曼滤波 ⋯⋯⋯⋯⋯⋯⋯⋯⋯⋯⋯⋯⋯⋯⋯⋯ 186

    11.4.3　交互式多模型滤波 ⋯⋯⋯⋯⋯⋯⋯⋯⋯⋯⋯⋯⋯ 193

  11.5　点迹与航迹相关处理 ⋯⋯⋯⋯⋯⋯⋯⋯⋯⋯⋯⋯⋯⋯⋯ 196

    11.5.1　跟踪门形成 ⋯⋯⋯⋯⋯⋯⋯⋯⋯⋯⋯⋯⋯⋯⋯⋯ 196

    11.5.2　航迹起始 ⋯⋯⋯⋯⋯⋯⋯⋯⋯⋯⋯⋯⋯⋯⋯⋯⋯ 197

    11.5.3　点迹与航迹配对 ⋯⋯⋯⋯⋯⋯⋯⋯⋯⋯⋯⋯⋯⋯ 198

    11.5.4　航迹终止 ⋯⋯⋯⋯⋯⋯⋯⋯⋯⋯⋯⋯⋯⋯⋯⋯⋯ 200

  11.6　人工指定区域航迹限制 ⋯⋯⋯⋯⋯⋯⋯⋯⋯⋯⋯⋯⋯ 200

  11.7　与二次雷达目标数据配对处理 ⋯⋯⋯⋯⋯⋯⋯⋯⋯⋯ 201

  11.8　向 ATC 上报处理 ⋯⋯⋯⋯⋯⋯⋯⋯⋯⋯⋯⋯⋯⋯⋯⋯ 201

  11.9　本章小结 ⋯⋯⋯⋯⋯⋯⋯⋯⋯⋯⋯⋯⋯⋯⋯⋯⋯⋯⋯ 202

  思考题与习题 ⋯⋯⋯⋯⋯⋯⋯⋯⋯⋯⋯⋯⋯⋯⋯⋯⋯⋯⋯⋯ 203

第 12 章　监控与显示 ⋯⋯⋯⋯⋯⋯⋯⋯⋯⋯⋯⋯⋯⋯⋯⋯⋯⋯ 204

  12.1　主要技术指标规范要求 ⋯⋯⋯⋯⋯⋯⋯⋯⋯⋯⋯⋯⋯ 204

  12.2　工作状态监测与控制 ⋯⋯⋯⋯⋯⋯⋯⋯⋯⋯⋯⋯⋯⋯ 205

  12.3　性能参数在线测试 ⋯⋯⋯⋯⋯⋯⋯⋯⋯⋯⋯⋯⋯⋯⋯ 208

  12.4　目标探测信息显示 ⋯⋯⋯⋯⋯⋯⋯⋯⋯⋯⋯⋯⋯⋯⋯ 209

  12.5　本章小结 ⋯⋯⋯⋯⋯⋯⋯⋯⋯⋯⋯⋯⋯⋯⋯⋯⋯⋯⋯ 210

  思考题与习题 ⋯⋯⋯⋯⋯⋯⋯⋯⋯⋯⋯⋯⋯⋯⋯⋯⋯⋯⋯⋯ 210

第 13 章　设备性能仪表测试 ⋯⋯⋯⋯⋯⋯⋯⋯⋯⋯⋯⋯⋯⋯ 211

  13.1　天线测试 ⋯⋯⋯⋯⋯⋯⋯⋯⋯⋯⋯⋯⋯⋯⋯⋯⋯⋯⋯ 211

  13.2　馈线测试 ⋯⋯⋯⋯⋯⋯⋯⋯⋯⋯⋯⋯⋯⋯⋯⋯⋯⋯⋯ 213

  13.3　发射机测试 ⋯⋯⋯⋯⋯⋯⋯⋯⋯⋯⋯⋯⋯⋯⋯⋯⋯⋯ 214

  13.4　接收机测试 ⋯⋯⋯⋯⋯⋯⋯⋯⋯⋯⋯⋯⋯⋯⋯⋯⋯⋯ 216

  13.5　信号处理器测试 ⋯⋯⋯⋯⋯⋯⋯⋯⋯⋯⋯⋯⋯⋯⋯⋯ 219

  13.6　数据处理器测试 ⋯⋯⋯⋯⋯⋯⋯⋯⋯⋯⋯⋯⋯⋯⋯⋯ 220

13.7　本章小结 ……………………………………… 221

思考题与习题 ……………………………………… 221

附录 ………………………………………………… 223

附录 1　傅里叶变换表 …………………………… 223

附录 2　卷积公式 ………………………………… 224

附录 3　许瓦兹不等式 …………………………… 224

附录 4　缩略语及技术词汇表 …………………… 225

参考文献 ……………………………………………… 232

第 1 章　概　述

本章主要讨论空管雷达的产生和发展,并具体讨论空管一次雷达设备及规范,以及主要技术参数与雷达性能之间的关系。

1.1　空管雷达产生和发展

在空中交通管制(Air Traffic Control,ATC,简称空管)应用中的雷达统称为空管雷达。空管雷达是空管系统中监视空中目标飞行情况的重要信息源,是确保飞行安全、实现雷达管制和提高空域流量的基础。

雷达的定义最早是英文 RADAR(RAdio Detection and Range,无线电探测与测距),它是由美国海军军官福尔特和塔格尔共同提出的。按照该定义,雷达的基本功能是通过获取从目标散射回来的电磁波发现目标,并测定目标的距离。随着雷达技术的发展,雷达的功能早已超出了该定义,不仅能测量目标的方位角、仰角,还能获取目标的速度、属性及特征,对目标成像等。

雷达最初应用于国土防空、监视引导。在第二次世界大战中,雷达以军用作战为主。随着民航需求的发展,在 1949 年,美国的民用航空局(前身为联邦航空局 Federal Aviation Administration,FAA)采用雷达作为民用飞机的主要导航设备,解决了恶劣气象条件下机场空域飞机的导航问题,1953 年,开始实施航路上的雷达导航方案。联邦德国航空交通管理局 1955 年在机场附近和航路使用一次雷达,使空管员可以实时掌握空中飞行目标的相互位置,向航行管制系统的自动化迈开了第一步。在 20 世纪 70 年代之前,雷达装备使用的发射机为磁控管形式,信号处理为模拟 MTI(Moving Target Indication,动目标显示),以手动为主要录取方式,自动化程度低,可靠性较差,主要是 ASR – 4 ~ ASR – 7、ARSR – 1、ARSR – 2 等。

20 世纪 70 年代中雷达使用的发射机以速调管为主要形式,信号处理为数字 MTI,以自动为主要录取方式,自动化程度高,可靠性较高,如法国的 TA – 10K,美国的 ASR – 8K、ARSR – 3,意大利的 ATCR – 33K 等雷达。

70 年代后的雷达主要特点是具有 MTD(Moving Target Detection,动目标检测),除此之外,雷达发展过程中出现的新技术逐步被采用,如高/低波束、线/圆

1

极化、独立气象通道、全相参体制、点迹/航迹录取、双通道冗余、遥控/遥视、BIT（Built - in Test，机内测试）等技术，主要代表型号是美国的 ASR - 9。

80 年代至 90 年代初雷达采用了全固态发射机，信号处理为 AMTD（Adaptive MTD，自适应动目标检测），以自动录取和自动状态监测为主，双通道冗余，雷达的可靠性、维修性、可用性和安全性极大提高，雷达发展到更为完善和实用的阶段。如 RAYTHEON（雷神）公司的 ASR - 10SS、ASR - 11，GRUMMAN（格鲁曼）公司的 ASR - 12，THOMSON（汤姆逊）- CSF 公司的 STAR - 2000，WESTINGHOUSE（西屋）公司的 ARSR - 4 等设备。

全相参体制及 MTD 和全固态发射机技术具有标志性的意义，在全相参体制平台上所实现的 MTD 技术对杂波的抑制达到了极致，全固态发射机的采用使雷达彻底固态化，带来可靠性极大提高的同时又与采用脉冲压缩技术相适应。

空管雷达 L 波段的装备紧随 S 波段装备之后出现，作用距离较远，主要用于航路监视。如在 70 年代出现 THOMSON - CSF 公司的 LP - 23K，90 年代出现加拿大 RAYTHEON 公司的 ASR - 23SS/16 型，法国 THALES（泰勒斯）公司（原THOMSON - CSF 公司）的 TRAC - 2000 型，意大利 AMS（阿列尼亚·马可尼系统）公司的 ATCR - 22M/K。

军民兼用可以降低征地费、设备费、维护费等费用，以及减少人员的组织和管理。如 1996 年，美国 FAA 采购 ASR - 11 型雷达用于空管和军用机场，取代之前 FAA 的 ASR - 7/8 和国防部的 GPN - 12/20/27 雷达，图 1.1（a）所示为ASR - 11型雷达天线照片（一次雷达天线上部是二次雷达天线）。该雷达称为DASR（Digital ASR）。美国 L 波段三坐标远程监视雷达 ARSR - 4（AN/FPS - 130）就是由美国空军和美国联邦航空管理局联合开发的，用以加强国土防空与空管监视能力，图 1.1（b）所示为 ARSR - 4 型雷达天线照片。ARSR - 4 满足空军在强杂波环境下探测小雷达截面积目标，天线低副瓣反干扰和对低空目标的

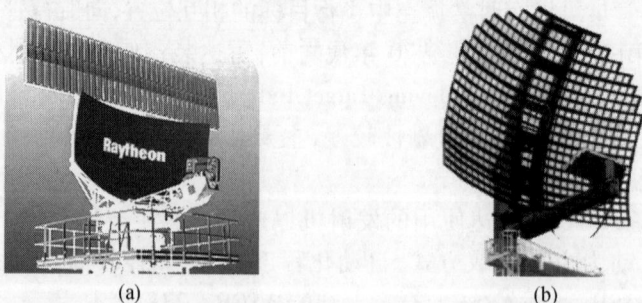

(a)   (b)

图1.1　用于空管和军用机场的一次雷达天线照片

探测能力,同时也满足联邦航空管理局对低虚警、高精度和高分辨力的探测要求。其中,相控阵(Phased Array)体制的采用,可以提高目标的数据率、分辨力、长时间积累和多功能等性能。

我国20世纪五六十年代也采用军用防空雷达兼顾完成民航的空管任务,依靠多雷达站接力连续保障空管24h值班时间。随着民航需求的发展,与购置国际上著名厂商的商用飞机一样,民航局长期采购国际上著名厂商的航管雷达。

20世纪80年代中期,国营第七八四厂研制成功了797型近程航管一次监视雷达,采用数字稳频技术后的797-A型雷达应用于90年代初完成的我国"航管2号"系统中。1993年中国电子科技集团第三十八研究所研制成功了JY-21型S波段全固态航管一次监视雷达,该雷达采用国际同类雷达技术体制,同时完成飞机飞行监视和气象分布探测的双重功能。2007年该研究所研制成功了我国"空管4号"系统中的3821型近程空管一次雷达,该雷达各项指标均与国际标准接轨。2010年11月3821型雷达获颁《民用航空空中交通通信导航监视设备临时使用许可证》,标志着国产空管一次监视雷达可以进入到中国民航市场进行销售和服务。

20世纪70年代末我国也开始研究远程航管一次监视雷达,80年代初国营第七二〇厂研制出796型L波段航管一次监视雷达,该雷达采用了磁控管、频率分集技术、数字MTI、双波束锐截止天线及双套备份制。经过"九五"L波段全固态大功率发射机的科技攻关,第七二〇厂研制的L波段全固态航管一次监视雷达在军、民航建设工程中成批量装备。

现在,随着国家及军队经济条件改善,用于监视航路上及机场空域的民用飞机航运和军用飞机训练的空管雷达正被逐步补充或更换。空管雷达还兼顾监视不明飞行物,单部雷达不停机连续保障24h值班时间,在战争最初时刻第一时间将雷达从空管转到空防。

随着1953年军事安全部门将敌我识别(Identification of Friend or Foe,IFF)技术公开并增加了测距和测方位角功能后,20世纪60年代中期,二次雷达被应用于航空管制领域。如1963年联邦德国航空交通管理局不仅使空管员可以实时掌握空中飞行目标的相互位置,还能鉴别飞机和确定其高度,向航行管制系统的自动化迈开了新的一步。

20世纪70年代初开始实现了空管雷达联网全自动化,它将计算机技术和雷达技术完美地结合起来。图1.2为典型的空管控制中心组成示意图。图中本地一次、二次雷达探测到的飞机数据经过光纤传输,送到多雷达数据接口;异地一次、二次雷达探测到的飞机数据则经过卫星等传输,也送到多雷达数据接口。将不同雷达型号的数据格式变换成统一的格式。然后,所有的雷达数据经过多雷达数据处理器,将异地雷达以当地雷达站为中心的坐标变换为以本地雷达站为中心的坐标,以及多雷达数据融合等处理,再传送到与局域网(Local Area Network,LAN)连接的各雷达显示器,将雷达图像提供给各管制人员。用户的飞行计划数据通过转报中心在各空管控制中心完成交换。飞行计划数据被用于和飞机的雷达航迹相关处理,可自动链接上该飞机的相关信息。空管员和飞机驾驶员利用地空通信系统(甚高频或特高频)传送命令和请求。各空管控制中心通过联网,交换飞机计划数据和飞机的雷达数据等,可以形成雷达和通信系统的多重覆盖,减少单一雷达和通信系统故障对单一指挥中心的影响,构成了完整的空中交通管制系统。

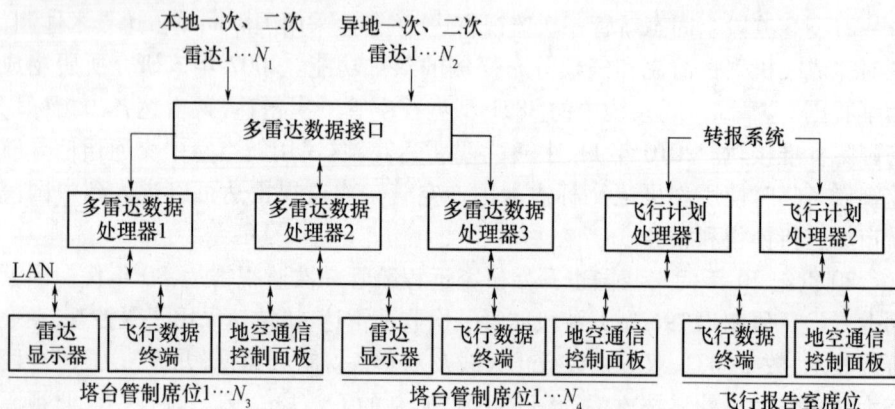

图1.2 空管控制中心组成示意图

1.2 空管雷达种类

按照民航规定,每一个飞行情报区分为四个空域:空中航路(AWY)、终场机动区(TMA)、控制区(CTR)和机场区(ATZ)。相应的空管一次雷达主要有四种:航路监视雷达(Air Route Surveillance Radar,ARSR)、机场监视雷达(Airport Surveillance Radar,ASR)、精密进近雷达(Precision Approach Radar,PAR)和机场场面探测设备(Airport Surface Detection Equipment,ASDE),构成完整的空管雷达监视系统。最初的或第一种监视雷达(Primary Surveillance Radar,PSR)探测目标的机理是利用目标散射雷达发射的电磁波对其进行探测和定位,常称一次雷达。而第二种监视雷达(Secondary Surveillance Radar,SSR)探测目标的机理不同,它是利用机载应答机应答地面询问机发射的电磁波对目标探测和定位,常称二次雷达。

4

航路监视雷达工作频率一般在 L 波段 1250～1350MHz 的范围,作用距离大多在 300～500km,常称远程空管一次雷达。典型的有加拿大 RAYTHEON 公司的 ASR－23SS/16 型,法国 THALES 公司 TRAC－2000 型等。图 1.3 为 TRAC－2000N 型雷达天线照片。

图 1.3　TRAC－2000N 型远程空管一次雷达天线照片

机场监视雷达工作频率一般在 S 波段,范围为 2700～2900MHz,作用距离大多在 100～150km,所监视的区域通常是飞行密集和繁忙区,管制范围有限,常称近程空管一次雷达。典型的有美国 RAYTHEON 公司的 ASR－10SS 型,法国 THALES 公司 STAR－2000 型,我国中国电子科技集团第三十八研究所的 3821 型等。图 1.4 为 3821 型雷达天线照片。

图 1.4　3821 型近程空管一次雷达天线照片

精密进近雷达是一种安装于跑道一侧的精密跟踪雷达,一般工作频率在 X 波段,主要用于监视和跟踪飞机的起降,作用距离为 20～50km,新型精密进近雷达一般采用两维电扫天线。典型的有美国 RAYTHEON 公司的 AN/TPN - 25 型。

地面活动监视雷达(Surface Movement Radar,SMR)是一种监视机场地面上飞机和各种车辆运动情况的高分辨力雷达,也称场面监视雷达或机场场面探测设备,一般工作频率在 X ~ Ka 波段,天线旋转速度较高,在黑夜和恶劣气候条件下也能够精确地对机场进行监视,作用距离为 2 ~ 5km。典型的有美国 CARDI-ON 电气设备公司的 ASDE - 3 型。

二次雷达需要机载应答机的配合,采用询问/应答机理探测目标,飞机的高度数据由机载气压高度表测得,以应答信号方式传给地面二次雷达,从而使地面空管员与飞行员采用同一测量系统的高度数据,不存在采用不同方式测高的系统误差,适合于空中交通管制。空管中的一次雷达一般只采用测量目标距离和方位的两坐标体制,两坐标雷达比三坐标雷达简单得多,成本及价格也低得多。空管雷达常将一次雷达与二次雷达合装,以便充分发挥两种探测设备的优势,然后将一次雷达与二次雷达探测到的同一目标的点迹或航迹综合后再传给空管中心。二次雷达按照 ICAO(International Civil Aviation Organization,国际民航组织)附件 10 的规范,工作在询问 1030MHz 和应答 1090MHz 的固定频率上,作用距离一般约为 430km 或 250nmile。典型的有原英国 COSSOR 公司的 COSSOR - MSSR 型,现美国 RAYTHEON(雷神)公司(原 COSSOR 公司)的 CONDOR - 2 型,意大利 SELEX 公司的 SIR - S 型等,我国第十四研究所的 DLD - 100C 型。

机场空域是飞机起降频繁、飞行密度高、事故率高的区域,而恶劣气象条件(有时也简称恶劣气象)是引起飞行事故和飞行延误的主要因素,因此,在机场空管中配备气象探测设备对危险气象进行识别和告警是很有必要的。虽然采用专用气象探测雷达可以解决该问题,但需要增加寿命周期成本和设备量,同时也增加了机场雷达之间的辐射干扰。因此,将气象探测功能寄生在空管雷达中,在探测飞机过程中实现对气象探测,是解决问题的好方法。从今后的发展趋势来看,也会要求军用机场架设的空管雷达或监视雷达中寄生气象检测功能以保障军用飞机训练飞行的安全。从第一部具有专门气象测量和显示能力的终端区域监视雷达 ASR - 9 型开始,气象检测能力已经被空中交通管制系统广泛接受,并成为空管雷达的重要性能。现代空管雷达普遍设计有独立的气象通道,它是充分利用了目标探测功能的发射电磁波和回波资源,结合空管要求,将气象回波幅度分级处理的设备。寄生在空管雷达中的气象通道受到探测飞机目标的诸多限制,其探测气象性能不能与专业气象雷达相比,目前国际上通行的方式只是利用空管雷达完成对气象强度的检测。由于空管雷达采用高/低波束,无法进行仰角分层扫描确定气象高度,因此不能精确探测到复杂的天气高度变化细节,只对影响飞行因素较大的降雨强度测量识别后以 6 级点迹轮廓图形式送空管中心,为指挥飞机避开危险气象区域提供依据。因此,在雷达设计时各种参数选择仍以探测飞机目标为主要考虑因素。

1.3 空管雷达设备及规范

空管雷达(本书以下无特殊说明均指空管一次雷达)设备组成按"规范"包括了天线、转台(转动铰链、驱动电机、码盘等)、馈线、发射机、接收机、信号/数据处理器、监控终端等,其方框图如图 1.5 所示。在电路设计和结构设计上应具备与二次监视雷达合装的能力。

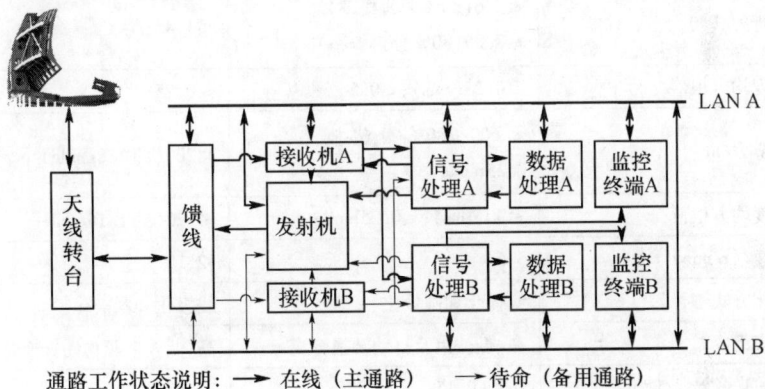

图 1.5 空管雷达设备组成典型框图

组成空管雷达的各设备(除天/馈线外)应采用冗余配置,能自动和手动切换;各设备(除发射机末级外)应采用全固态器件和电路;设备中各插件或独立功能单元应在各插件或独立功能单元前面板设置相应的正常/故障监视指示;各设备应能连续工作,在冗余配置情况下,室内设备 MTBF(Mean Time Between Failures,平均故障间隔时间)应大于 10000h,MTTR 应小于 0.5h。设备环境条件为:室内设备工作温度:0°~40°,相对湿度:10%~90%。室内和室外设备应能在海拔 2500m 的环境条件下正常工作。

随着飞机数量的增加、性能的提升,空中交通更加繁忙,飞行管制日趋复杂,用于空管的雷达系统也不断提升性能、完善功能。现代的航路监视雷达、机场监视雷达、二次雷达均已成为货架产品。ICAO 和 CAAC(Civil Aviation Administration of China,中国民用航空局)已经对空管一次雷达和二次雷达制定了技术规范,这些规范应成为基本原则来共同遵守。

CAAC 对远程/近程空管一次雷达制定的技术规范是《MH/T 4038—2013 空

中交通管制 L 波段一次监视雷达技术要求》/《MH/T 4017—2004 空中交通管制 S 波段一次监视雷达设备技术规范》。远程/近程空管雷达设备主要性能指标如表 1.1 所列。

表 1.1　远程/近程空管雷达设备主要性能指标

参数名称	空中交通管制典型 L 波段一次监视雷达设备主要性能指标	《空中交通管制 S 波段一次监视雷达设备技术规范》
最大作用距离/km($P_d = 0.8$,$P_{fa} = 10^{-6}$,SW I 型目标,$\sigma = 2m^2$)	$\geqslant 250$nmile	$\geqslant 110(60$nmile$)$（天线转速 12r/min、15r/min）
最小作用距离/km	$\leqslant 1$nmile	$\leqslant 1(0.5$nmile$)$
方位分辨力/(°)	$\leqslant 2.6(80\%$ 分辨概率) $\leqslant 2.25(80\%$ 分辨概率)	$\leqslant 1.45$
方位精度均方根值/(°)	$\leqslant 0.25($rms$)$；$\leqslant 0.5$	$\leqslant 0.25$
距离分辨力/m	$\leqslant 600$（80% 分辨概率）；$\leqslant 0.25$nmile	$\leqslant 200$（约 1/8nmile）
距离精度均方根值/m	$\leqslant 90($rms$)$；$\leqslant 0.25$nmile	$\leqslant 120$（约 1/16nmile）
天线转速/(r/min)	5,6	12,15
天线极化方式	线极化和圆极化	线极化和圆极化
天线波束组成	高、低波束及自动转换合成	高、低波束及自动转换合成
3dB 水平波束宽度/(°)	1.2 ± 0.15	1.45 ± 0.05
工作频率范围/MHz	$1250 \sim 1350$	$2700 \sim 2900$
平均脉冲重复频率/Hz	250	$800 \sim 1200$
接收机噪声系数/dB	$\leqslant 3.8$；$\leqslant 3.3$	$\leqslant 2$
视频输出信号的距离副瓣/dB	$\leqslant -45$	$\leqslant -40$
信号处理通道	独立目标通道和气象通道；目标通道采用 AMTD（4~7 个 FIR 滤波器）技术；气象通道应有六级气象回波的强度选择	独立目标通道和气象通道；目标通道应采用 AMTD（4~8 个 FIR 滤波器）技术，应能检测切线飞行的运动目标；气象通道应有六级回波强度选择
改善因子/dB	$\geqslant 60$（可见度 42）	$\geqslant 50$
目标处理能力（批/帧）	$\geqslant 800$（360°扇区均匀分布）	$\geqslant 400$（360°扇区均匀分布）$\geqslant 32$（11.25°扇区均匀分布）
MTBF/h	$\geqslant 1100$；$\geqslant 1500$	各设备应能连续工作,在冗余配置情况下室内设备 MTBF 应 >10000

空管雷达性能必须完全满足空管要求,除了设备规范外,还有如下要求:

(1)在实际雷达站的建设中,空管雷达站一般都将一次雷达和二次雷达合装架设,充分发挥两种雷达探测目标的不同机理,并且,除了天线座及旋转机构外,两种雷达都是按照双机热备份设计,确保每天24h、每年365天不停机,MTB-CF(Mean Time Between Critical Failures,平均任务(致命)故障间隔时间)大于30000h。甚至有的机场架设两个雷达站。

(2)现代空管雷达都是全自动型,包括:①自动运行,即工作参数设置后雷达设备运行无人值守;②自动检测、录取、跟踪、上报,即目标探测过程无人工干预;③自动监测与切换,即完善的BITE监测雷达设备工作状态,发现故障后自动将有故障的设备通道与热备份的设备通道进行切换,并判断出模块或插件部位等待人工更换。

(3)现代空管雷达对站级维护使用人员的要求更强调人员对雷达设备工作过程的了解,对探测目标环境的判断,对发挥雷达探测能力的掌控等,而弱化对站级雷达设备模块或插件维修。

(4)现代空管雷达常具有气象检测功能,S波段典型设备要求如表1.2所列。

表1.2 空管雷达(S波段)气象检测典型设备要求

参数名称	典型数据	参数名称	典型数据
探测距离范围/nmile	$0.125 \sim 70$	地杂波抑制度/dB	>40
检测概率(单个脉冲,18dBZ)	50%	反射率因子估算精度/dB	<2
气象分辨率/(nmile × nmile)	1×1	气象廓线偏差/dB	<2
最低灵敏度/dBZ	18	脉压副瓣/dB	< −40
动态范围/dBZ	$18 \sim 76$		

1.4 主要技术参数与雷达性能之间的关系

雷达技术参数选择需要考虑多种因素,主要有:雷达用途、目标特性、电磁波传播特性、天线尺寸、高频器件性能、测量性能、设计制造成本与工艺等。本节只介绍工作频率、脉冲重复周期/脉冲积累数/天线水平波束宽度/天线转速之间的关系、脉冲宽度及脉压比、天线高/低波束形式等。

1. 工作频率

雷达工作频率主要根据雷达功能、测量精度、目标特性、电磁波传播特性、天线尺寸、高频器件性能等要求来决定。空管雷达选用的频率已经被国际广泛采用,并作为规范制定,航路监视雷达的频率为 1250～1350MHz,机场监视雷达的频率为 2700～2900MHz。二次雷达的频率为 1030MHz(询问)和 1090MHz(应答),它与航路监视雷达的频率接近,需要在设备设计和使用中避免相互干扰。国际上指定空管一次雷达和二次雷达的专用频率,有利于无线电频谱管理。空管一次雷达和二次雷达不采用其他频率就避免了在其他频段干扰其他无线电设施;反之,若空管一次雷达和二次雷达受到其他无线电设施的干扰,则可以向当地无线电管理委员会投诉,由无线电管理委员会调查核实后依据法律法规进行执法管理,从而使空管一次雷达和二次雷达工作的电磁环境受到人为干扰影响的程度降到最低。

在 L 波段,电磁波传播对气象条件的影响弱敏感、衰减小,可以传播得比较远,雷达最大作用距离较大,适合用于航路监视;但是,为提高天线增益、测量精度和分辨力,需要采用较大尺寸天线。在 S 波段,电磁波传播对气象条件的影响较敏感、衰减增大,雷达作用距离适中,适合用于机场附近监视,天线增益、测量精度和分辨力较高,受地面反射的影响小,使波束分裂不明显,低空目标的探测较连续。

值得注意的是,杂波强度随着频率的降低而下降,似乎有利于频率较低雷达的目标检测。但是,由于在较低频率较难得到窄波束宽度和高距离分辨力,所以,在频率较低时杂波强度减少所带来的好处,会部分被由频率较低时产生的较差分辨力抵消。不过在 L 波段,大反射面的聚焦作用实现了天线的高方向性,使水平波束宽度可以与 S 波段的相当。只是,在脉冲压缩后的宽度上,L 波段的 τ_0 比 S 波段的 τ_0 略大,距离分辨力的降低使杂波强度略有增加。

工作频率的捷变和分集是改变载频常用的方式,在不同工作频率下回波幅度大小或起伏特性略有不同(参见 3.2 节讨论)。频率捷变是指在脉间或脉组间改变工作频率,工作频率改变的值大于脉冲的带宽;频率分集是指脉冲内采用多个工作频率(即各子脉冲的工作频率差值大于脉冲的带宽)同时发射或顺序发射,回波在接收机前端的宽带内通过,后续窄带分通道将各子脉冲分离,各通道输出的子脉冲再采用不同延迟后在时序上对齐。

2. 脉冲重复周期/脉冲积累数/天线水平波束宽度/天线转速之间的关系

雷达的测距模糊与测速模糊通常有不可调和的矛盾,地面雷达主要以测距为主,速度可以按照天线相邻扫描间目标的点迹位移估计出来。所以,为了在指标确定的最大作用距离范围内目标距离测量数据不出现测距模糊,近程雷达的作用距离指标为 150km 时,对应脉冲重复周期 T_r 不应小于 1ms;远程雷达的作用距离指标为 430km 时,对应脉冲重复周期 T_r 不应小于 3ms。

空管雷达的信号处理普遍采用 AMTD 方式,为了达到最佳性能,需要足够数量的相参脉冲参加积累(参见 10.3 节讨论)。在天线扫过目标的驻留时间内,发射/接收的脉冲串数量和重复周期的大小,取决于选定的天线转速时天线波束半功率点宽度(参见 5.4 节讨论)。所以,为了获取较多的积累数,应使重复周期尽量小,近程雷达的 T_r 就工作在 1ms 附近(作用距离指标为 150km);远程雷达的 T_r 就工作在 3ms 附近(作用距离指标为 430km)。远程雷达天线转速典型值为 6r/min,波束扫描目标时驻留时间较长,允许重复周期较大;近程雷达需要监视机场附近的空域飞机,天线转速典型值为 12r/min,以跟踪飞机在短时间内快速转变方向,波束扫描目标时驻留时间较短,只允许重复周期较短。

3. 脉冲宽度及脉压比

空管雷达普遍采用固态发射机以获得高的可靠性,为了达到指标规定的最大作用距离,需要有足够的脉冲能量,低压工作条件下对应要求发射信号为长宽度脉冲,在接收回波后进行压缩处理,脉冲宽度 τ 值大则压缩获得的脉压比就大。但是,太长的脉冲宽度 τ 值会超过发射管的平均功率极限要求,以及占据较长时间(详细分析见第 8 章讨论)。由于在发射脉冲期间,雷达接收机不能接收回波,对近距离目标探测有遮挡,所以,在遮挡时间范围内,增加短脉冲宽度信号对近距离目标进行补充探测。近程雷达的 τ 一般工作在 100μs 左右;远程雷达的 τ 一般工作在 300μs 左右。

在近距离采用短脉冲宽度信号,具体也有两种方式,如对于近程雷达,宽度为 1μs 的单一频率脉冲信号,其对距离的遮挡为 150m;宽度为 5μs 的脉内调制脉冲信号,其对距离的遮挡为 750m。但是,后者将利用脉冲压缩获得脉压比,对信噪比有增益,在近距离的信噪比增益对于高仰角威力覆盖与采用长脉冲宽度信号时的威力覆盖衔接较好。

由于长、短脉冲的脉内调制不同,长、短脉冲的拼接一般在信号处理器的脉冲压缩后进行,拼接过程中需要存储器储存后从时间上对齐。

4. 天线高/低波束形式

两坐标雷达的天线波束在垂直面较宽,以便覆盖较宽的仰角范围,这对于垂直面不扫描而言是必需的。但是,垂直面相同斜距上的回波是所有不同仰角射频回波信号叠加后同时接收和处理的,接收到的信号中仰角上差别或高度上差别已经不可分辨,这就使空中目标与地面杂波叠加在一起导致了信杂比极低。为了解决该问题,在垂直面天线波束普遍采用高/低双波束拼接形式。雷达在近距离段接收并处理高波束回波信号,在远距离段接收并处理低波束回波信号,两者相接完成整个距离上的回波探测。天线采用具有双弯曲赋形反射面,使波束低仰角具有锐截止特性,双喇叭口馈电形成高/低双波束,在接收机前端需要对应独立的双路处理通路,直至高频切换开关拼接成一路信号。

1.5 本章小结

空管雷达是一种典型监视类两坐标雷达。本书讨论的空管雷达有两个波段:S 波段和 L 波段,前者主要用于机场附近空域监视,后者主要用于航路空域监视。在组成上两者基本相同,均具有双机冗余热备份结构,雷达工作过程全自动化,并能探测气象信息及将强度分为 6 级等特点。用于空管的雷达设备需要遵循相关技术规范,该技术规范在雷达设计、验收、使用中具有指导性,对于理解空管雷达原理、运用空管雷达装备具有重要意义。

国际上的空管雷达技术已经成熟,技术先进的国家或公司已经有成熟的产品。

思考题与习题

1. 空管对雷达监视是否有依赖性,为什么?

2. 空管雷达的双机冗余热备份结构表现在哪些方面?双机冗余热备份结构有什么好处?

3. 空管雷达包含哪几种形式?空管一次雷达的 S 波段和 L 波段分别对应的频率值范围是多少?S 波段和 L 波段的空管一次雷达用途为何要区分开?

4. 空管雷达的气象探测能力是怎样的?

5. 脉冲重复周期/脉冲积累数/天线水平波束宽度/天线转速之间的关系是怎样的?

6. 空管雷达 S 波段和 L 波段中脉冲参数有哪些?

7. 空管雷达全自动的含义是什么?

第2章　目标探测基本原理

本章讨论空管雷达探测目标的基本原理,包括:回波显示及目标发现、雷达坐标及人工录取、信噪比和信杂比、距离测量、方位测量、门限检测、自动录取等概念和方法,然后简单介绍本书所要讨论的核心问题"空管雷达探测目标需要解决的问题及对策",以便读者对本书的重点有所了解,探测目标中遇到的各种干扰及采取的措施在后续章节进一步讨论。

有的雷达新增加了目标高度辅助测量,对检测到的目标,利用高/低波束对应接收机中目标回波信号的幅度和相位差别进行粗略高度估计,该功能还有助于一次雷达目标跟踪过程。

2.1　目标发现与人工录取

2.1.1　回波显示及目标发现

对于脉冲雷达而言,雷达发射脉冲波后,其工作转换为接收和处理回波。早期雷达发现目标是将回波接收、转换为视频送显示器显示,采用人工判断方式。人工调整显示器的辉度便于观察,使目标的显示辉度区别于背景辉度,再辅以目标回波显示形状特征,判决出目标。

对于采用脉冲波的雷达而言,采用示波器将回波视频直观显示出来,人工就可以从示波器上看见对应于目标的散射回波,并且,在示波器上需要同时显示时间基线及距离刻度、回波信号幅度起伏情况等,这种专用示波器称为 A 型显示器(或 A 显)。图 2.1 为 A 显局部照片,图中上下有两行波形,上方的时间基线上显示了整个雷达距离量程范围的回波及噪声波形,下方是从上方局部选取10km 范围(有个向下凹口标记)展开后显示的回波及噪声波形,这种组合显示的方式又称 A/R 显。A/R 显的优点是:回波显示很清晰,可以看到波形顶部细节,有利于判断目标的真伪。图 2.2 为三维显示照片,图中箭头所指回波幅度垂直显示在方位/距离 (β, R) 平面上,沿着坐标轴 β,回波由小到大再到小的幅度调制对应于天线波束扫描目标的旋转驻留时间。三维显示的优点是:用回波串来判断目标的真伪,可以看到回波串细节,有利于判断集群目标中目标的数量。

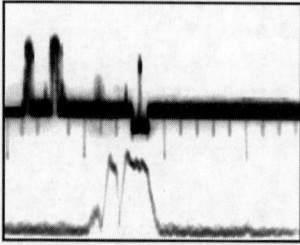

图 2.1 A 显局部照片

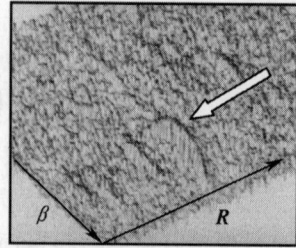

图 2.2 三维显示照片

为了同时能显示雷达站周围空中目标的位置分布情况,适合的显示器为平面位置显示器(Plane Position Indicator,PPI 或简称为 P 显)。在 P 显上,回波信号以辉亮形式显示,幅度越强的回波其辉度越亮,在 P 显上可以同时显示时间基线及距离刻度、方位刻度等,便于操作员观察到天线旋转扫描过程及目标出现的距离/方位位置。回波的三维显示方式就是针对操作员选取的距离/方位局部范围开窗,以相邻重复周期回波幅度构成的图像。图 2.3 为微波雷达 P 显局部照片,图 2.4 为米波雷达 P 显局部照片。这两个照片的主要差别是:图 2.3 中回波的点迹显示为"点"的形状,图 2.4 中回波的点迹显示为"眉毛"的形状,这是由于微波雷达天线水平波束宽度较窄,扫描空域点回波的驻留时间短,回波点数较少,扫描一次在方位上典型值约占 1°;而米波雷达天线水平波束宽度较宽,扫描空域点回波的驻留时间长,回波点数较多,扫描一次在方位上典型值约占 10°。P 显的优点是:目标的点迹和航迹显示很清晰,显示了目标二次信息(录取后信息,即非原始回波),显示了在整个水平面范围中所有目标,有利于判断所有目标的位置分布情况。P 显上还可以显示数字地图背景。将原始回波直接显示在 P 显上还便于雷达工作参数的调整,如可观看到杂波处理前后的视频,由此判断信号处理器对杂波的处理情况。

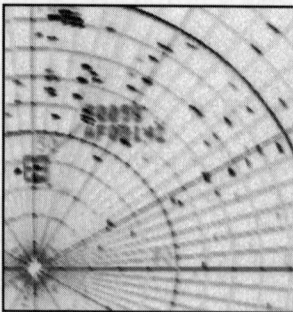

图 2.3 微波雷达 P 显局部照片

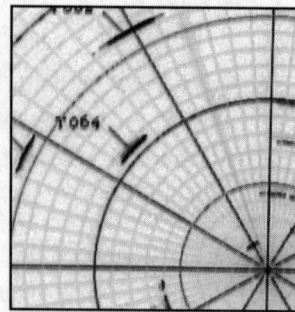

图 2.4 米波雷达 P 显局部照片

2.1.2 雷达坐标及人工录取

用雷达技术获得的目标位置,采用极坐标可以方便地表示目标的距离、方位角(或简称方位)和仰角,如图2.5所示。雷达位于平面上 O 处,目标位于空中 T 处,对该雷达而言,目标的距离常用 R 表示,它是指从地面雷达天线到空中目标之间的斜距,由于目标的斜距远大于其高度,所以通常也将斜距视作目标与雷达之间的水平距离;目标的方位常用 β 表示,它是指以雷达天线为中心,方位上正北方向为 $0°$,目标所在方位与正北之间的夹角;目标的仰角常用 ε 表示,它是指以雷达天线为中心,俯仰上水平面为 $0°$,目标所在仰角与水平面之间的夹角。在雷达使用中,对目标定位的三个坐标采用距离、方位和高度更为方便。高度常用 H 表示,它是指目标相对于垂直下方(地面或海面)的距离。通过测量距离和仰角后计算出高度,在图 2.5 中的水平地面之上,它们之间构成正弦关系: $H = R\sin\varepsilon$。由于地球表面具有一定曲率,简单正弦关系不能满足实际应用,高度公式的修正讨论见 5.3 节。

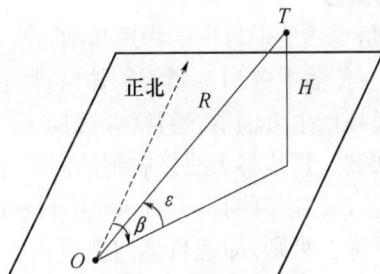

图 2.5 雷达对目标定位的极坐标表示

利用显示器上方位/距离刻度,人工将回波所处位置对应的方位/距离值估计出来,通过电话用口报出目标的方位/距离数据值,通过通信线路将声音送出。人工判断及口报录取的优点是:充分发挥人工经验,尽可能从各种背景中准确判断出目标并报出目标的位置。所以,人工录取一直沿用至今,不过,用口报出目标方位/距离位置数据已经被录取器取代。改进后,人工手动操作移动 P 显上的内光点,当内光点对准目标回波时,按下“录取”按钮,录取器就将该处的方位/距离位置数据与目标的批号同存入计算机内存作为该目标的录取信息,或将该点迹信息通过网络线路直接上报到需要点迹的地方。现代雷达普遍采用计算机设备作为终端,雷达的 P 显功能全部由计算机显示屏取代。雷达研制生产厂家的专用程序也可以通过屏幕的切换实现 A/R 显、三维显示的功能。

在显示器上发现目标,借助显示器上的方位/距离刻度读取其位置数据值,

这种人工录取方法存在较大位置测量误差,影响因素主要有:

(1) 人工判断是否正确是人工录取的先决条件,这是一个复杂的问题,见下述讨论。

(2) 雷达发射信号、接收/处理信号的性能。

(3) 目标反射信号的能力。

(4) 显示器尺寸大小、清晰度。

(5) 回波与背景的辉度差异。

(6) 操作员的水平及经验,并因人而异。

在现代雷达中,回波显示之前都经过信号处理器处理,其中主要采用脉冲压缩和脉冲积累提高了信噪比(见6.6节和10.3节讨论),使得在噪声背景中目标判别更加容易;雷达系统还提高了信杂比(见6.6节、7.2节、7.3节和10.3节讨论),使得在杂波背景中目标判别更加容易。

2.1.3 信噪比和信杂比

1. 信噪比与信杂比概念

物体对电磁波散射是雷达发现目标的物理基础。

雷达发射的电磁波在传播中遇到金属等物体时,则在物体表面产生感应电流,此感应电流因频率极高产生再辐射,通常称散射。散射出来的能量有一部分返回到雷达处,通常称回波。雷达将天线接收到的回波经过接收机、信号处理后送显示器或录取终端。从回波中判断出了对应空中目标的脉冲信号就称为检测到了目标,或称发现了目标。否则,即使目标回波进入了接收机,但不能被分离出来就称为没有检测到目标,或没发现目标。在采用人工录取目标方式时,依据A显上的波形特征(如幅度和宽度)进行判决、或P显上的辉亮特征(如辉度和“眉毛”)进行判决;在采用自动录取目标方式时,利用门限电压去对比回波信号的幅度进行判决(见2.4节讨论)。判决出目标后,接着就可对目标进行定位、分辨、跟踪等进一步分析和处理。

对雷达在各种环境中探测目标规律性分析发现:信噪比和信杂比或许是贯穿整个雷达系统的“主线”。限制雷达探测目标的主要因素是接收机中的噪声以及宇宙噪声,即雷达接收机输出的信噪比太低。地物及气象微粒也散射电磁波,在雷达显示器上产生了大量杂波,杂波区会成为雷达的探测盲区,因而,杂波也成为雷达探测目标的主要障碍,这说明雷达接收机输出的信杂比太低。此外,还有外界如城市内的有源干扰、邻近雷达站同频段脉冲信号或物体反射雷达信号的窜扰,可能形成比自然界的噪声和杂波强得多的背景。

噪声和杂波都是限制雷达检测目标的背景,两者都不能遗漏,但噪声和杂波的不同特性使得雷达系统对它们抑制原理也不相同,所以,信噪比和信杂比两者不同,不能合二为一,但有一定的对比性,两者相提并论作为"主线"对理解雷达系统的组成、尤其是信号处理器的复杂结构,掌握在各种环境中雷达设备的运用极有好处。此外,杂噪比是在处理或监测杂波时用到的概念(参见 10.3 节)。因为噪声是始终存在的,对杂波的最佳处理就是将杂波电平降低到与噪声电平一样即可。所以,杂波抑制可以视作对杂噪比的降低。

为了从回波中探测空中目标,考虑到电磁波在空中双程传播的散射和衰减特性,雷达需要产生足够大功率的脉冲信号,经过天线将能量汇聚到主波束方向辐射出去,信号遇到目标时产生散射,回到雷达天线的信号被接收到。雷达就是靠目标散射的这种微弱回波信号,在噪声背景中将其检测出来,从而发现空中的飞机等目标。天线波束在垂直面内为宽波束,辐射出去的脉冲信号会从山、建筑物等地物处散射,回到雷达天线的信号也被接收到,形成地杂波等。这种杂波的位置特点是离雷达几十千米的距离范围内,但是杂波比目标回波强得多,在有杂波的区域中,空中目标检测就更加困难。而气象杂波的位置可能在雷达探测范围内的任何距离上。在有强杂波的空域中检测目标时,噪声背景被杂波背景取代,雷达主要是靠目标散射的微弱回波信号,在杂波背景中将其检测出来,从而发现空中的目标。为了对目标的检测能力等进行讨论和评估,将"发现目标"这一物理概念用数学公式表示出来如下:

$$P_r \geqslant M_n \cdot P_n \tag{2.1}$$

及
$$P_r \geqslant M_c \cdot P_c \tag{2.2}$$

式中:P_r为天线接收到的目标回波信号功率;P_n为接收机噪声等效到输入端的等效噪声功率;P_c为天线接收到的杂波信号功率;M_n为从噪声中检测出目标所需最小信噪比,称识别系数(Detectability Factor);M_c为从杂波中检测出目标所需最小信杂比,称杂波中可见度因子(Visibility Factor)。

针对人工在显示器上发现并录取目标的情况,式(2.1)和式(2.2)所表示的条件关系是目标回波或点迹显示(如辉度和"眉毛")能够区别于该回波或点迹位置处的噪声和杂波显示;针对自动判决并录取目标的情况,式(2.1)和式(2.2)所表示的条件关系也有类似的含义。由此,从雷达回波中发现目标的重要手段就是提高信噪比与信杂比。

值得注意的是:在雷达中,既要使回波信号充分放大能使目标被发现,同时又要避免出现强杂波饱和使回波信号被限幅。接收机常设计成为具有足够动态范围,即具有足够放大能力、抗饱和(对数或 STC 接收机增益,见第 9 章讨论)功能;在信号处理器中检测目标之前也对回波幅度进行归一化处理;显示器辉度则由操作员调整到适合观察目标与背景差别的最佳状态。

2. 发现概率与虚警概率

从回波信号中检测目标,常会用到发现概率与虚警概率的概念。空域中有目标时雷达检测到了目标,称为发现,对应概率为发现概率或称检测概率(Probability of Detection),记为 P_d;空域中没有目标时雷达检测到了目标,称为虚惊或虚警,对应概率为虚警概率(Probability of False Alarm),记为 P_{fa}。显然,当回波信噪比和信杂比较大时,目标容易发现,或发现目标的概率较大;而当回波信噪比和信杂比较小时,容易将噪声或杂波误判为目标,或虚警概率较大;目标检测的详细讨论见第 5 章。在人工从显示器上发现并录取目标的情况下,发现概率和虚警概率是针对目标回波或点迹显示判决而言。为了获得较大的发现概率和较小的虚警概率,需要提高回波信噪比和信杂比,它贯穿了雷达信号流程,即从发射信号的产生到回波信号的显示或录取整个过程,2.6 节对此进行了概述。但是,在人工从显示器上发现并录取目标的情况下,具体的 M_n 和 M_c 取值很难确定。

2.2 距 离 测 量

电磁波在空中匀速、直线传播是雷达对目标测距的物理基础。

将空中介质视为均匀时,电磁波以匀速直线传播,传播的速度用 C 表示,其值近似为光速,即 3×10^8 m/s;则电磁波以射频脉冲形式由雷达天线辐射到达目标再返回到雷达天线处所需的时间 t_R 为

$$t_R = 2R/C \quad 即 R = 150t_R \tag{2.3}$$

或

$$R = 0.15t_R \tag{2.4}$$

式中引入了光速 C 的值,t_R 采用常用单位 μs,式(2.3)中 R 采用单位 m,式(2.4)中 R 采用常用单位 km。常称式(2.3)和式(2.4)为测距基本公式,也习惯上称 1μs 的时间对应 150m 或 0.15km 的距离。

采用收发共用一个天线的情况下,发射脉冲的时间内接收机是关闭的或被保护的。微小的回波不能进入到接收机,所以,发射脉冲的时间对应于雷达近距离探测目标的盲区,宽度为 τ 的脉冲对应雷达最小可探测距离为 150 τ,常称其为雷达的最小作用距离。

在实际的空中,介质从低空到高空并不是均匀的,电磁波以大于仰角 0° 辐射后的路径在正常情况下为向下弯曲,雷达探测到目标的视在仰角会偏高。依据仰角估算目标的高度时需要加以修正,详见 5.3 节讨论。采用式(2.3)计算目标的距离还是适用的。

天线在方位上旋转扫描过程中,雷达周期性发射脉冲和接收回波,在波束扫过目标的驻留时间内,同一个目标的多个回波脉冲陆续被雷达接收到。但是,若

回波延迟跨越一个重复周期后才回到雷达处,显示的距离或录取的距离值就不对了,这种现象称为距离模糊(Range Ambiguity)或测距模糊,这样的回波称为跨周期(Second Time Around,跨第二周期)回波。测距模糊示意图如图 2.6 所示,图 2.6(a)中回波没有出现测距模糊,而图 2.6(b)中回波跨越了重复周期 T_r,出现在时间基线上的位置差了一个 T_r 所对应的距离值。测距模糊出现的特点是:每当重复周期改变时,回波出现在改变后的周期里时间基线上的位置与之前的位置会突变一个对应于重复周期改变的差值,而后续周期里回波出现的位置是稳定的。如果需要获取此种回波的距离,需要解距离模糊才能获得回波的正确距离值。有时出现的距离模糊可能是跨了几个重复周期的回波。所以,通常 T_r 的设计值要与雷达的最大作用距离相匹配,在空管雷达中一般直接将跨周期回波判断出来后丢弃。

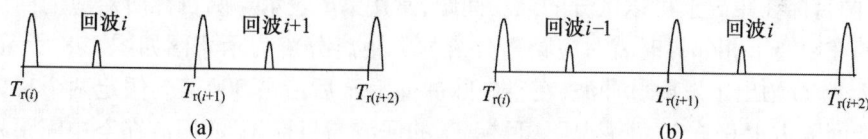

图 2.6 测距模糊示意图

(a)回波距离无模糊;(b)回波距离有模糊。

2.2.1 距离测量方法

将显示器上的时间基线按照式(2.4)设计,距离刻度和回波信号叠加在该时间基线上显示,如此,显示出来的时间基线上就有刻度,回波信号可以依据刻度人工读出其距离值。在 P 显上距离刻度线就是同心圆(参见图 2.3 和图 2.4)。

而在录取器中设计了受触发脉冲同步的距离计数器,雷达发射脉冲时计数器被触发脉冲复位从 0km 开始计数,计数器输出的数据随着时间成正比例变化,人工操作 P 显上内光点的方式中,按下"录取"按钮的动作就触发了录取器将当前计数器输出端的数据存入寄存器,该数据按照式(2.4)乘以适当系数就作为人工录取到的目标距离数据。这种计数器与寄存器组合常称为距离编码器,其原理框图如图 2.7 所示。

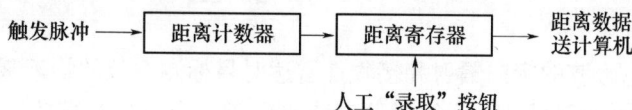

图 2.7 距离编码器原理框图

2.2.2　距离测量性能

在距离编码器中采用更密集的计数脉冲可以达到距离精度要求。而受到噪声干扰的影响,回波脉冲的前沿时间有可能被提前或滞后了,所带来的误差只有提高信噪比才能解决。另外,现代雷达所采用的信号处理及数据处理方法都将空域范围按方位/距离单元量化且细分,一个目标在多个重复周期里的回波有可能出现在相邻的几个细分单元中,目标可能被分裂为多目标,回波的前沿也可能被误判,所带来的误差还与量化单元的尺度有关,不过,在数据处理器算法中可以判别,人工则在显示器上从显示的回波形状中判别。

分辨力用来说明雷达对两个靠得很近目标的分辨能力,为了便于比较不同雷达间分辨性能的差异,需要作出明确定义。距离分辨力定义为:当方位角相同时,两目标在距离上可以区分的最小间距,常用 ΔR 表示。两目标所对应的回波脉冲在距离上相邻界时就对应距离分辨力。距离分辨力示意图如图 2.8 所示,图 2.8(a)画出了发射脉冲波,在空中脉冲前沿至后沿占 300 τ。假定两个目标距离间隔占 150 τ,这种情况下,目标 T_1 的回波与目标 T_2 的回波在空中间距将占 300 τ,它们正好前后相邻界;图 2.8(b)为示波器(A 显)上此两个回波显示为相邻界的情况,需要注意的是显示器上回波的间距是按照式(2.4)表示的,所以,目标的距离分辨力为 150 τ。显然,采用短脉冲雷达的距离分辨力更高。然而,现代空管雷达采用脉冲压缩后,脉冲宽度所对应的距离已小于大飞机的尺度,所以,距离分辨力又受到大飞机尺度的限制。

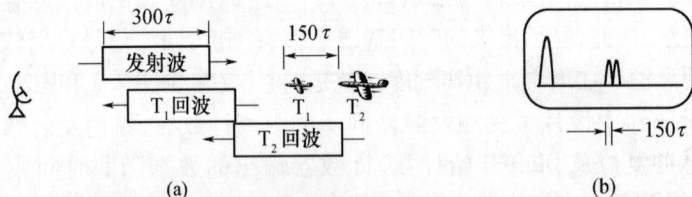

图 2.8　距离分辨力示意图

2.3　方　位　测　量

天线对电磁波的定向辐射和接收是雷达对目标测方位的物理基础。

根据天线的互易原理,天线对电磁波的辐射定向特性与接收定向特性是相同的。为了在方位上对目标依次发现与定位,雷达天线采用宽口径天线的窄波束在方位 0°~360°范围内进行旋转扫描。天线口面法线方向为主波束指向,这种关联被用于确定目标的方位:天线主波束覆盖范围内的回波中发现了目标时,表明目标处于天线主波束所指的方位。

2.3.1　方位测量方法

　　P 显被设计以时间基线作为圆的半径、以显示器中心为圆心,时间基线按方位 0°~360° 与天线指向同步旋转扫描,如此,距离/方位刻度、回波信号及时间基线扫描出来的辉亮在显示器上留下余辉。在 P 显上,距离刻度线形成了同心圆,而方位刻度线形成了均匀分布的射状线(参见图 2.3 和图 2.4)。回波信号出现后可以依据刻度人工读出其距离/方位值。

　　为了获得天线主波束实时指向的方位数据,雷达中设计了方位编码器,其原理框图如图 2.9 所示。其中 SD(Synchrodrive Digital,同步机数字式)专用模块将旋转角度转变为角度数据,且为货架产品。同步机固定安装在天线旋转轴上,随着天线被驱动旋转,方位编码器能将天线口面法线指向的方位用对应脉冲 ACP (Azimuth Clock Pulses,方位时钟脉冲)送出;雷达天线正对正北方向时,还送出正北脉冲 ARP(Azimuth Reference Pulse,方位参考脉冲)。脉冲 ACP 经过转换成为并行二进制数据后,在信号处理器中作为目标录取形成点迹时的方位数据值,在 P 显中叠加到时间基线上形成方位刻度线。按照现代空管雷达的需求,实际雷达上采用的并行二进制方位码为 14 位,可以将全方位 360° 按 16384 细分,如此提供给录取器方位标定的精度达到 0.022°。脉冲 ARP 用于 P 显方位正北 0° 的同步信号。

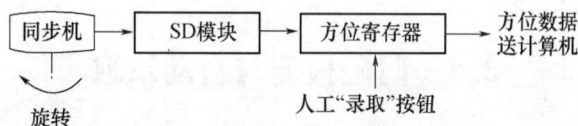

图 2.9　方位编码器原理框图

　　人工操作 P 显上内光点的方式中,按下"录取"按钮的动作就触发了录取器将脉冲 ACP 的并行二进制数据输出作为目标方位数据。

2.3.2　方位测量性能

　　在方位编码器中采用更密集的脉冲可以达到方位精度要求。而受到天线波束宽度及波束边沿特性的影响,以及回波信号幅度起伏变化的影响,所带来的误差很难消除。另外,现代雷达所采用的信号处理及数据处理方法都将空域范围按方位/距离单元量化且细分,一个目标在多个重复周期里的回波沿方位有可能出现在相邻的几个细分单元中,目标可能被分裂为多目标,P 显上回波"眉毛"的形状也可能被误判,所带来的误差还与量化单元的尺度有关。

方位分辨力定义为:当距离相同时,两目标在方位上可以区分的最小角度,常用 $\Delta\beta$ 表示。两目标所对应的回波"眉毛"在方位上相邻界时就对应方位分辨力。方位分辨力示意图如图 2.10 所示,由于天线波束边沿非突变性,一般以波束半功率点宽度作为方位分辨力,常用 $\beta_{0.5}$ 表示。图 2.10(a)画出两个目标在空中方位间隔为 $\beta_{0.5}$,图 2.10(b)为示波器(P 显)上两个回波显示为相邻界的情况,它们方位间隔正好相邻界;需要注意的是 P 显上回波"眉毛"辉亮受到回波距离及强度的影响,"眉毛"占据的方位宽度并非正好为 $\beta_{0.5}$。显然,采用宽口径天线的窄波束雷达方位分辨力更高。但考虑到窄波束内回波脉冲数太少不适宜进行脉冲积累,实际上,近程空管雷达采用了 1.45°的半功率点波束宽度。

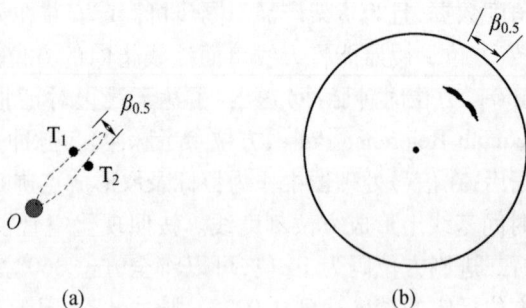

图 2.10　方位分辨力示意图

2.4　门限检测与自动录取

现代雷达普遍采用自动录取的方式以满足空管多目标的探测要求。在确保雷达自动发现目标、自动录取目标、自动跟踪目标的过程中,不仅对信号处理器性能的依赖程度非常高,而且,对数据处理器性能的要求也很高。

2.4.1　门限检测

通过直接在显示器上观察回波来发现目标,并依据方位刻度/距离刻度来判读目标方位/距离数据的方法只能满足于目标比较少的空情,现代雷达已经普遍采用对目标存在与否自动判决、目标位置参数自动录取及目标航迹自动跟踪的方法。具体判决方法如图 2.11 所示。图 2.11(a)为判决电路,图 2.11(b)为对应输入/输出波形。在电路中采用电压比较器,将回波信号输入比较器的一端,比较器的另一端输入适当电平的门限电压(又称基准电压),只要回波信号幅度大于门限电压电平就输出该回波信号为目标脉冲"1",但还不能确保它不会有假,还不能作为最终的目标判决结果,通常称其为"回波出现"(Echo Presence,EP)或"回波存在"。这个目标脉冲"1"不再代表回波信号的幅度值。这个比较过程常称为门限比较或门限判决,此方法称为门限检测。

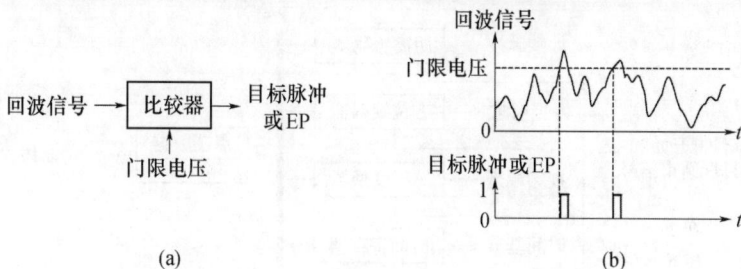

图 2.11　采用电压比较器判决回波中的目标脉冲

采用电压比较器的门限判决是自动检测目标的基本鉴别方法,它的优点是能实时检测目标回波脉冲,适合于回波信号强且无干扰的情况。而当信噪比较小时,目标脉冲很难输出;当杂波较大时,杂波容易输出。所以,实际采用的是改进后的自适应门限检测(见第 10 章讨论)。在天线扫描目标的驻留时间内,同一目标的回波被多次检测在多个重复周期里,目标的点迹就应是该目标所有这些 EP 综合后的结果(参见第 10 章讨论),应称为检测点迹,它与原始回波在显示器上形成的原始点迹不同,它是在一定的发现概率和虚警概率条件下获取的结果。

作为自动判决方法,门限在形式上可以是电压幅度。门限的概念还推广为滑窗长度、跟踪门尺度、相关窗口尺度、限制区域尺度等,将在第 10、第 11 章具体介绍。

2.4.2　自动录取

图 2.11(b)中目标脉冲是电压比较器的输出,对应于目标回波脉冲,送去方位编码器/距离编码器作为人工"录取"按钮信号可读出实时方位值/距离值,如此,自动完成了该脉冲位置数据的录取。图 2.12 所示为目标参数录取与缓存示意图。自动录取过程由程序算法完成,利用"目标开始"和"目标结束"信号去控制距离编码器、方位编码器、A/D 变换器、时间寄存器等输出实时数据存放在点迹数据缓存器,分别作为目标距离、方位、幅度、时间等实时参数,再按天线波束中心位置估计出目标的真实距离、方位、幅度、时间等值。

　　一般监视雷达可以按照图 2.12 所示原理录取目标点迹参数。但是,在空管雷达中普遍采用了 MTD 信号处理方式,将雷达监视空域按照方位/距离单元获取相参处理周期内的回波进行检测,所以,对应的录取目标点迹参数方法细节与此有些不同,其算法依据回波的带幅度加权距离值、带幅度加权方位值进行平均求取,详见 10.4 节讨论。

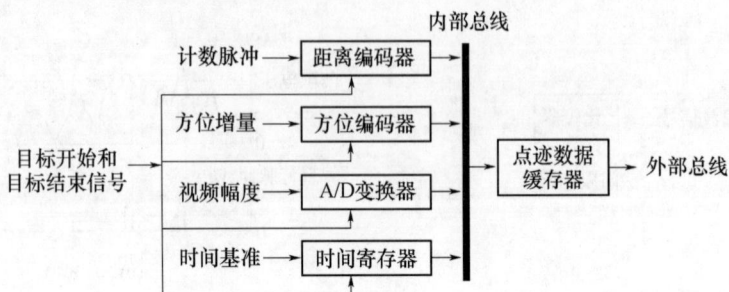

图 2.12　目标参数录取与缓存示意图

　　影响自动录取方法精度的因素主要有:

　　(1) 门限判决过程是自动完成的,判决结果的出错将造成自动录取的错误结果:目标反射能力的随机变化使目标回波幅度起伏,若目标回波脉冲太弱时不能超过门限电压,则目标脉冲被丢失;噪声和杂波太强时超过门限电压的脉冲输出产生虚假目标。

　　(2) 目标回波脉冲较弱时,混合的噪声或杂波使目标回波脉冲的电平改变,比较器输出的目标脉冲前沿位置移动,影响目标脉冲的到达时间,进而影响目标距离数据录取精度。

　　(3) 若天线水平面波束两边沿不对称,或受建筑物、山等反射产生波束两边沿变形,甚至波束分裂,采用波束驻留时间对应天线波束两个边沿估计出来的目标方位数据值存在较大误差,影响目标方位数据录取精度。

　　(4) 门限电压幅度的设置因人而异。

　　信号处理器对回波信号的处理中,信噪比和信杂比的提高是一个重要指标(见第 6、第 10 章讨论),能极大提高录取精度。但与人工录取方式不同的是,在自动录取过程中,虚假目标的出现需要严格自动加以限制,所以,围绕“虚警控制”的自动处理过程非常重要且复杂,它可以作为雷达系统中的“主线”之一(见第 10、第 11 章讨论)。在人工录取和自动录取过程中,需要解决的共同问题是:提高信噪比/信杂比以消除或减弱干扰的影响。同时,在自动录取中,需要将门限值设计随环境情况而改变以减少误判,将虚警概率控制在一定范围内。

事实上,可以充分利用人工录取和自动录取两种方法的各自优点。空管雷达所探测的空中目标数量一般较多,靠人工判决来不及,所以,主要采取自动判决目标的方法。而在有干扰的环境中,P 显画面显示的信息很复杂,自动录取过程能处理绝大多数情况,为了加强对空域监视,人工可以对自动判决过程进行适当的干预和补充,操作员凭目力从显示器上根据回波信号的辉度,参考其与周围回波的差别,并可利用 A 显和辅助的三维显示形式综合判决,充分发挥人的主观能力和经验,从受干扰的画面中尽可能作出精确的判决。

2.5　速度计算

空管雷达采用边扫描边跟踪(Track While Scan,TWS)的工作方式,在指定天线扫描速度(即转速)的前提下,可以利用天线相邻两次扫描所获得的目标位置估算目标的平均速度。在雷达中,由于目标的距离相对于其高度而言足够大,在估算目标的速度时可以忽略高度值及其变化。对目标的距离、方位数据获取以后,仅将水平面方位角和距离值进行解算即可获得目标相对于地面的速度值,这项工作通常在航迹形成后完成。例如,天线方位扫描速度为 12r/min 时,相邻两次扫描所用时间为 5s,如果目标位移了 500m,则目标的速度即为 100m/s(360km/h)。这样得到的速度是在一段时间内的平均值,它是目标在飞行方向上相对于地面的实际飞行速度,也称地速。

2.6　空管雷达探测飞机目标需要解决的问题及对策

对于采用脉冲波的雷达而言,飞机目标回波中的信息主要反映在回波信号的幅度、载频、延迟上。只有信息很确定、没有受到干扰的情况下,才能依据反映回波信息的这几个量做出目标存在与否的明确判决,否则,做出的判决就存在虚假。通常,空管雷达主要探测目标是飞机,其回波信号幅度相对于回波载频、延迟而言就是一个容易判决目标存在与否的量。

由于实际天线副瓣增益小于主瓣增益约 30dB,副瓣方向返回的信号一般就比主瓣方向返回的信号小约 60dB,所以,从回波中发现的目标可以认为是从主瓣返回的信号,而副瓣方向返回的信号可以忽略不计。但是,任何副瓣方向回波强度若超过 60dB(如地杂波、海杂波、气象杂波反射较强时),将对主瓣回波检测产生干扰;在主瓣内的连续噪声将对任何距离上的目标检测产生干扰;在高速公路及桥梁上的运动车辆回波将对低径向速度的飞机回波检测与跟踪产生干扰;在机场上的运动飞机或车辆回波将对起飞/降落飞机回波检测与跟踪产生干扰;

飞机的机动飞行使回波脉冲幅度起伏对目标检测与跟踪产生干扰。

空管雷达对目标的探测依赖于目标对电磁波的散射,其特点为主动式探测,能直接获取目标的方位/距离数据。对航路 4km 以上高度提供连续监视服务,对机场附近上空提供严密引导服务,对非民航飞机的一定探测能力也可以应用于空防中,在无人为严重干扰条件下,对于不明飞行物、闯入飞行目标、正常航路是否安全等发挥着监视作用,在非常时期可以很方便地将空管系统纳入空防系统。有的空管雷达就是军民兼用的,在性能上要兼顾对低空、慢速、小型目标的探测。

空管对雷达提出的要求是:在噪声、杂波、异步干扰环境中监视目标;自动检测和跟踪(Automatic Detection and Track,ADT)、无人值守;24h 连续自动上传目标航迹信息和空域的气象信息;工作状态自动监视、对故障分析与通道自动切换等。

针对空管雷达需要解决的各种问题,人们一直在研究解决的办法,到目前为止在雷达中采用的技术已经很多。由于空管雷达对虚假目标不可接受,使得雷达系统消除杂波和噪声的要求非常高,ADT 的高性能取决于雷达全系统:测量精度、分辨能力、杂波抑制能力、消除点杂波能力、抑制异步干扰能力等。图 2.13 用回波信号处理流程的几个阶段说明空管雷达采用的技术。图中没有考虑双机热备份连接信号处理过程。

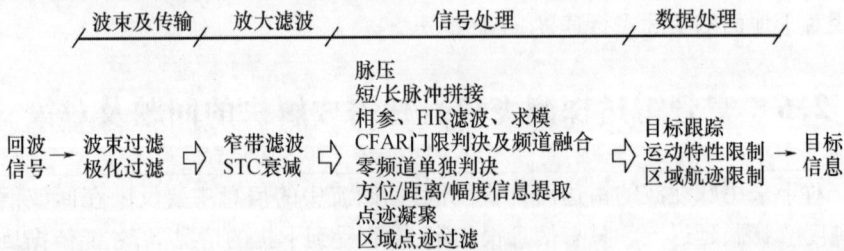

图 2.13　回波信号处理流程的几个阶段

1. 波束及传输

在这一阶段里,散射波信号被天线接收并传输时,经过在水平面、垂直面、高/低仰角覆盖范围进行波束过滤、极化过滤。

(1)在水平面,天线波束主瓣比副瓣强得多,可以认为,回波信号主要就是从天线波束主瓣接收到的。

(2)在垂直面,天线抛物面反射形成超余割平方波束,且波束下边沿具有锐截止特性,将仰角 0°以下发射信号和接收信号的能力降到极小。

(3)在仰角覆盖范围,同一距离上的回波信号是不同仰角所有射频信号的叠加接收,飞机目标的回波主要来源于高仰角,强地/海杂波回波主要来源于低仰角,所以,高/低波束接收对信杂比有提高,但在远距离段目标回波也来源于低仰角,所以,采用的是高/低波束接收信号拼接形成完整周期的回波信号。高/低波束拼接点的选择一般设计为由人工设置或更改。

(4) 在有雨的空域中探测目标时,圆极化信号经过圆形对称的雨滴散射后,回波信号的极化会改变旋转方向,再被原来的极化器接收时衰减极大。而飞机目标形状非圆形对称,回波信号被接收时衰减极小,所以,圆极化器在雨环境中探测目标时对接收信杂比有提高。圆极化器的选用一般设计为由人工设置。

2. 放大滤波

在这一阶段里,回波信号送接收机放大,经过窄带滤波、STC 衰减。

(1) 回波信号从射频逐步降到视频,采取多次混频及滤波完成,其中滤波器为与雷达脉冲信号相匹配的窄带型,可以将带外噪声及干扰信号衰减抑制至少 -60dB,是雷达中抑制噪声及带外干扰最主要环节。

(2) STC 衰减以及后来发展的 RAG(Range Azimuth Gate,距离方位门)图形 STC 衰减对强回波信号按照回波到达时间的规律附加衰减量由大到小,可有效防止接收机、后续的信号处理器及显示器饱和。由于这类强回波信号主要成分是地杂波,长期不变,与雷达阵地周围地形环境有关,所以,STC 衰减参数的选择一般设计为由人工设置或更改。

3. 信号处理

在这一阶段里,回波信号送信号处理器被 A/D 采样,经过脉压、短/长脉冲(近/远距离)拼接、相参、FIR(Finite Impulse Response,有限冲击响应)滤波(等效脉冲积累)、求模、CFAR(Constant False Alarm Rate,恒虚警率)门限判决及频道融合、零频道单独判决、方位/距离/幅度/频道号等信息提取、点迹凝聚、区域点迹过滤等,完成对回波信噪比和信杂比的最大化过程。

(1) 脉压处理是雷达中抑制噪声及杂波的主要环节。短/长脉冲具有不同的压缩系数,其脉压参数与雷达性能密切相关,雷达设计师已经作了精心设计,通常不再作为现场人工设置的参数。脉冲压缩对回波信噪比/信杂比提高详细讨论见6.6 节。脉冲压缩前可增加硬限幅器,将较强窄脉冲干扰用平均幅度替代。

(2) 采用长脉冲压缩技术后为补偿近距离盲区而增加了短脉冲探测,并将短/长脉冲(对应近/远距离)拼接,拼接点常设计为固定值,不再作为现场人工设置的参数。

(3) 空管雷达普遍采用了 FIR 滤波技术来抑制杂波和进行脉冲积累,为此,在其前端增加了回波信号的相参,在其后端增加了求模计算。其中,FIR 滤波系数涉及抑制杂波的性能,但由于 FIR 滤波系数的选择需要依据实时杂波大小,一般设计为自适应处理方式,不作为人工设置或更改。

(4)因为 FIR 滤波是按照分频道处理,CFAR 门限判决也是按照分频道处理,所以就需要频道融合处理将各频道检测结果进行整合。其中,CFAR 门限判决系数的选择需要依据实时杂波剩余大小,一般设计为自适应处理方式,但虚警概率参数作为人工设置或更改。在零频道,为了将零多普勒频率的目标检测出来,需要采用与 FIR 滤波分频道处理不同的方式单独判决,判决门限一般也是自适应的,但虚警概率参数作为人工设置或更改。

(5)FIR 滤波分频道处理及检测是有效的 AMTD 形式。但是,直接按照检测结果确定目标的位置参数、分辨目标的数目等不能达到满意的效果及用户的要求,需要参照目标检测结果将该目标检测前的所有回波幅度信息提取出来,用于点迹凝聚处理。

(6)点迹凝聚是从检测出来的回波信息中求解目标观测质心值的过程,确认真实目标点迹,清除干扰点迹,其中的算法已由雷达设计师作了精心设计。

(7)点迹过滤是在人工设置的指定区域,由程序鉴别出虚假点迹,并将其滤除,避免后续航迹起批,以及限制指定区域中送数据处理的点迹数量。

4. 数据处理

在这一阶段里,点迹信息送数据处理器,经过目标跟踪,在运动特性限制、区域航迹限制等条件下,进一步降低虚警概率,或将虚警概率控制在指标确定的范围内。

(1)利用 $\alpha - \beta$ 滤波、卡尔曼滤波理论,将测量点迹与已有航迹相关,对测量点迹位置和预测点迹位置进行过滤,并预测下一次扫描点迹。

(2)雷达检测的飞机等空中目标具有一定的运动特性,这些特性可以用来对点迹速度进行限制,清除虚假点迹,运动特性参数边界的选择一般设计为人工设置。

(3)区域航迹限制,由人工设置指定区域,程序对航迹限制进行管理。

除了回波信号处理流程中采用的技术外,空管雷达的技术应用还有:

(1)发射机技术。采用全固态器件和模块,可以程序实现方位静默控制。发射机由双工前级放大组件、16 个末级放大组件、功率分配网络、功率合成网络以及冷却风机等组成。若有 16 个模块中的 1~2 个故障或失效,BITE 可以进行模块结构重组,维持雷达的工作状态,对雷达整机探测性能影响不大。有故障的模块可断电现场更换而不影响雷达整机的正常工作,有效提高了 MTBCF 指标。

(2)显示技术。以光栅显示器为平台,既可以显示原始回波,也可显示二次信息,还具有屏幕界面切换、彩色显示等功能。

(3)RAG 图控制技术。由于在各分系统普遍采用了具有 CPU 控制的模块和电路,对回波接收、处理可以细化到方位/距离单元,预先将人工设置好的RAG 图参数存储在存储器里,由程序按照 RAG 图执行。

(4) 故障自动隔离技术。按照规范要求,需要对雷达开机状态下的模块运行进行工作状态动态监测。设计包含了多项在线参数测试功能,包括发射机峰值功率、接收机噪声电平、动态范围、系统对消能力、改善因子、STC 控制曲线、天线转速等关键技术指标。通过这些测试结果,可归纳出雷达的性能与状态,有助于快速发现问题,准确定位故障。各个分系统都具备完善的故障检测设计,所以,故障可定位到每个可更换单元。

(5) 自动上报。空管雷达采用数据处理技术,实现了目标的全自动录取,在此基础上,终端采用计算机工作站实现了目标录取和上报任务的自动完成。

2.7 空管雷达探测气象目标需要解决的问题及对策

对飞机飞行安全有影响的气象都是需要关注的,在恶劣环境下要引导飞机避开恶劣空域,或对航空飞行进行管制。前提条件是需要知道或提前知道在哪些空域会有何等级的气象环境,所以,严格的空管对雷达的需求中还应附加气象雷达。但是,在空管雷达中寄生了气象探测后就不必单独架设气象雷达。

空管雷达以探测飞机目标为主,只是兼顾探测气象目标功能,所以,只规定了探测气象幅度 6 个等级的要求,它是美国国家气象局按照降水率等级划分的气象等级,如表 2.1 所列,与 ICAO 规范一致。在探测飞机时只要求雷达发现飞机目标,然后,依据距离编码器和方位编码器的数据进行位置参数录取,并没有测量目标回波幅度数据。但是,气象回波的探测不仅需要满足最低反射率因子的发现概率,还需要测量其位置参数和幅度数据。

表 2.1 气象回波 6 个等级与反射率因子/降水率表

等级	1	2	3	4	5	6
反射率因子 Z/dBZ	18 ~ 30	30 ~ 41	41 ~ 46	46 ~ 50	50 ~ 57	57 以上
降水率 γ/(mm/h)	0.49 ~ 2.7	2.7 ~ 13.3	13.3 ~ 27.3	27.3 ~ 48.6	48.6 ~ 133.2	133.2 以上
降水类型	薄雾	小雨	中雨	大雨	暴雨	大暴雨

气象探测威力范围与飞机探测威力范围应该相同,即采集的气象回波来自于探测飞机飞行空域,气象结果也将用于飞机的飞行引导。空管雷达以方位上窄波束在水平面旋转扫描,采用 MTD 处理方式工作,将空域按照方位/距离划分为单元对目标探测,判断飞机有/无、录取其位置数据,这些方法对气象探测基本上也是适用的。但是,气象探测需要获取幅度的真实信息,在与飞机探测共用通

道里采用 STC 改变了幅度,所以,在气象探测中需要再作幅度补偿;或单独气象通道里不采用 STC 功能。气象变化很慢,为了留给气象处理足够时间并减少气象数据传输数据率,规定了天线每扫描 6 圈传送和更新一次气象数据。所以,气象信号处理不仅可以在天线驻留时间里进行视频积累,而且允许在天线 6 次扫描时间里进行积累。

由于空管雷达的局限性,对探测气象而言存在难以克服的问题:

(1)由于波束随着距离增加而增宽,波束轴上的点也随着距离增加而升高,因此在远处,波束可能与零度层亮带相交,或者波束进入零度层之上包含非液态水滴的区域,从而使回波信号与完全由单纯雨滴产生的信号强度不一样,因此,出现估计值偏差。一般常见的雨的高度可达 3~6km。

(2)由于回波途径云雨区域时可能受到衰减,在实际测雨时,有必要作衰减量的订正,但对衰减量往往不容易正确估计,因此,出现估计值偏差。

(3)存在低仰角遮挡时,无法探测到遮挡物背后的空域,因而给定量测量带来不确定因素。另外,有的雷达忽略了在高波束中长脉冲探测,或在低波束中短脉冲探测,这对飞机目标探测和气象探测都有一定缺失。

针对空管雷达中探测气象需要解决的各种问题,人们一直在研究解决的办法,到目前为止,空管雷达探测气象回波采用的技术如图 2.14 所示的信号处理流程几个阶段。图中没有考虑双机热备份连接信号处理过程。

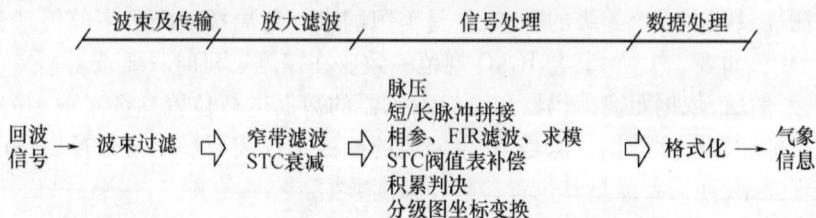

图 2.14　回波气象信号处理流程几个阶段

1. 波束及传输

在这一阶段里,按照飞机目标探测的要求,散射波信号被天线接收并传输时,经过在水平面、垂直面进行波束过滤。有的雷达里,气象回波只来自于低/高波束之一,所以,可以忽略低/高波束的过滤。有的雷达里,在有雨时,气象处理的回波来自于正交模耦合器气象通道输出的回波,所以,可以忽略极化的过滤。

(1)在水平面,天线波束主瓣比副瓣强得多,可以认为,回波信号主要就是从天线波束主瓣接收到的。

(2)在垂直面,天线抛物面反射形成超余割平方波束,且波束下边沿具有锐截止特性,将仰角 0° 以下发射信号和接收信号的能力降到极小。

30

2. 放大滤波

在这一阶段里,回波信号送接收机放大,经过窄带滤波、STC 衰减,即气象回波与飞机目标回波一样处理。在圆极化工作方式,回波信号至气象接收机,气象接收机中可以没有 STC 衰减。

3. 信号处理

在这一阶段里,气象回波信号送信号处理器被 A/D 采样,经过脉压、短/长脉冲(近/远距离)拼接、相参、FIR 滤波(抑制地杂波)、求模、STC 补偿、过门限、积累判决、分级图坐标变换等。完成对气象回波幅度分 6 级过程。其中,脉压、短/长脉冲(近/远距离)拼接、相参等处理与飞机目标的相应处理一样。

(1) 地物是一个零频附近的强信号,而云雨回波是一个具有一定移动速度并有变化范围的信号。抑制地物最常用的方法就是对回波进行高通滤波。FIR 滤波即 4 路并行算法,依据 0 通道地杂波强度选择另 3 路之一作为该 FIR 滤波的最后输出,即自适应地杂波滤波(参见10.6 节讨论)。因为,该 3 路为高通,对地杂波具有不同级别的衰减能力,按照弱、中、强 3 个等级强度地杂波而设计。输出需要求模后再输出。

(2) STC 补偿是对接收机中采用 STC 衰减后的幅度补偿以确保气象回波幅度是真实的。有的雷达里,要针对回波在短/长脉冲、低/高波束、线/圆极化不同条件的 6 种情况进行 STC 补偿。

(3) 在距离单元上积累,并按 6 级标准量化。

(4) 在扫描间积累,坐标转换为直角坐标。

4. 数据处理

在这一阶段里,气象图按照"欧洲猫"008 格式或按照人工设置的 2 级或 6 级格式送显示器。

2.8　本　章　小　结

发现目标是前提,在此基础上,人工录取时依据显示器上的方位/距离刻度读取目标的位置参数,或借助于录取器直接将数据读入对应存储器或计算机;自动录取时利用检测出的 EP 去获取方位编码器/距离计数器的当前数据存入对应存储器或计算机。点迹凝聚及航迹相关滤波后完成自动跟踪。

雷达检测目标技术是从与信噪比和信杂比的矛盾对抗中发展起来的,雷达检测系统的组成也是根据提高信噪比和信杂比形成的,所以,信噪比和信杂比这一"主线"在雷达系统中明显占据重要地位。无论是人工录取还是自动录取,信噪比/信杂比是理解雷达系统检测目标的主线。

目标位置参数常用 R、β、ε（或 H）分别表示距离、方位、仰角（或高度）。空管雷达不是直接测量目标的速度，而是在边扫描与边跟踪中依据目标点迹位移计算目标的平均速度。

空管雷达为了实现全自动目标跟踪，在信号处理中采用 AMTD 技术，将信噪比和信杂比最大化，在对目标全自动检测、录取过程中减少了干扰和虚警。参照对飞机目标的处理方式，将气象微粒视作目标时就不难理解气象通道对气象目标的处理方式。

思考题与习题

1. 空管雷达如何完成对目标探测、位置测量的自动化？

2. 为什么说信噪比和信杂比是理解雷达系统检测目标的主线？

3. 人工录取与自动录取的效能有哪些差别？

4. 什么是识别系数、杂波中可见度因子、发现概率、虚警概率？

5. 距离测量公式是怎样的？距离模糊的含义是什么？距离分辨力和方位分辨力主要由什么决定？

6. 在门限判决中目标脉冲含有什么信息？自动录取过程获取了目标的哪些信息？

7. 空管雷达的目标速度是如何估计的？

8*. 在飞机回波信号处理流程中有哪几个处理阶段？

9*. 在气象回波信号处理流程中有哪几个处理阶段？

第3章 回波特性

空管雷达探测的主要目标是如飞机类的运动物体,对其特性需要仔细讨论,它直接引导雷达设计师去研制雷达设备;使用人员也需要仔细了解,以便将雷达设备的运用最佳化。对飞机回波的讨论结果可以部分推广到杂波特性,但是,杂波与飞机回波的差别是需要仔细讨论的重点,也会影响到使用人员对雷达设备效能的发挥。信杂比还是雷达信号流程中的主线,其中的主角就有杂波,对杂波的了解将会帮助对雷达信号处理流程的理解。

本章主要讨论回波的强度、统计特性、频谱特性、杂波区域位置分布特性等。

3.1 目 标 分 类

按照回波信号脉冲内叠加特性,将目标分为点、面、体三种类型。在第2章定义了距离分辨力。如图2.8中,两个目标间距为 150τ(m)时,显示器上两回波刚好处于可分辨的临界状态,即距离分辨力为 150τ(m);另一方面,间距超过 150τ(m)的两目标是可分的,所以,150τ(m)又是距离上可分辨的基本单元。同理,在第2章定义了方位分辨力。方位分辨力 $\Delta\beta$ 为半功率点波束宽度 $\beta_{0.5}$,它又是方位上可分辨的基本单元。

实际上,只有当距离和方位都不可分时,两目标才是不可分的。则距离和方位两维空间里的分辨单元为 $150\tau R\beta_{0.5}$,其中 $R\beta_{0.5}$ 表示弧长,R 为目标所在距离。同样理由,距离/方位/仰角三维空间里的分辨单元为 $150\tau R\beta_{0.5}R\varepsilon_{0.5}$,其中 $R\varepsilon_{0.5}$ 表示在仰角上的弧长。$\beta_{0.5}$ 和 $\varepsilon_{0.5}$ 单位均为 rad,τ 单位为 μs,R 单位为 m。为便于分析和讨论,当目标的尺度在三维上处于一个雷达分辨单元内时,该目标称为点目标;当目标的尺度在两维上超出一个雷达分辨单元时,该目标称为面分布目标;当目标的尺度在三维上超出一个雷达分辨单元时,该目标称为体分布目标。

对雷达而言,将需要探测的物体称为目标如飞机,将其他非探测的物体统称为非目标。其中,地面、山坡、建筑、水(海)面等产生面杂波,电磁波主要从"面"上散射;云、雨、雪、风沙、箔条等产生体杂波,电磁波主要从"体"内散射。

3.2 飞机回波特性

对于空管雷达而言,飞机可以作为点目标来看待,除非它离雷达非常近。

3.2.1 强度

目标用其表面来散射雷达电磁波,为了区别于目标自身的几何面积,称散射雷达电磁波的有效面积为目标雷达横截面(Radar Cross Section,RCS),常称为目标雷达截面积,用符号 σ 表示,取面积单位 m^2。但对采用收发共用天线的雷达而言,后向散射才对雷达探测目标具有意义。通常,它并不等于目标的几何面积。对雷达而言,所谓大目标或小目标是指其 σ 值的大小。一种简单的模型是将目标雷达截面积看作为几个因子的积,即

$$\sigma = \sigma_1 \cdot D \cdot \eta_t \cdot \nu_r \qquad (3.1)$$

式中: σ_1 为目标在雷达视线方向上的几何投影面积(m^2); D 为目标后向散射系数; η_t 为目标吸收损耗系数; ν_r 为目标极化损失系数。

式(3.1)反映出目标雷达截面积与目标几何投影、散射、吸收、极化等特性有如下关系:

(1)与目标几何投影关系。当目标的尺度比入射电磁波波长大得多时,电磁波将在目标表面产生散射。目标表面面积越大,其散射强度越强,如大飞机比小飞机的雷达回波强。

(2)与目标后向散射系数关系。目标散射性强的方向为主要散射方向,如将电磁波散射汇聚成为一个针状波束就是典型的例子。

入射电磁波的目标表面曲率半径比入射电磁波波长大得多时,此反射称为平面反射。平面反射时,前向散射为主要散射方向,反射角等于入射角,只有在垂直于表面入射时,主要散射方向才转换为后向散射。

如果入射电磁波的目标表面曲率半径不够大,或目标表面曲率变化较多,此散射称为漫反射。此时,说明目标后向散射系数较小。但是,如果目标表面有拐角或"洞穴"如飞机的机翼或发动机喷口,入射电磁波经过多次反射,有时出现后向散射系数增大情况,有利于雷达对目标的探测。

当目标的尺度接近入射电磁波波长的整数倍时,即目标相当于一个谐波振子,此散射称为谐振辐射。此条件下,目标后向散射也最强。

还有一种散射称为绕射,它是当入射电磁波波长比目标的尺度大得多的情形,此时,入射电磁波绕过目标继续前行,几乎没有后向散射现象。

所以,目标后向散射系数与入射角度有很大关系,也与目标表面结构有很大关系。图 3.1(a)所示是一个 B-26 双引擎中型轰炸机全尺寸在转台上旋转过程中用 10cm 波长时测量到的目标雷达截面积值,这些值的大小用 5~35dB 的同心圆刻度标注在图中,可清楚地看到由于飞机外形复杂,σ 值随入射角度、表面结构的变化较敏感。这预示着雷达探测目标所接收到的回波幅度起伏由于飞机机动性变化较大。

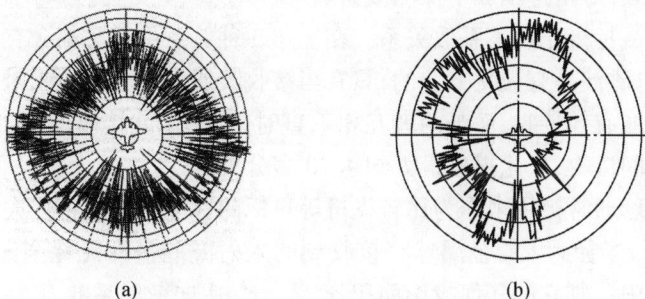

(a)   (b)

图 3.1　测量飞机目标雷达截面积值的例子示意图

图 3.1(b)所示是另一个飞机的目标雷达截面积值例子,所测量的目标雷达截面积值与图 3.1(a)的值虽然不同,但 σ 值随入射角度、表面结构的变化也较敏感,回波幅度起伏变化较大。

注意到图 3.1 中雷达的工作频率对测量值有很大关系。图 3.2 所示为标准球形目标时目标雷达截面积与雷达工作波长之间的关系。当 $2\pi a/\lambda \ll 1$ 时,称为瑞利区,这时的 σ 值正比于 λ^{-4};当 $2\pi a/\lambda \gg 1$ 时,称为光学区,这时的 σ 值振荡地趋于目标几何投影面积 πa^2;在介于两个区域中间的区域称为振荡区或谐振区,这时的 σ 值在 πa^2 附近振荡。

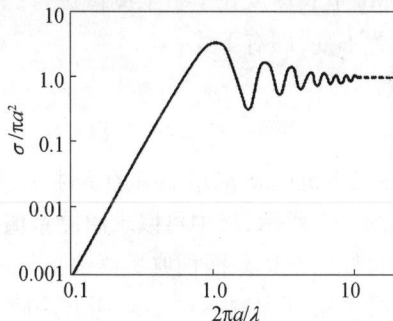

图 3.2　标准球形目标时目标雷达截面积与雷达工作波长之间的关系

但是,图3.2中关系难以说明实际飞机外形目标在不同雷达工作频率探测时的结果。因为,飞机的外形本身太复杂,同一架飞机的外形相对于不同频率(或波长)而言,可能具有不同的散射截面积,而且变化很大。

（3）与目标吸收损耗系数关系。采用电磁波探测目标的原因就是目标为金属制造的飞机。目标散射电磁波的能力越强就说明其吸收电磁波能量越少。现代的所谓"小"目标及隐身目标就是采用了有效吸收雷达电磁波能量的材料作为飞机的外表,对雷达构成了探测威胁。

（4）与目标极化损失系数关系。在上述3种关系中其实都含有电磁波极化因子,因为电磁波是有极化方向的,只有当接收天线极化方向与入射电磁波极化方向一致才能有效接收,而当两者互相垂直时,理论上就接收不到,实际上此时不能完全抑制接收,极化损失最大约达20多分贝。

金属圆球通常被用来作为比较飞机等目标的标准。在球直径大于入射波长10倍条件下,半径为r的金属球将接收到的入射波能量会无耗全向散射,对称体无极化损失。则它的几何投影面积σ_1为πr^2,后向散射系数D为1,吸收损耗系数η_t为1,极化损失系数ν_r为1,按照式(3.1),半径为r的金属球的目标雷达截面积$\sigma_{\text{球}}$为πr^2,与其几何投影面积πr^2完全相同。如此,假如某飞机的目标雷达截面积为3.14m^2,又称其与半径为1m的金属球等效。

实际飞机等目标都不能采用式(3.1)方法找出其目标雷达截面积的值,注意到"目标雷达横截面"用来表征目标的雷达散射截面。将式(5.20)可以写作如下:

$$P_r = K \cdot \frac{\sigma}{R^4} \tag{3.2}$$

式(3.2)可称为目标雷达截面积的测量公式,用来在旋转平台上通过测量飞机的回波功率,再将标准金属球放在平台上测试进行比较,可以获得飞机雷达截面积。若平台距离位置不变,即有下式:

$$\sigma_{\text{飞机}} = \frac{\sigma_{\text{球}}}{P_{r\,\text{球}}} \cdot P_{r\,\text{飞机}} \tag{3.3}$$

正如图3.1所表明的,飞机的σ测量值有随机性,按照式(3.3)所测结果可以作出直方图的例子如图3.3所示,从中可以求出测量值的平均值和均方值。

表3.1给出了各种目标的雷达截面积典型值,由于这些值都有可能出现,雷达探测目标时回波信号强度难以预测。对于空管雷达而言,需要探测的飞机目标从小型单发飞机至超大型机,其目标雷达截面积取值范围约为20dB,考虑到目标雷达截面积大小的起伏变化,取值范围可能达40dB。

出现次数

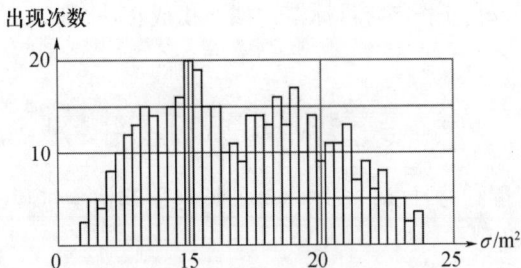

图 3.3　在转台上测量一个中型飞机雷达截面积直方图的例子

表 3.1　各种目标的雷达截面积典型值

	F－117A 飞机	常规有翼导弹	小型单发飞机	小型战斗机和小型游艇	中型机和大型机	超大型机和小汽车	中型汽车
σ/m^2	0.01～0.1	0.1～0.5	1	2	20～40	100	200

3.2.2　统计特性

由于飞机的机动性飞行,电磁波的入射角在随时变化,在雷达脉冲串信号的探测过程中,回波脉冲串在波束驻留时间内或天线扫描间的幅度有变化或称起伏,这种特性对雷达探测性能将会带来影响。另外,天线水平波束边沿的变化也使回波脉冲串幅度有起伏。

要正确描述目标雷达截面积的起伏必须知道它的概率密度函数和它的时间相关特性,但是,飞机外形复杂,通常采用一个比较接近而又合理的数学模型来进行分析和评估。早期 Marcum(马克姆)和 Swerling(施威林)已经将常见目标雷达截面积幅度起伏统计出了 5 种数学模型,常称 Swerling Ⅰ ～ Ⅳ型和 Marcum型。之后发展的现代目标起伏模型不仅包含了早期的 5 种,还能与某些目标复杂起伏情形相吻合,应用也较广泛,主要是 Rice(莱斯)型、Log－normal(对数－正态)型、χ^2(Chi－Square)型分布等。

1. Swerling Ⅰ 型

此类目标属于慢起伏,即目标雷达截面积幅度在天线扫描间有起伏,回波信号功率幅度在天线扫描间有起伏,而在波束驻留时间内没有起伏,或称目标雷达截面积幅度在波束驻留时间内不变。σ 的起伏具有如下的概率密度函数:

$$p(\sigma) = \frac{1}{\bar{\sigma}} \cdot \exp\left(-\frac{\sigma}{\bar{\sigma}}\right), \quad \sigma > 0 \tag{3.4}$$

式(3.4)具有指数特性,$\bar{\sigma}$ 表示目标雷达截面积起伏全过程的平均值。考

虑到目标回波电压 u_m 的平方与目标雷达截面积成正比,则 u_m 的起伏具有如下的概率密度函数:

$$p(u_m) = \frac{2u_m}{\overline{u_m}^2} \cdot \exp\left(-\frac{u_m^2}{\overline{u_m}^2}\right), \quad u_m > 0 \qquad (3.5)$$

式(3.5)具有瑞利特性,$\overline{u}_m$ 表示目标回波电压起伏全过程的平均值。

2. Swerling Ⅱ型

此类目标属于快起伏,即目标雷达截面积幅度在波束驻留时间内有起伏,或回波信号功率幅度在波束驻留时间内有起伏,或称目标雷达截面积幅度在波束驻留时间内不相关。σ 的起伏具有式(3.4)的概率密度函数。如雷达脉间跳频时也会出现此特性。

3. Swerling Ⅲ型

此类与 Swerling Ⅰ型相同,属于慢起伏,但是,σ 的起伏具有如下的概率密度函数:

$$p(\sigma) = \frac{4\sigma}{\overline{\sigma}^2} \cdot \exp\left(-\frac{2\sigma}{\overline{\sigma}}\right), \quad \sigma > 0 \qquad (3.6)$$

式中:$\overline{\sigma}$ 为目标雷达截面积起伏全过程的平均值。

式(3.6)适用于目标由一个大反射单元和许多小反射单元组合或只有一个大反射单元在方位上有小变化的情况。考虑到目标回波电压 u_m 的平方与目标雷达截面积成正比,则 u_m 的起伏具有如下的概率密度函数:

$$p(u_m) = \frac{8u_m^3}{\overline{u_m}^4} \cdot \exp\left(-\frac{2u_m^2}{\overline{u_m}^2}\right), \quad u_m > 0 \qquad (3.7)$$

式中:$\overline{u}_m$ 为目标回波电压起伏全过程的平均值。

4. Swerling Ⅳ型

此类与 Swerling Ⅱ型相同,属于快起伏,但是,σ 的起伏具有式(3.6)的概率密度函数。有些飞机的起伏特性采用 Swerling Ⅱ型不适合,需要采用 Swerling Ⅳ型具有更好的近似,如舰船、卫星、侧向观测的导弹与高速飞行体等。

示意图3.4(a)、(b)分别表示了关于 σ 和 u_m 的概率密度曲线,其中实线是 Swerling Ⅰ型和 Swerling Ⅱ型的,虚线是 Swerling Ⅲ型和 Swerling Ⅳ型的。图中还标出了变量取平均值时概率密度函数的对应值。图3.4(a)中虚线与实线的特性主要区别在于 σ 值较小(如 σ 小于0.5倍的均值)时式(3.4)的 $p(\sigma)$ 值逐渐趋向 $1/\overline{\sigma}$,而式(3.6)的 $p(\sigma)$ 值逐渐趋向0。

目标起伏变化主要给雷达回波信号带来损失,常用起伏损耗 L_f 说明有起伏时与无起伏时的回波信号功率损失。

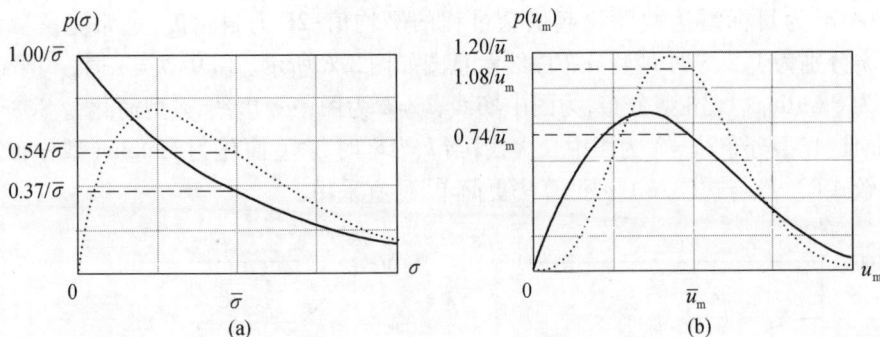

图 3.4　Swerling 型分布曲线示意图

一般而言,Swerling Ⅰ 型适用于复杂光滑表面如军用小飞机,Swerling Ⅱ 型适用于螺旋桨飞机、直升机,Swerling Ⅲ 型适用于民航机和运输机,Swerling Ⅳ 型适用于舰船、卫星、侧向观察的导弹等。

5. Marcum 型

此属于不起伏型,即目标雷达截面积幅度恒定,回波信号功率幅度恒定。如尺度较大的空中气球具有此特性。

6. Rice 型

此类目标的起伏具有如下的概率密度函数:

$$p(\sigma) = \frac{1 + m^2}{\overline{\sigma}} \cdot \exp\left(- m^2 - (1 + m^2) \cdot \frac{\sigma}{\overline{\sigma}}\right) \cdot$$

$$I_0\left(2m \cdot \sqrt{(1 + m^2) \cdot \frac{\sigma}{\overline{\sigma}}}\right), \quad \sigma > 0 \tag{3.8}$$

式中:$\overline{\sigma}$ 为目标雷达截面积起伏全过程的平均值;m^2 为目标中主散射体截面积与小散射体组合截面积之比;$I_0(x)$ 为 0 阶修正贝塞尔函数。

当 m 分别为 0、2、3 时 Rice 型分布曲线示意图如图 3.5 所示。其中,$m = 1$ 为图中实线;$m = 2$ 为图中短虚线,可以描述 Swerling Ⅲ、Ⅳ 型分布,可惜这种分布形式在数学上不易处理,常将 Rice 型拟合到 χ^2 型处理;$m = 3$ 为图中长虚线;当 $m = 0$(没有主散射体)简化为 Swerling Ⅰ、Ⅱ 型分布,m 为 ∞ 时,Rice 型简化为 Marcum 型分布。

7. χ^2 型

$2k$ 自由度的 χ^2 型目标起伏具有如下的概率密度函数:

$$p(\sigma) = \frac{k}{(k - 1)!\overline{\sigma}} \cdot \left(\frac{k\sigma}{\overline{\sigma}}\right)^{k-1} \cdot \exp\left(- \frac{k\sigma}{\overline{\sigma}}\right), \quad \sigma > 0 \tag{3.9}$$

式中:$\bar{\sigma}$ 为目标雷达截面积起伏全过程的平均值;$2k$ 为自由度,通常为整数。当 k 分别为 1、2、3 时 χ^2 型分布曲线示意图如图 3.6 所示。其中,$k=1$ 时,χ^2 型简化为 Swerling Ⅰ、Ⅱ型分布,为图中实线;$k=2$ 为图中短虚线,χ^2 型简化为 Swerling Ⅲ、Ⅳ型分布;$k=3$ 为图中长虚线;当 k 为 ∞ 时,χ^2 型简化为 Marcum 型分布。比较式(3.9)与式(3.8),χ^2 型算法更简单,适宜采用。

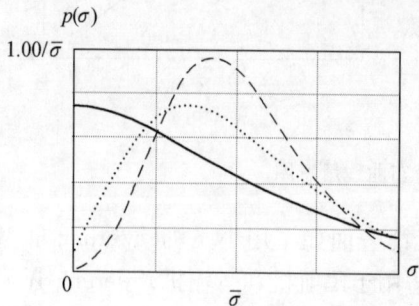

图 3.5　Rice 型分布曲线示意图　　　图 3.6　χ^2 型分布曲线示意图

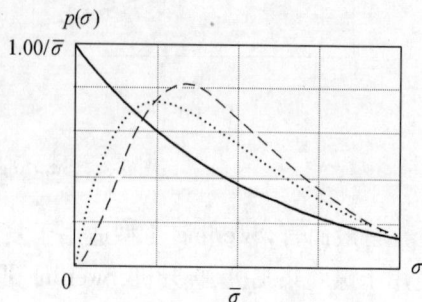

8. Log – normal 型

此类目标的起伏具有如下的概率密度函数:

$$p(\sigma) = \frac{1}{\sqrt{2\pi}\,\sigma\sigma_M} \cdot \exp\left(-\frac{1}{2\sigma_M^2}\left(\lg\frac{\sigma}{\bar{\sigma}}\right)^2\right), \quad \sigma > 0 \qquad (3.10)$$

式中:$\bar{\sigma}$ 为目标雷达截面积起伏全过程的中值;σ_M 为 $\lg(\sigma/\bar{\sigma})$ 的标准偏差。

当 σ_M 分别为 1、2、3 时 Log – normal 型分布曲线示意图如图 3.7 所示。其中,$\sigma_M=1$ 时为图中实线;$\sigma_M=2$ 为图中短虚线;$\sigma_M=3$ 为图中长虚线。Log – normal 型主要适合描述卫星主体、舰船、圆柱体、平板及阵列等目标类型。图 3.7 中的 Log – normal 型分布曲线特性表示 σ 在接近 0 时的概率很大。

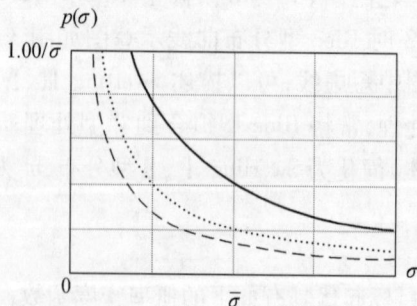

图 3.7　Log – normal 型分布曲线示意图

需要注意的是,复杂目标的雷达截面积通常对雷达工作频率、入射角很敏感,不能严格按照上述各模型指定。例如,很多飞机从鼻锥方向入射时,目标起伏模型符合自由度在2附近的χ^2型分布,但当从侧面入射时,目标起伏模型符合Log－normal型分布。

3.3 地面/海面回波特性

地面和海面是引起杂波最常见、不可回避的物体,它们的表面积大,后向散射的杂波非常强,是面杂波的代表;山坡、水面和建筑物也有类似特性。陆地的杂波比海面的杂波要强得多,主要是因为地形结构复杂,而海面上的波浪和浪花主要与气象特别是风力有关。原理上,可以将3.2节对目标特性的讨论应用于地面/海面的回波特性,理由是它们对雷达电磁波散射的机理相同,只是它们不是雷达所要探测的目标,需要注意其不同之处。

3.3.1 强度

地面/海面产生的回波属于面分布型杂波,对于同一种物体材质,面分布的单位面积上杂波雷达截面积可用σ^0表示,也称散射系数,单位记为$\mathrm{m}^2/\mathrm{m}^2$,$\sigma^0$的值可以查表获得,为方便估算和使用,给出各种地形、频率条件下散射系数强度平均值简表如表3.2所列。面杂波分辨单元取法是:方位上弧长按波束的半功率点宽度乘距离,距离上按150τ并投影到地面,投影夹角ε一般非常小,如图3.8所示。一个典型雷达分辨单元面积A_s为

表3.2 各种地形、频率条件下散射系数强度平均值

	城市	山区	森林		农田		沙漠/灌木和草地	
			地形坡度 >2°	地形坡度 <2°	地形坡度 >2°	地形坡度 <2°	地形坡度 >2°	地形坡度 <2°
σ^0/dB (S波段)	-10.1	-21.4	-23.6 ~ -24.6	-29.3 ~ -38.9	-34.8	-32.5 ~ -30.9	-37.9	-54.4
σ^0/dB (L波段)	-12.6	-17.5	-18.2 ~ -22.6	-20.8 ~ -41.4	-26.9	-28.1 ~ -31.6	-39.6	-68.6

$$A_s = (150\tau/\cos\varepsilon)R\beta_{0.5} \approx 150\tau \cdot R\beta_{0.5} \qquad (3.11)$$

式中,$\beta_{0.5}$和ε单位均为rad;τ单位为μs;150τ单位为m;R单位为m。

若雷达回波采用了脉冲压缩技术,在终端脉冲的宽度为τ_0,所以,式(3.11)

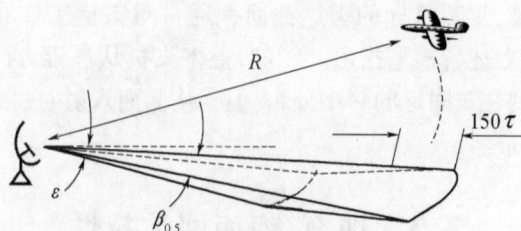

图 3.8　面杂波分辨单元示意图

中的 τ 需用 τ_0 替代。则面杂波雷达截面积为

$$\sigma_c = \sigma^0 \cdot A_s \tag{3.12}$$

3.3.2　统计特性

式(3.3)可以用来测量地面/海面的雷达截面积强度,制作直方图,求出其平均值和均方根值等统计处理,并用最小均方根拟合等方法与典型数学模型比对以取代。类似于目标起伏模型,面杂波的起伏模型有 Rayleigh(瑞利)、Log – Normal(对数 – 正态)、Weibull(威布尔)、K 分布等。

1. Rayleigh 型

该类型杂波起伏具有如下的概率密度函数:

$$p(u_m) = \frac{2u_m}{\sigma_m^2} \cdot \exp\left(-\frac{u_m^2}{\sigma_m^2}\right), \quad u_m > 0 \tag{3.13}$$

式中:σ_m 为杂波雷达截面积起伏全过程的标准偏差。

当雷达分辨单元较大(即分辨力较低)时,或海情不严重时,海面杂波特性符合 Rayleigh 型。

2. Log – Normal 型

该类型杂波起伏具有如下的概率密度函数:

$$p(\sigma_c) = \frac{1}{\sqrt{2\pi}\sigma_c\sigma_M} \cdot \exp\left(-\frac{1}{2\sigma_M^2}\left(\lg\frac{\sigma_c}{\bar{\sigma}}\right)^2\right), \quad \sigma > 0 \tag{3.14}$$

式中:$\bar{\sigma}$ 为杂波雷达截面积起伏全过程的中值;σ_M 为 $\lg(\sigma_c/\bar{\sigma})$ 的标准偏差。

由于该类具有两个参数可以调整,可以拟合的实际情况较多,尤其是它的拖尾(对应于 σ_c 较大时)。对于高分辨力雷达,或当海情 2 ~ 3 级时,海面杂波特性具有 σ_M 为 6dB 的 Log – Normal 型。

3. Weibull 型

该类型杂波起伏具有如下的概率密度函数:

$$p(u_{\mathrm{m}}) = \frac{bu_{\mathrm{m}}^{2b-1}}{u_{\mathrm{m}}^{2b}} \cdot \exp\left(-\frac{1}{2}\left(\frac{u_{\mathrm{m}}}{u_{\mathrm{z}}}\right)^{2b}\right), \quad u_{\mathrm{m}} > 0 \qquad (3.15)$$

式中:u_{z} 为杂波对应的电压起伏全过程的中值;b 为分布的斜度,取值一般在 $0 < b \leqslant 1$。

当 b 分别为 0.1、0.5、0.9 时 Weibull 型分布曲线示意图如图 3.9 所示。其中,$b = 0.1$ 时为图中实线;$b = 0.5$ 为图中短虚线;$b = 0.9$ 为图中长虚线。Weibull 型分布适合应用于 Rayleigh 型分布与 Log – Normal 型分布之间的情况,即中等海情。

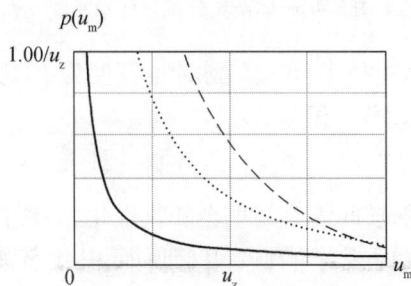

图 3.9 Weibull 型分布曲线示意图

海面杂波统计特性在时间上和空域位置上相互关联。就时间而言,当电磁波入射角大时,海面杂波统计特性接近 Rayleigh 型分布,入射角小时,海面杂波统计特性接近 Log – Normal 型分布。

对杂波而言,通常要确切知道其分布特性或测量其参数很困难,所以,雷达设计中一般只能基于杂波的平均值而非统计模型。

3.4 气象回波特性

气象微粒产生的回波是体分布型杂波的代表,风沙及箔条也具有此类型。对于同一种物体材质,体分布的单位体积内杂波雷达截面积可用 η 表示,也称散射系数,单位记为 $\mathrm{m}^2/\mathrm{m}^3$。$\eta$ 的值可以查表获得。

体杂波分辨单元取法是:方位上弧长按波束半功率点宽度乘距离,仰角上弧长按波束的半功率点宽度乘距离,距离上按 150 τ,如图 3.10 所示。一个典型雷达分辨单元体积 V_{s} 为

$$V_{\mathrm{s}} = 150\,\tau \cdot R\beta_{0.5} \cdot R\varepsilon_{0.5} \qquad (3.16)$$

式中,$\beta_{0.5}$ 和 $\varepsilon_{0.5}$ 单位均为 rad;τ 单位为 μs;150 τ 单位为 m;R 单位为 m。若对

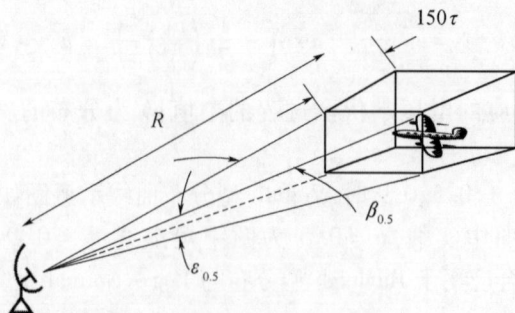

图 3.10　体杂波分辨单元示意图

雷达回波采用了脉冲压缩技术,在终端脉冲的宽度为 τ_0,所以,上式中的 τ 需用 τ_0 替代。则体杂波雷达截面积为

$$\sigma_c = \eta \cdot V_s \qquad (3.17)$$

气象杂波在天线扫描间隔时间里会随机变化,一般接近 Rayleigh 型分布。有些文献将波束横截面视作椭圆,用椭圆面积代替矩形面积更精确,则式(3.16)需要乘上 $\pi/4$。

由于雨滴可以视作直径 d 远小于电磁波波长 λ 的球体,它处于瑞利散射区域(参见图 3.2),则体单元中第 k 个雨滴的雷达截面积可以用下式表示:

$$\sigma_k = \frac{\pi^5 \cdot 10^{-18} \cdot |K|^2}{\lambda^4} \cdot d_k^6 \qquad (3.18)$$

式中,d_k 常用单位为 mm;λ 单位为 m;σ 单位为 m^2;$|K|^2$ 为与水的介电常数有关的系数,对于 10℃水在 10cm 波长时,$|K|^2$ 的值近似为 0.93,则雨的单位体积内雷达截面积 η 表示为

$$\eta = \frac{\pi^5 \cdot 10^{-18} \cdot |K|^2}{\lambda^4} \cdot \sum_{k=1}^{n} d_k^6 = \frac{\pi^5 \cdot 10^{-18} \cdot |K|^2}{\lambda^4} \cdot Z \qquad (3.19)$$

式中:n 为单位体积内雨滴总数;Z 为雷达气象学家定义的雷达反射率因子,单位体积(以 m^3 作单位)上雷达反射率因子 Z 单位是 mm^6/m^3,常用分贝数表示为 dBZ。这样定义的主要原因是雷达反射率因子描述空中还没有落地的雨或云。雨水的另一个描述参数为降水率 γ,单位是 mm/h,大量试验数据综合结果表明雨滴的 Z 与 γ 之间满足如下关系:

$$Z = 200\gamma^{1.6} \qquad (3.20)$$

美国国家气象局根据雷达气象回波散射特性,以降水率和反射率因子定义了气象回波的 6 个等级见表 2.1,这 6 个等级的定义与 ICAO 制定的标准一致。

所以

$$\eta = 7 \times 10^{-12} f^4 \cdot \gamma^{1.6} \qquad (3.21)$$

式(3.21)是将上述几个公式联合后的结果,f 的单位为 GHz。为方便估算和使用,计算出降水率 γ、频率 f 条件下散射系数 η 曲线如图 3.11 所示。图 3.11 中采用对数坐标,频率参数采用 L_1(1250MHz)、L_2(1350MHz)、S_1(2700MHz)、S_2(2900MHz)。

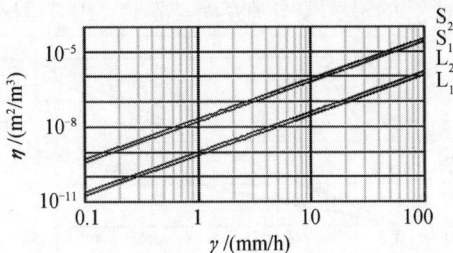

图 3.11　雨散射系数与频率和降水率的关系

另有一种类似雨的杂波对检测目标影响也很大,起初,由于该杂波产生的区域并不存在明显反射源,被称为"仙波"(Angel Echoes),现在普遍认为它是鸟群或昆虫群产生的回波,在某些季节存在大量集群的鸟或昆虫、或鸟/昆虫迁徙。而分散的仙波可能是因为大气中的不均匀性产生的。由大气湍流产生的回波很微弱。

3.5　回波频谱特性

飞机的飞行在雷达站径向有位移时,回波的频率就包含了不为 0 的多普勒频率,它既是区别于杂波的因素,也给探测带来了新的问题。

散射回波所包含的多普勒频率是雷达区分地/海杂波、气象杂波、运动目标的物理基础。当目标在径向有运动时,测量距离公式(2.3)改写如下:

$$t_R = \frac{2R(t)}{C} \qquad (3.22)$$

式(3.22)表明回波时间会随着目标的位置移动而变,将回波相位对时间 t 求导数就是角频率的变化量,则目标的多普勒频率 f_d 为

$$f_d = \frac{1}{2\pi} \cdot \frac{\mathrm{d}(2\pi f_0 t_R)}{\mathrm{d}t} = \frac{2f_0}{C} \cdot \frac{\mathrm{d}}{\mathrm{d}t} R(t) = \frac{2f_0}{C} \cdot v_r = \frac{2v_r}{\lambda} \qquad (3.23)$$

式中:v_r 为目标径向速度,即目标飞行方向的速度在径向投影。

f_d 相对于 f_0 而言非常小,直接采用滤波的方法从回波射频频域将其分离出来是很困难的。所以,地面雷达难于采用检测 f_d 来获取目标速度。

按照空管雷达的 L、S 工作频段,假定目标的径向速度范围 $v_r = 0 \sim 3Ma$(马赫),计算出 $f_d \sim v_r$ 的关系曲线如图 3.12 所示。图 3.12 中 4 条斜直线分别对应 f_0 为 1250MHz(L_1)、1350MHz(L_2)、2700MHz(S_1)、2900MHz(S_2)。在 L 频段,径向速度分别为 $1Ma$、$3Ma$ 时 f_d 的最大值分别为 3.06kHz、9.18kHz;在 S 频段,径向速度分别为 $1Ma$、$3Ma$ 时 f_d 的最大值分别为 6.57kHz、19.7kHz。

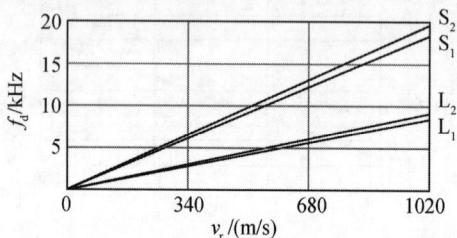

图 3.12　多普勒频率与目标径向速度关系示意图

假设,发射脉冲信号可以写成

$$u_t(t) = u_{mt} \cdot \text{rect}\left(\frac{t}{\tau}\right) \cdot \cos\left[2\pi f_0 t + \varphi_t\right] \tag{3.24}$$

式中:u_{mt} 为脉冲振幅;f_0 为雷达工作频率;φ_t 为发射信号的初始相位。则目标回波可以表示为

$$u_r(t) = u_{mr} \cdot \text{rect}\left(\frac{t - t_R}{\tau}\right) \cdot \cos\left[2\pi(f_0 + f_d)t - 2\pi f_0 t_{R0} + \varphi_t\right] \tag{3.25}$$

式中:u_{mr} 为回波脉冲振幅;$2\pi f_d t$ 为多普勒频率引起的相位增加;t_{R0} 为目标初始位置引起的延迟;$2\pi f_0 t_{R0}$ 为目标初始位置引起的初始相位滞后。

对式(3.25)求傅里叶变换及频谱时,将余弦函数视作指数函数,利用附录中傅里叶变换的频移性质,则求 $u_r(t)$ 的频谱 $|U_r(f)|$ 示意图如图 3.13 所示。

图 3.13(a)为 $\text{rect}(t/\tau)$ 及其频谱;图 3.13(b)为频移到 $f_0 + f_d$ 的频谱,图中只画出了频率正轴的频谱,在负频率轴上(实信号)的频谱与其完全对称;图 3.13(c)为回波信号是脉冲串时的频谱,时域波形周期性对应频域里离散化,图中离散频谱用带箭头垂直虚线表示,离散频谱间隔为 F_r;图 3.13(d)为图 3.13(c)中 $f_0 \sim f_0 + F_r$ 之间有不同多普勒频移的各回波频谱情况,如地/海杂波、气象杂波、飞机目标回波等,每个谱线还会存在与实际相对应的扩展。

式(3.22)及式(3.25)也可以用来说明面杂波和体杂波,因为杂波也是雷达的回波,只是 f_d 是风速影响的结果,地面/海面的多普勒频率主要受到风吹的影响,但

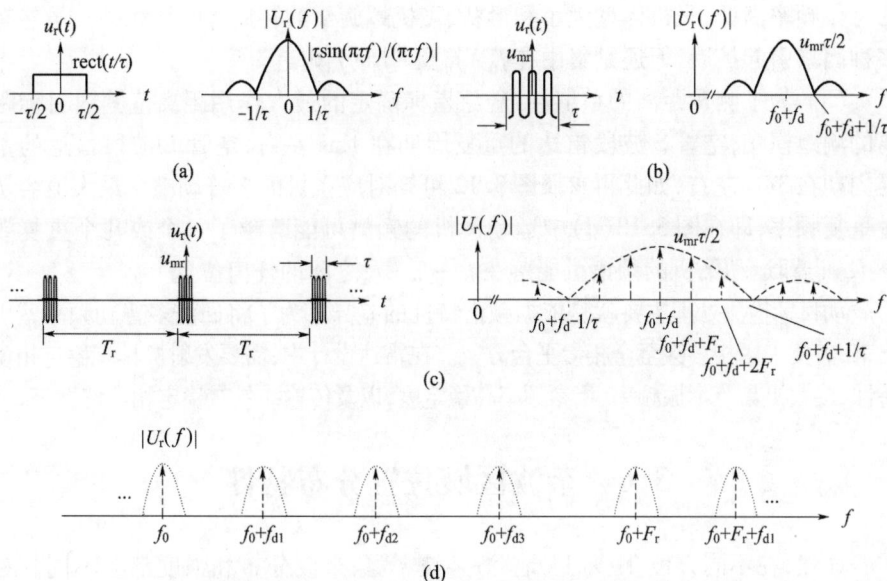

图3.13 求$u_r(t)$的频谱$|U_r(f)|$示意图

是其速度比空中风速小。气象微粒/风沙/箔条等的多普勒频率主要受到风吹的影响,其速度接近风速。

$|U_r(f)|$的特点讨论如下:

(1)单个回波的频谱形状具有$\sin(f)/f$形。若回波为脉冲串时,$\sin(f)/f$形内部变成了离散谱,离散谱间隔具有重复频率F_r。在$f_0 \sim f_0 + F_r$之间有各种不同多普勒频移的回波频谱。由于各种回波的频谱相邻较近,所以,采用接收机中滤波器通道还无法区分出运动目标。

(2)回波频谱主要集中在$f_0 + f_d$及$-f_0 - f_d$处。当回波中f_d为0时对应的散射物体没有内部起伏特性,通常是铁塔、无植被的山、机场、水泥地等;而运动目标、气象杂波、有植被的地面或有风时的海面等均属于f_d不为0的情况,其中,地/海杂波的频谱靠近$f_d = 0$处,气象杂波离$f_d = 0$稍远。在时域里目标雷达截面积大小的起伏变化对应到频域里就是频谱扩展,引起频谱扩展的因素主要有雷达脉冲串信号的脉间捷变频、天线波束的非矩形调制、飞机的机动飞行引起电磁波入射角变化、飞机的螺旋桨旋转等。由式(3.23)可知,脉间捷变频引起的多普勒频率变化较大;由天线波束非矩形引起的频谱扩展很小,而且它是非随机的;电磁波入射角变化引起的频谱扩展是随机的;飞机的螺旋桨引起的频谱扩展大约有几十赫兹。面杂波频谱扩展还受风吹的影响,频谱扩展大约有几十赫兹。气象杂波受风速影响,频谱扩展最大小于几百赫兹。频谱扩展的大小还与雷达的工作频率高低、飞机体型大小和形状、飞机螺旋桨的转速等密切相关。虽然有多种因素引起扩展,但还是集中在 $f_0 + f_d$ 及 $-f_0 - f_d$ 附近。

(3) 为了测量距离的单值性,避免指标确定的最大作用距离范围内目标距离的测距模糊,空管 S 波段雷达的重复周期在 1ms 左右,空管 L 波段雷达的重复周期在 3ms 左右,如此再参照图 3.12 可知对应飞机的多普勒频率最大值会超过重复频率,即在图 3.13(d) 中运动飞机的频谱可能跨越了一个或几个重复频率 F_r,也即运动飞机的频谱可能落在 $f_0 \sim f_0 + F_r$ 之间的任何位置上。

动目标检测处理主要就是依据频谱特性的差异。为了将回波多普勒频率鉴别出来,需要采用相参甚至全相参平台方案。在雷达设计中,需要发射机具有稳定相位特性;接收机具有本振频率、相参频率高稳定度,以及传输线具有稳定相位特性等。

3.6　杂波区域位置分布特性

显然,在不同方位/距离上,地/海杂波、气象杂波分布和强度都会不同。对于采用垂直面宽波束的天线而言,在相同的方位/距离上,不同仰角(或高度)上的回波是叠加被接收的。杂波区域位置分布及其强度随着方位/距离区域位置而变化的特性在天线方位扫描过程中及每个重复周期时间内扫描过程中都是快变化的,仅在杂波区域内部小范围里气象杂波和海杂波随空域位置是均匀的。而接收机内噪声功率均方根值则完全不同,它在雷达工作过程中几乎不变,只与工作温度有关,属于慢变化的。所以,杂波与噪声具有明显区别。

根据雷达回波强度与其距离大小的关系(见第 5 章讨论),近距离的地/海杂波强,远距离的地/海杂波弱;由于地球曲率的影响、雷达垂直波束下沿锐截止特性以及采用高/低波束接收等(见第 5 章和第 7 章讨论),地/海杂波只会出现在近距离区,典型情况是强杂波只在约 50km 范围内;在不同方位上,地/海杂波分布和强度都会不同。图 3.14 所示为某 S 波段空管雷达 P 显上原始杂波画面,距离刻度线圆环标示是 50km。在 50km 外 300°～330°方位范围内有少许山峰的杂波,在 30°～60°方位范围内几乎没有地杂波,15km 范围内显示的是高波束及短脉冲回波,所以,画面上该距离范围内杂波看起来比 15km 外小得多。

气象杂波可能出现在雷达探测距离范围内的任何距离上,有研究表明:在同一时间,下大雨区域的尺度在距离上不会超过 50km。图 3.14 中,在 50km 外 30°～60°方位范围内有气象杂波。

因为雷达工作方式是扫描的,在方位上以窄波束旋转依次探测,在距离上以周期性脉冲发射/接收同步于触发脉冲。将空域中某区域探测的雷达回波按照接收时序排列出来的示意图如图 3.15 所示。

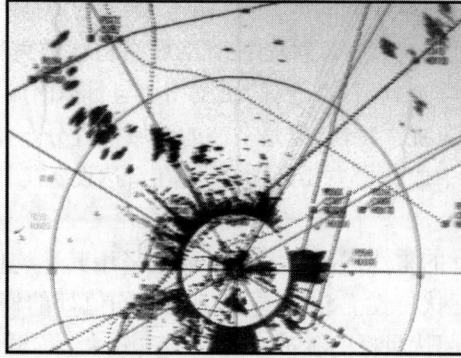

图 3.14 某 S 波段空管雷达 P 显上杂波画面

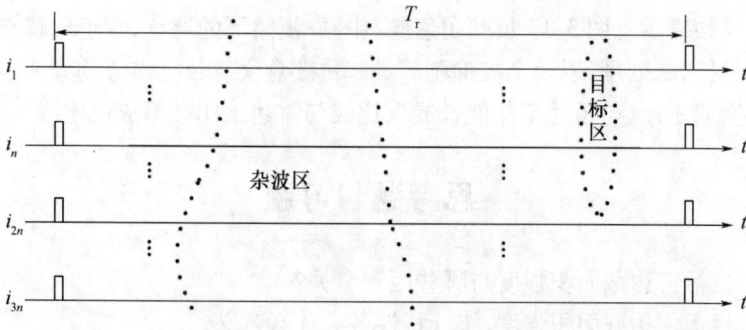

图 3.15 空域中某区域探测的雷达回波按照接收时序排列示意图

图 3.15 中发射脉冲以重复周期 T_r 连续扫描,从 i_1 到 i_n 为一个相参重复周期组,从 i_{n+1} 到 i_{2n} 为下一个相参重复周期组,……、在方位上目标回波通常占据 1~3 个相参重复周期组,对应一个波束驻留时间,近距离回波强时占据更多;在距离上通常占据 1~3 个距离分辨单元,图中目标占据区用虚线所围表示。在方位上杂波通常占据多个相参重复周期组,对应多个波束驻留时间;在距离上通常占据多个距离分辨单元,图中杂波占据区用大范围的虚线所围表示。杂波区域位置成片状连续分布,而目标则无此特性,地杂波在波束扫描间具有一定的平稳性,海情短时间内变化不大时海杂波在波束扫描间也具有一定的平稳性,气象条件短时间内变化不大时气象杂波在波束扫描间也具有一定的平稳性,这种差别可以用于杂波恒虚警门限的自适应控制中(见第 10 章详细讨论)。

3.7 本章小结

飞机是空管雷达探测的主要目标,本章以飞机作为点目标讨论了其强度、统计特性。这个结果可以推广到其他回波,如鸟、昆虫的回波可以简单视作小面积目标。面/体杂波强度、统计特性都是针对空域中雷达波束取样单元而言的,因为,只有与目标在同一个分辨单元内的回波相加与目标回波比较才有意义。面/体杂波虽然也有强度、统计特性,但是杂波的区域位置分布特性明显与飞机目标的不同,在杂波抑制中成为了主要区别之一,在雷达设备工作参数设置中具有重要参考价值。

在比较不同目标的雷达截面积大小时通常采用其平均值,而在处理回波过程中通常要讨论其起伏特性。Swerling I 型在平均值处的概率密度函数值较低(参见图 3.4),且慢起伏目标的脉冲串检测损失较大,将 Swerling I 型作为检测目标的典型起伏模型具有保守估计的比较意义,是最重要的目标模型。其他起伏模型在精确估计目标雷达截面积时也非常有用。

回波频谱示意图 3.13 反映了射频/中频/视频下的特点,对于理解空管雷达回波信号接收、处理,以及杂波抑制等具有重要意义。目标多普勒频率与目标的径向速度成正比、与雷达工作波长成反比或与雷达工作频率成正比。

思考题与习题

1. 目标雷达截面积强度与哪些因素有关?

2. 目标雷达截面积强度、统计特性各有什么意义?

3. Swerling I 型分布具有什么特性?飞机目标雷达截面积的统计特性为什么不能用来作为其与杂波区分的依据?

4. 试比较飞机目标雷达截面积与气象目标雷达截面积的大小范围。

5. 当飞机径向速度为 $3Ma$、雷达工作频率为 2.8GHz 时,飞机回波的多普勒频率值为多少?

6*. 运动目标回波存在多普勒频率及不确定性将给目标检测带来什么影响?

7*. 杂波区域位置分布特性在飞机目标检测中有什么用途?

8*. 面杂波雷达截面积和体杂波雷达截面积都是随着距离值的增加而增加的,是否意味着面杂波和体杂波强度也是随着距离值的增加而增加的?

第4章 噪声特性

信噪比是雷达信号流程中的主线,对噪声的讨论就是其中重要的一个方面。讨论噪声包括它的时域幅度变化及变化快慢特性、频谱特性。本章具体讨论包括:噪声定义、统计特性、频谱特性、接收机中等效噪声等,将会有助于读者对噪声中目标回波检测的理解。

4.1 噪声统计特性

热噪声是接收机中影响微弱信号检测的典型噪声类型。通常热噪声的均值 $E[n(t)]$、方差 $D[n(t)]$ 可以分别写为

$$E[n(t)] = 0 \tag{4.1}$$
$$D[n(t)] = \sigma_n^2 \tag{4.2}$$

由于雷达接收分系统为窄带系统,通过窄带系统后的噪声为窄带噪声(或带限噪声)。因为调幅信号、调相信号均为频谱集中在其中心频率附近的窄带信号,所以,可以将窄带噪声视作中心频率与系统中心频率一致的调幅、调相随机过程信号。相对于中心频率而言,噪声的包络、相位均为慢变化的随机过程。理论上,可以将平稳随机过程展开写为其傅里叶系数是随机变量的傅里叶级数,并且可以证明平稳随机的白噪声展开后的傅里叶级数是不相关的。根据中心极限定理,电子系统内部产生的噪声幅度满足正态分布,所以,正态白噪声按照傅里叶级数展开后的系数都是正态的随机变量。雷达目标检测主要按照目标回波信号的包络进行比较,而目标回波信号的相位受到目标距离未知等因素的影响变化太复杂,不能用于检测。如此,可以归纳出以下两点:

(1)接收机窄带系统之前的噪声是宽带的或认为是白噪声,其幅度起伏满足正态分布;而在窄带系统输出端,噪声受带宽限制为窄带的,由大数定理可知其噪声的幅度起伏仍然满足正态分布,包络满足瑞利分布,相位满足均匀分布;在有回波脉冲信号的时间内,窄带系统输出端为脉冲信号加噪声,它们合成后的瞬时幅度分布仍为正态分布,包络分布为广义瑞利分布或莱斯分布,相位分布较复杂。正态分布的表达式如下:

$$p(n_o) = \frac{1}{\sqrt{2\pi}\sigma_A} \cdot \exp\left(-\frac{n_o^2}{2\sigma_A^2}\right) \qquad (4.3)$$

式中：σ_A 为噪声起伏全过程的标准偏差。

（2）在中频输出的噪声主要被包络检波处理或 I/Q 正交支路求模处理，输出为视频，即将窄带系统输出端包络取出，则输出视频幅度起伏满足瑞利分布；在有回波脉冲信号的时间内，输出视频幅度起伏满足广义瑞利分布或莱斯分布。

图 4.1 将窄带系统输入/输出的中频/视频噪声及对应的统计特性画出。图中左边的曲线是采样窄带系统输入端的宽带噪声，中间的曲线是采样输出端的窄带噪声（n_o 的波形似乎一个幅度随机的正弦波）及其概率密度分布，右边的曲线是采样包络检波或求模输出端的视频噪声及其概率密度函数分布。

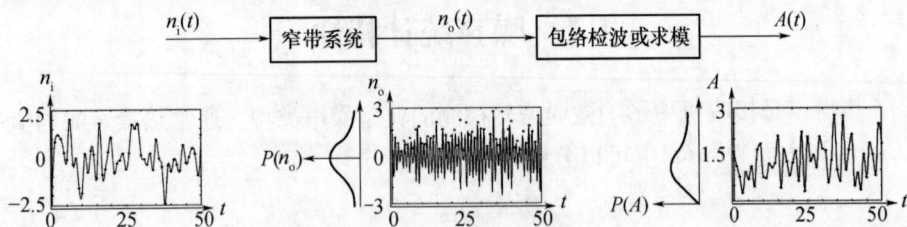

图 4.1　窄带系统输入/输出的中频/视频统计特性示意图

在有回波脉冲信号的时间内，上述的曲线图只有右边的有明显变化，即概率密度函数分布 $p(A)$ 的特性不再是瑞利的，而是莱斯的（图中未画出）。它们的表达式分别如下：

（1）Rayleigh 型：

$$p(A) = \frac{A}{\sigma_A^2} \cdot \exp\left(-\frac{A^2}{2\sigma_A^2}\right), \quad A > 0 \qquad (4.4)$$

式中：σ_A 为噪声起伏全过程的标准偏差。

Rayleigh 型分布曲线示意图如图 4.2 所示。可以从图中看出，噪声幅度取值可能性大的区域集中在 $A = \sigma_A$ 附近。

（2）Rice 型：

$$p(A) = \frac{A}{\sigma_A^2} \cdot \exp\left(-\frac{A^2 + u_m^2}{2\sigma_A^2}\right) \cdot I_0\left(\frac{u_m A}{\sigma_A^2}\right), \quad A > 0 \qquad (4.5)$$

式中：$I_0(x)$ 为 0 阶修正贝塞尔函数；σ_A 为噪声起伏全过程的标准偏差；u_m 为回波脉冲信号幅度；u_m/σ_A 可视为信号幅度与噪声均方根值之比；u_m^2/σ_A^2 可视为单个回波脉冲信号功率与噪声平均功率之比。

当 u_m/σ_A 分别为 1、2、3 时 Rice 型分布曲线示意图如图 4.3 所示。其中，$u_m/\sigma_A = 1$ 为图中实线，从图中可以看出，噪声幅度取值可能性大的区域集中在 $A = 1.5\sigma_A$ 附近，反映出噪声里有目标的可能性；$u_m/\sigma_A = 2$ 为图中短虚线，噪声幅度取值可能性大的区域集中在 $A = 2.7\sigma_A$ 附近，反映出噪声里有目标的可能性增大；$u_m/\sigma_A = 3$ 为图中长虚线，噪声幅度取值可能性大的区域集中在 $A = 3.8\sigma_A$ 附近，反映出噪声里有目标的可能性更大。而当 u_m/σ_A 为 0 时回归到 Rayleigh 型。

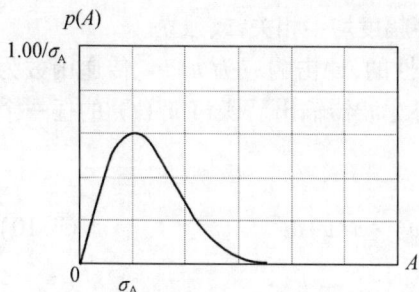

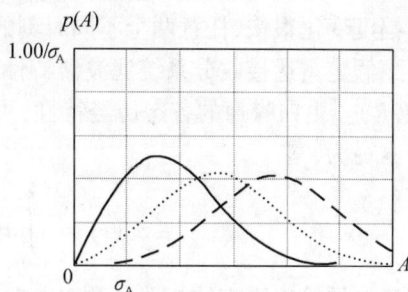

图 4.2　Rayleigh 型分布曲线示意图　　　图 4.3　Rice 型分布曲线示意图

4.2　噪声频谱特性

噪声电压是随机信号，其频谱没有实际意义。但噪声相关函数是稳定的，它反映了时域里噪声幅度变化快慢，对应的频谱在频域就有意义。相关函数 $R[\tau]$ 可以写出为

$$R[\tau] = E[n(t) \cdot n(t + \tau)] \tag{4.6}$$

相关函数 $R(\tau)$ 反映的是间隔时间 τ 与噪声电压幅度取值的依赖关系：无依赖关系则数据大小可以差别很大，数据差别很小则说明依赖关系明显。对相关函数进行傅里叶变换，记为频率的一个函数 $P(f)$：

$$P(f) = \int_{-\infty}^{\infty} R(\tau) \cdot e^{-j2\pi f \tau} d\tau \tag{4.7}$$

则存在傅里叶反变换，即

$$R(\tau) = \int_{-\infty}^{\infty} P(f) \cdot e^{j2\pi \tau f} df \tag{4.8}$$

由于方差对应于噪声功率，以及有下式：

$$D[n(t)] = R(0) = \int_{-\infty}^{\infty} P(f)\,\mathrm{d}f \tag{4.9}$$

即 $P(f)$ 在 f 上的积分为功率,可以将 $P(f)$ 视作为功率谱。即对噪声而言,相关函数 $R[\tau]$ 与功率谱 $P(f)$ 是傅里叶变换对,式(4.7)和式(4.8)被合称为维纳 – 辛钦(Wiener Khinetchine)公式。

热噪声的形式一般为白噪声,其特点是功率谱 $P(f)$ 在频域上近似为常数,记为 $N_0/2$,则对应相关函数 $R[\tau]$ 为 $(N_0/2)\delta(\tau)$。$\delta(\tau)$ 函数的特性表明噪声幅度变化很快,任意两个不同时刻的噪声幅度均不相关,或独立。

假定雷达接收分系统滤波器特性为线性的,冲击响应为 $h(t)$,传递函数为 $H(f)$。由白噪声的各态历经特性,可以将滤波器输出后噪声 $n_\mathrm{o}(t)$ 的任一个样本写为

$$n_\mathrm{o}(t) = \int_{-\infty}^{\infty} n(t-u) \cdot h(u)\,\mathrm{d}u \tag{4.10}$$

则滤波器输出噪声的相关函数 $R_\mathrm{o}[\tau]$ 为

$$R_\mathrm{o}[\tau] = E[n_\mathrm{o}(t) \cdot n_\mathrm{o}(t+\tau)]$$

$$= \int_{-\infty}^{\infty}\int_{-\infty}^{\infty} E[n(t-u) \cdot n(t+\tau-v)] \cdot h(u) \cdot h(v) \cdot \mathrm{d}u\mathrm{d}v$$

$$= \int_{-\infty}^{\infty}\int_{-\infty}^{\infty} R(\tau+u-v) \cdot h(u) \cdot h(v) \cdot \mathrm{d}u\mathrm{d}v \tag{4.11}$$

按照维纳 – 辛钦公式,$R_\mathrm{o}[\tau]$ 的傅里叶变换即为滤波器输出噪声的功率谱 $P_\mathrm{o}(f)$,将冲击响应 $h(t)$ 与传递函数 $H(f)$ 的傅里叶变换对应用两次于下式中,可以得到

$$P_\mathrm{o}(f) = \int_{-\infty}^{\infty} R_\mathrm{o}(\tau) \cdot \mathrm{e}^{-\mathrm{j}2\pi f\tau}\,\mathrm{d}\tau = |H(f)|^2 \cdot P(f) \tag{4.12}$$

式(4.12)表明输出噪声功率谱等于输入噪声功率谱与传递函数模的平方相乘积,常用于建立输入噪声/输出噪声之间的功率谱关系。

4.3 接收机中等效噪声

由于接收机为窄带的,只有通带内的噪声才能从接收机输出,输入噪声在带内起伏很小,带外噪声起伏对接收机输出几乎没有影响,因而可将输入噪声视为白噪声,噪声功率与带宽成正比。为分析方便,通常将等效噪声功率均表示为

kTB_n 的形式,其中,$k = 1.38 \times 10^{-23}$ J/K 为玻耳兹曼常数,T 为等效噪声温度(单位为 K),B_n 为接收机输出噪声等效频带宽度,B_n 通常近似用接收机带宽 B(单位为 Hz)代替。

在接收机输入端加入标准功率 P_{ni} 的噪声 n_i 时,输出端噪声为 n_o,且工作温度为 T_0 时(通常将工作温度用标准温度 $T_0 = 290$K 代替),按照噪声系数 F 的定义:

$$F = \left.\frac{P_{si}/P_{ni}}{P_{so}/P_{no}}\right|_{T=T_0} = \frac{P_{no}}{P_{ni}K_P} \tag{4.13}$$

式中:K_P 为接收机功率增益,因为输出端总噪声功率 P_{no} 可以表示为

$$P_{no} = P_{ni}K_P + P_{内} \tag{4.14}$$

将接收机输出的内部噪声(功率为 $P_{内}$)等效到其输入端,即假定该内部噪声是从接收机输入端进入的,接收机内无噪声,这种接收机称理想接收机,理想接收机的增益仍为 K_P,如图 4.4 所示。由上面两式,得到

$$\frac{P_{内}}{K_P} = P_{ni}(F-1) \tag{4.15}$$

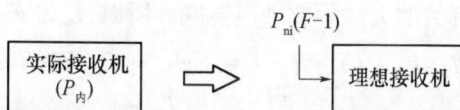

图 4.4　接收机内部噪声等效到输入端示意图

式(4.15)表示接收机内部噪声 $P_{内}$ 等效到其输入端的结果为:工作温度 T_0 时噪声标准功率 P_{ni} 的 $(F-1)$ 倍。将噪声系数 F、带宽 B、工作温度 T_0 时雷达接收机内部的噪声等效到其输入端,则等效到输入端的接收机噪声功率为 $kT_0(F-1)B$。将接收机输入端作为参考点(图 4.5 中的②处)时正好与接收机灵敏度的定义相吻合,这便于将噪声系数与灵敏度联系起来分析和估算。

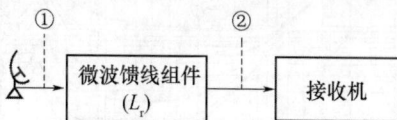

图 4.5　接收机输入等效噪声功率参考点选取示意图

微波馈线组件主要用于连接天线、发射机、接收机等,按照信号流程传输射频信号,并确保各路连接的阻抗匹配,与接收机的最大区别是不采用放大器件如放大管或放大模块。将参考点选在图 4.5 中的①处时,又便于噪声系数与天线

接收到的回波联系起来进行分析和估算,进而讨论信号与噪声比值在雷达系统中的变化。图 4.5 中的微波馈线组件损耗系数为 L_r,它的倒数可视为增益;由于微波馈线组件通常为无源器件,则它输出的内部噪声为 kT_0B。按照上述的等效原理,将微波馈线组件内部的噪声等效到其输入端,与式(4.14)和式(4.15)相仿,有下列等式:

$$kT_0B = kT_0B/L_r + P_微 \tag{4.16}$$

$$P_微 L_r = k(L_r - 1)T_0B \tag{4.17}$$

式中:$P_微$ 为微波馈线组件内部的噪声;$P_微 L_r$ 为微波馈线组件内部噪声 $P_微$ 等效到其输入端的结果为 kT_0B 的 $(L_r - 1)$ 倍。

从等效原理看,在图 4.5 中①处的噪声共有三个来源:①从天线进入到达①处的功率为 $kT_A B$ 的天线等效噪声;②功率为 $kT_0(L_r - 1)B$ 的微波馈线组件等效噪声;③功率为 $kT_0(F - 1)BL_r$ 的接收机等效噪声。则微波馈线组件输入总等效噪声功率可以表示为

$$kT_s B = kT_0 F_s B \tag{4.18}$$

式中:T_s 为系统等效噪声温度;F_s 为系统等效噪声系数;T_A 为一个与天线波束仰角指向及工作频率有关的天线等效噪声温度。所以,T_s 和 F_s 可分别表示为

$$T_s = T_A + T_0(L_r - 1) + T_0(F - 1)L_r = T_0(FL_r + T_A/T_0 - 1) \tag{4.19}$$

则

$$F_s = FL_r + T_A/T_0 - 1 \tag{4.20}$$

不同波束仰角 ε 上天空噪声温度与频率关系如图 4.6 所示。图中天线噪声温度 T'_A 是假设天线为理想情况(无损耗、无副瓣、指向地面)下的值,而在大多

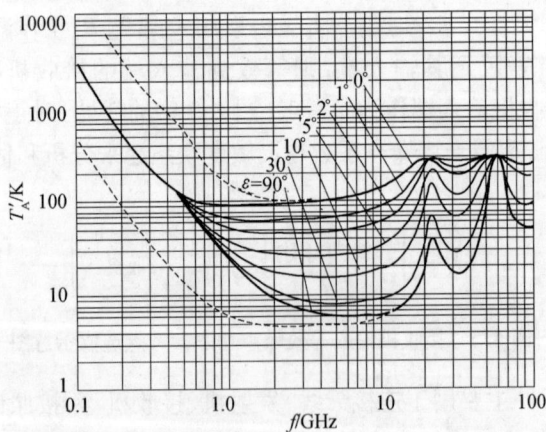

图 4.6 不同波束仰角上天空噪声温度与频率关系

数情况下,天线副瓣指向地面时需要修正,则天线等效噪声温度 T_A 为

$$T_A = 0.876 T'_A + 36 (\text{K}) \tag{4.21}$$

例 4.1:在空管雷达使用的频率范围内,S 波段典型值为:$B = 2\text{MHz}$,$L_r = 2\text{dB}$,$F = 1.5\text{dB}$,$T'_A = 40\text{K}$;L 波段典型值与此差不多,其中 $T'_A = 30\text{K}$。则 S 波段天线等效噪声功率 $kT_A B = 1.96 \times 10^{-17} \text{W} = -117\text{dBm}$,微波馈线组件等效噪声功率为 -113.3dBm,接收机内部等效的噪声功率为 -112.9dBm,比较数值可以看出:天线等效噪声功率最小,微波馈线组件等效噪声功率与接收机内部等效噪声功率差不多,实际上是接收机内部等效噪声功率被设计到临界值了。

通常在估算时,近似将系统等效噪声温度 T_s 视为 $T_0 F L_r$,将系统等效噪声系数 F_s 视为 $F L_r$。

4.4 本章小结

噪声是限制雷达发现目标的主要因素之一,雷达接收机中回波信号伴随的噪声具有典型特性,即:中频噪声服从正态分布,噪声加信号时也服从正态分布;视频噪声服从瑞利分布,噪声加信号时服从莱斯分布。而 I/Q 求模后特性即为视频特性。

噪声频谱特性与目标的不同,成为了将噪声滤除干净的重要依据。而噪声是随机的,只能建立其功率谱与相关函数的关系,由此得到的式(4.12)是分析噪声谱的重要公式。

接收机中噪声等效到输入端的方法,即理想接收机概念的应用,使雷达信噪比概念非常方便应用到目标检测的分析中,也直接运用到雷达设备工作的环境适应中。通过数据分析得出的结论是:影响检测目标的噪声主要是接收机内部产生的噪声。若有外界输入的强噪声也将是影响检测目标的主要背景。

思考题与习题

1. 雷达接收机中回波信号伴随噪声的典型特性是怎样的?试写出对应的概率密度函数分布式。

2^*. 假定噪声功率谱是窄带的,带宽为 B,试求噪声相关函数 $R(\tau)$。

3. 假定输入噪声是平稳的,功率谱密度为 $P(f)$,试求下图输出噪声功率谱密度 $P_o(f)$。

4. 理想接收机的含义是什么？它有何实际意义？

5. 试求例4.1中 L 波段在图4.5中①处的天线等效噪声功率、微波馈线组件等效噪声功率、接收机内部等效噪声功率各为多少？

6. 影响检测目标的噪声主要是从哪里产生出来的？

第5章　目标检测与雷达探测性能

雷达回波信号中常有噪声、杂波等,如何从这些背景中检测出微弱的目标回波是雷达系统要解决的问题,这其中又主要分为两类问题:①在噪声中如何检测目标回波,即构建噪声中目标的检测系统,在此基础上可以讨论雷达检测概率以及最大探测距离;②在杂波中如何检测目标回波,即构建杂波抑制系统,在此基础上讨论雷达检测概率以及最大探测距离。有关杂波的抑制方法,即杂波抑制系统的构建等将在后续章节讨论。

5.1　奈曼—皮尔逊准则

雷达接收机中始终存在噪声,当有目标回波信号时,雷达接收机中就是噪声加上目标回波的混合。所以,通常从雷达接收机输入端输入的回波信号 $x_i(t)$ 中有两种可能情况:目标回波加噪声 $x_i(t) = s(t) + n(t)$、纯噪声 $x_i(t) = n(t)$。对雷达接收机输出端输出的信号 $x_o(t)$ 进行判断时也有两种情况:有目标和无目标。从回波信号中检测目标的问题相当于统计理论中的假设检验问题,可能出现的情况共有四种(发现概率 P_d 和虚警概率 P_{fa} 已经在第2.1节介绍过):

目标存在时判为有目标,称为发现,对应概率为发现概率或称检测概率,记为 P_d;

目标存在时判为无目标,称为漏情或漏警,对应概率为漏警概率,可写为 $1 - P_d$;

目标不存在时判为有目标,称为虚惊或虚警,对应概率为虚警概率,记为 P_{fa};

目标不存在时判为无目标,称为正确不发现,对应概率可写为 $1 - P_{fa}$。

在这四种情况中,错误的判断有两种,将两种错误加权合成为总的错误,总错误概率 P_e 可表示为

$$P_e = 1 - P_d + \lambda P_{fa} = 1 - (P_d - \lambda P_{fa}) \tag{5.1}$$

式(5.1)中:λ 为拉格朗日乘子,它是两种错误间的权重系数。假定在时刻 t_k 对输入信号的一个采样取值为 $x_i(t_k)$,P_{fa} 和 P_d 可分别写出为

$$P_{\text{fa}} = \int\limits_{(\text{有目标信号区间})} P(x_i \,|\, 0) \, \mathrm{d}x_i \qquad (5.2)$$

$$P_{\text{d}} = \int\limits_{(\text{有目标信号区间})} P(x_i \,|\, 1) \, \mathrm{d}x_i \qquad (5.3)$$

式中：$P(x_i \,|\, 0)$ 和 $P(x_i \,|\, 1)$ 分别为无目标回波和有目标回波时的分布函数。于是可以将式(5.1)进一步写成

$$P_{\text{e}} = 1 - \int\limits_{(\text{有目标信号区间})} [P(x_i \,|\, 1) - \lambda P(x_i \,|\, 0)] \, \mathrm{d}x_i \qquad (5.4)$$

通常要求总的错误概率 P_e 获得最小值，应对式(5.4)中的 λ 进行调整，使被积分函数 $P(x_i \,|\, 1) - \lambda P(x_i \,|\, 0)$ 始终取正值，即

$$P(x_i \,|\, 1) - \lambda P(x_i \,|\, 0) \geq 0, \quad \text{有目标信号区间} \qquad (5.5)$$

即

$$P(x_i \,|\, 1)/P(x_i \,|\, 0) \geq \lambda, \quad \text{有目标信号区间} \qquad (5.6)$$

则对应无目标回波空间，有如下关系：

$$P(x_i \,|\, 1)/P(x_i \,|\, 0) < \lambda, \quad \text{无目标信号区间} \qquad (5.7)$$

当分布函数 $P(x_i \,|\, 1)$ 和 $P(x_i \,|\, 0)$ 已知情况下，可以按 $\lambda = P(x_i \,|\, 1)/P(x_i \,|\, 0)$ 求解 λ 值。λ 值将一个完整空间划分为有目标回波区间和无目标回波区间，并使 $x_i(t_k)$ 落在有目标回波区间和无目标回波区间的概率满足总的错误概率 P_e 最小。图 5.1 表示总错误概率 P_e 最小的目标判决器结构。

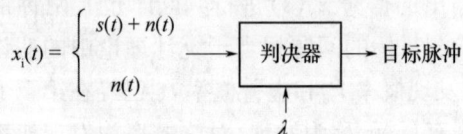

图 5.1　总错误概率 P_e 最小的目标判决器结构示意图

但是，实际情况下，噪声始终存在且在很长一段时间内相对稳定，即分布函数 $P(x_i \,|\, 0)$ 可以认为是已知的，而分布函数 $P(x_i \,|\, 1)$ 未知或参数未知，所以，λ 值的求解只在理论上可行。在总的错误概率 P_e 中，虚警错误导致的结果会很严重，还因为噪声的相对稳定性，所以，在雷达系统中首要的限定条件就是虚警概率，然后，在虚警概率一定条件下使发现概率最大，这就是著名的奈曼—皮尔逊(Neyman - Pearson)准则。按照奈曼—皮尔逊准则，一个实际的雷达目标检测系统可以画出为图 5.2 所示。其中，滤波器应使雷达目标检测的发现概率最大，具体讨论见下面几节。

门限检测是一种简单的判决器，它采用比较器将回波信号电压与门限电压比较，正如在 2.4 节中介绍的，它是一个非常重要的概念，原因是"有目标"的依

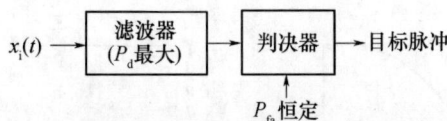

图5.2 满足奈曼—皮尔逊准则的目标检测系统示意图

据在雷达回波中主要是强幅度信息。人工检测方法也可以认为是门限检测的一种形式,人的目力判断依据一个虚拟的门限。自动检测方法中比较器输入端门限电压需要根据噪声背景的变化作适当调整,发展为自适应门限检测。当雷达回波在时间域没有明显强幅度信息,门限检测的方法不便直接采用时,又发展到经过傅里叶变换后,雷达回波的频谱在频域细分多频道后分别进行门限检测。以及将雷达探测空域在方位、距离两维划分为多个细小区域后,分别对每个小区域进行门限检测。这种方法是门限检测的推广应用,以便于在区分"有目标"的雷达回波形式中应用门限检测的概念。

在雷达接收机输出端设置比较器进行门限检测,将式(5.2)和式(5.3)中分布函数具体表达式(见第4章讨论)代入。设比较器另一输入端门限电压为 V_T,可以分别求得虚警概率 P_{fa} 和发现概率 P_d 如下:

$$P_{fa} = \int_{V_T}^{\infty} \frac{A}{\sigma_A{}^2} \cdot e^{-\frac{A^2}{2\sigma_A{}^2}} dA = e^{-\frac{V_T{}^2}{2\sigma_A{}^2}} \tag{5.8}$$

或

$$V_T = (-2\ln P_{fa})^{1/2} \cdot \sigma_A \tag{5.9}$$

$$P_d = \int_{V_T}^{\infty} \frac{A}{\sigma_A{}^2} \cdot e^{-\frac{A^2 + u_m{}^2}{2\sigma_A{}^2}} \cdot I_0\left(\frac{u_m A}{\sigma_A{}^2}\right) dA \tag{5.10}$$

式中:$I_0(x)$ 为零阶修正贝塞尔函数,即

$$I_0(x) = \frac{1}{2\pi} \cdot \int_0^{2\pi} \exp(x \cdot \cos\theta) \cdot d\theta \tag{5.11}$$

$u_m{}^2/\sigma_A{}^2$ 为单个回波脉冲信号峰值功率与噪声平均功率之比。需要注意的是:P_{fa} 仅是 V_T 的函数;P_d 是 V_T 和 u_m/σ_A 的函数,即 P_d 是 P_{fa} 和 u_m/σ_A 的函数。以 P_{fa} 为参变量,将 $P_d \sim u_m/\sigma_A$ 关系曲线用 MATLAB 画出如图5.3所示。为了与接收机输入端信噪比相联系,需要考虑到回波电压的均方根值与峰值之间的 $(2)^{1/2}$ 倍,用 $(S/N)_1$ 表示单个回波脉冲信号平均功率与噪声平均功率之比,即 $u_m{}^2/\sigma_A{}^2 = 2(S/N)_1$,也即 P_d 是 P_{fa} 和 $(S/N)_1$ 的函数,将 $P_d \sim (S/N)_1$ 关系曲线画出如图5.4所示,图中横坐标采用对数(dB)便于应用。图5.3和图5.4中,实线、短虚线和长虚线3条曲线分别对应于 P_{fa} 为 10^{-6}、10^{-4} 和 10^{-8}。

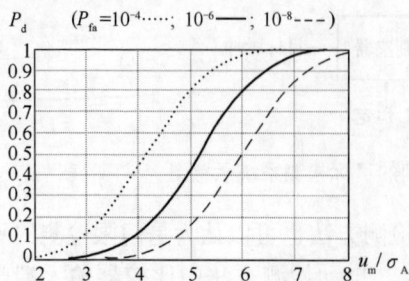

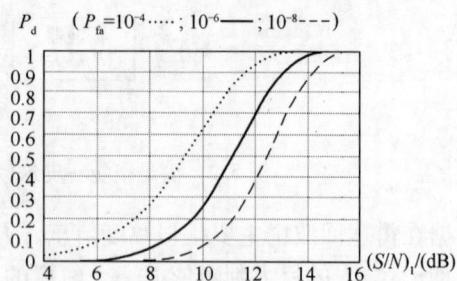

图 5.3　$P_{\text{d}} \sim u_{\text{m}}/\sigma_{\text{A}}$ 关系曲线图　　　　图 5.4　$P_{\text{d}} \sim (S/N)_1$ 关系曲线图

现代雷达中普遍采用了自动检测,如空管雷达就以自动检测及自动录取为主要工作方式,图 5.2 就是目标检测系统的结构,对上述的公式及曲线讨论可以得出如下结论:

(1)虚警概率 P_{fa} 仅与门限电平 V_{T} 有关,与回波信噪比无关,也与发现概率 P_{d} 无关。常规定雷达系统的虚警概率为 10^{-6},由式(5.9)得 $V_{\text{T}} = 5.26\sigma_{\text{A}}$,表明门限电压是噪声均方根值的 5.26 倍时能确保虚警概率恒定为 10^{-6}。但是,现代 ADT 技术将航迹形成后才能最终确认目标的存在,使雷达系统的虚警概率控制得更低,所以,在门限判决器环节的虚警概率可以适当放宽,即可以容许门限判决器中的虚警概率略比 10^{-6} 大,也即可以容许门限电平降低一些。

(2)空管雷达发现概率指标规定为 0.8,在虚警概率为 10^{-6} 时,从图 5.3 和图 5.4 中看出需要回波脉冲信号电压峰值与噪声电压均方根值之比约达到 6 倍,或需要回波脉冲信号平均功率与噪声平均功率之比约达到 12.6dB,所以,并不是通常所假想的只要回波脉冲信号比噪声略大就可以判定为发现了目标,按照通常假想所作出的判定虽然可以发现目标,但是会有比较大的虚警概率。因此,在 Neyman – Pearson 准则下,当虚警概率一定时,发现概率越大就要求信噪比 $(S/N)_1$ 越大,或者说采用这种简单的判决器需要的信噪比比较大。为了从噪声中检测出目标,需要雷达目标检测系统尽可能提供大的信噪比 $(S/N)_1$,即雷达目标检测系统要按照最大信噪比准则构建,先将信噪比和信杂比提高后再判决。

5.2　匹配滤波器

仍假设雷达目标检测系统中滤波器为线性的,对目标的检测时刻为 t_0,利用许瓦兹不等式可以寻找输出信号峰值功率与噪声平均功率之比(信噪比)的最大值如下:

$$\frac{\left| \int\limits_{-\infty}^{\infty} S(f) \cdot H(f) \cdot \mathrm{e}^{j2\pi t_0 f} \mathrm{d}f \right|^2}{\frac{N_0}{2} \int\limits_{-\infty}^{\infty} |H(f)|^2 \mathrm{d}f} \leqslant \frac{\int\limits_{-\infty}^{\infty} |S(f)|^2 \mathrm{d}f \cdot \int\limits_{-\infty}^{\infty} |H(f)|^2 \mathrm{d}f}{\frac{N_0}{2} \int\limits_{-\infty}^{\infty} |H(f)|^2 \mathrm{d}f} = \frac{E}{N_0/2}$$

(5.12)

式中:$N_0/2$ 为输入噪声功率谱;E 为输入信号能量。

式(5.12)表明输出信噪比最大值为输入信号能量与噪声功率谱之比 $E/(N_0/2)$,或称 $2E/N_0$。许瓦兹不等式中等号成立的条件为

$$H(f) = K \cdot S^*(f) \cdot \mathrm{e}^{-j2\pi t_0 f}$$

(5.13)

这时输出信噪比可达最大值。其中,K 为常系数,代表滤波器增益系数,它的取值不影响式(5.12)的结果。例如 $K=1$,表示滤波器谱与输入信号频谱幅谱相同。在频域里,线性系统输出信号的频谱为输入信号的频谱与传递函数相乘积。从传递函数的幅频特性看,因为 $|H(f)|$ 等于 $|S(f)|$,这表明滤波器需要与信号匹配,对输入信号中较强的频率成分给予较大的权重,而对输入信号中较弱的频率成分给予较小的权重,这显然是在白噪声中过滤出信号的一种最有效权重方式。从传递函数的相频特性看,$H(f)$ 中 $S^*(f)$ 的相谱正好补偿了输入信号 $S(f)$ 的相谱,输出信号的相谱只保留了线性相位 $-2\pi t_0 f$,它表明输出信号的各不同频率成分在时刻 t_0 达到同一相位,同相叠加达到了输出信号的最大值。需要注意的是,延迟时间 t_0 应为输入信号结束后的任意时刻,原因是信号结束前能量达不到最大。雷达目标检测系统中滤波器结构如图5.5所示。

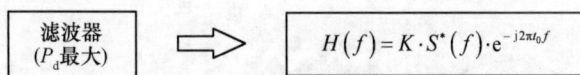

图5.5　匹配滤波器结构示意图

由于上述原因,通常将满足式(5.13)的滤波器称为匹配滤波器,它是当输入白噪声时最佳检测目标回波对滤波器的限制要求。由此,输出信号频谱 $S_o(f)$ 可以表示为输入信号频谱 $S(f)$ 与匹配滤波器函数 $H(f)$ 相乘的形式,即

$$S_o(f) = S(f) \cdot H(f) = K \cdot |S(f)|^2 \cdot \mathrm{e}^{-j2\pi t_0 f}$$

(5.14)

由于滤波器是窄带的,对输入噪声的频谱限制条件可以放宽,只要求其频谱比滤波器窄带大得多即可。采用相参脉冲串信号时,匹配滤波器也可以是对多脉冲而言,即对多脉冲进行相参积累后获得最大信噪比(详细讨论见10.3节)。

对式(5.13)做傅里叶反变换,可得匹配滤波器的冲击响应 $h(t)$ 为

$$h(t) = K \cdot s^* [-(t - t_0)] \tag{5.15}$$

而输出信号 $s_o(t)$ 为输入信号与冲击响应的卷积,即

$$s_o(t) = K \cdot \int_{-\infty}^{\infty} s(t') \cdot s^* [-(t - t_0 - t')] \mathrm{d}t' \tag{5.16}$$

式(5.14)和式(5.16)是获取输出信号的两种等效途径。前者适合于从输入叠加噪声中先作傅里叶变换,在频域里求解而不需要知道回波到达时刻,雷达信号实时处理均采用该式;后者适合于时域里直接求解观察输入和输出的波形变化,但需要预先确定回波峰值时刻,本书的后续分析采用该式。

5.3　雷达探测威力

由于目标在空中的飞行特性所限,一般商用航空目标正常飞行高度以10000m 左右最佳,可以包括 4000～12500m 高度空域;而通用航空目标在4000m 高度以下飞行较多;军事训练目标飞行甚至超过了上述的所有高度空域。地面两坐标雷达探测空中目标时,采用垂直宽波束覆盖高度空域、水平窄波束测方位,天线沿着水平面旋转扫描。为了获得好的探测性能,在微波段的天线垂直波束常具有余割平方型及仰角 0°锐截止特性,在低仰角将能量集中用于探测远距离目标,在近距离探测区域将能量向高仰角区域分散。雷达探测目标空域范围示意图如图 5.6 所示。

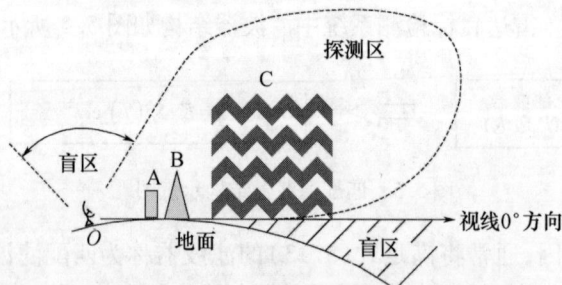

图 5.6　雷达探测目标空域范围示意图

图 5.6 中虚线所围是天线波束覆盖的垂直探测区域;在天线顶空由于波束旋转扫描形成一个锥形盲区;由于地球曲率的影响使视线 0°(从天线切于地表面的射线)以下为盲区;而近距离建筑物(A)、山(B)等地物构成大面积反射雷达信号使雷达接收到较强或极强固定杂波;空中电磁波到达目标所经过区域由于气象条件恶劣时存在大范围雨雪(C)等反射雷达回波使雷达接收到较强

或强运动杂波;在有些情况下如城市附近还有强电磁干扰,典型的是类似噪声干扰。

5.3.1　噪声环境中雷达方程

　　由于讨论和评估雷达探测目标过程中涉及的问题非常复杂,宜将问题从简单入手,先将杂波问题放下,仅讨论噪声环境中雷达探测目标问题。并设想一个理想空间,在这个空间里,只有雷达和目标,电磁波无耗、直线传播,目标检测的背景仅为噪声,如图 5.7 所示。进一步的讨论需要假定:发射机输出脉冲功率为 P_t,发射微波组件损耗系数为 L_t,天线波束最大增益为 G_t(Power Gain,功率增益),天线有效接收面积为 A_r(Antenna Effective Aperture,天线有效口径),目标雷达截面积为 σ,目标与雷达之间距离为 R。

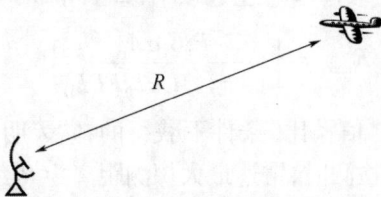

R

图 5.7　雷达方程推导理想条件示意图

　　考虑到目标采用表面来散射电磁波,宜采用功率密度的概念进行讨论。设雷达脉冲信号按照全空域均匀辐射时,在目标处的信号功率密度为

$$\frac{P_t/L_t}{4\pi R^2} \tag{5.17}$$

考虑到天线波束最大增益后,目标处实际信号功率密度为

$$\frac{P_t/L_t}{4\pi R^2} \cdot G_t \tag{5.18}$$

目标将接收到的信号功率散射到雷达处的回波功率密度为

$$\frac{P_t/L_t}{4\pi R^2} \cdot G_t \cdot \frac{\sigma}{4\pi R^2} \tag{5.19}$$

雷达天线接收到目标回波信号功率 P_r 为

$$P_r = \frac{P_t/L_t}{4\pi R^2} \cdot G_t \cdot \frac{\sigma}{4\pi R^2} \cdot A_r \tag{5.20}$$

　　对应的信噪功率比可以视为雷达检测门限输入端的信噪比(在 5.4 节再讨论信噪比有增/减的情况),可以表示为

$$\frac{P_r}{P_n} = \frac{P_t G_t \sigma A_r}{(4\pi)^2 R^4 k T_0 FBL_{tr}} \tag{5.21}$$

目标发现的条件即式(2.1)可以表示为

$$\frac{P_t G_t \sigma A_r}{(4\pi)^2 R^4 k T_0 FBL_{tr}} \geq M_n \tag{5.22}$$

或

$$\frac{P_t G_t \sigma A_r}{(4\pi)^2 R^4 L_{tr}} \geq M_n \cdot k T_0 FB \tag{5.23}$$

与式(5.20)对比可知式(5.23)的左边表示接收机输入端目标回波功率,则 $M_n k T_0 FB$ 可视为从噪声中检测出目标所需最小目标回波功率,即雷达接收机输入端灵敏度 P_{min}。讨论雷达探测目标的作用距离时注意到:当目标的距离增大,目标回波信号将减弱,即式(5.23)左边减小,直至等号成立,有

$$R_{max} = \left[\frac{P_t G_t \sigma A_r}{(4\pi)^2 M_n k T_0 FBL_{tr}} \right]^{1/4} \tag{5.24}$$

式(5.24)是在主线"信噪比"条件下获得的,它表明:在噪声背景中对目标雷达截面积为 σ 的目标检测时,雷达最大探测距离为 R_{max},常称雷达最大作用距离。式(5.24)将雷达探测性能参数、目标散射特性参数以及两者之间距离联系起来了,反映的是综合关系,所以它又称为雷达最大作用距离方程,简称雷达方程。只是这里仅讨论了理想空间条件下,即最简单环境中的最大作用距离,所以,式(5.24)仅是最大作用距离的基本形式,在后续讨论中将逐步把雷达系统影响该作用距离的各因子加入,得出与实际相吻合的雷达作用距离方程。更普遍情况是:当目标所处的距离 R 不在最大作用距离上时,将雷达探测性能参数、目标散射特性参数以及两者之间距离联系起来的方程就是式(5.21),此时的距离 R 与信噪比 P_r/P_n 相对应;而式(5.20)表示距离 R 与雷达天线接收到目标回波信号功率 P_r 相对应。

式(5.23)和式(5.24)中各因子的单位取标准单位即可。天线增益与有效接收面积、水平波束半功率点宽度 $\beta_{0.5}$ 和垂直波束半功率点宽度 $\varepsilon_{0.5}$ 之间有如下关系:

$$G_t = 4\pi \cdot \frac{A_r}{\lambda^2} = \frac{4\pi}{\beta_{0.5} \cdot \varepsilon_{0.5}}, \quad A_r = \rho_a \cdot A \tag{5.25}$$

式中:A 为天线物理口径面积;ρ_a 为天线口径效率,通常可达0.65,估算时常视作1。

式(5.25)中第二个等号常适用于针状波束,波束半功率点宽度的单位为弧度(rad)。需要注意,上述的天线增益和有效接收面积没有区分高/低波束,可以

视作默认为低波束。当讨论高波束接收时,式(5.20)~式(5.24)中的天线有效接收面积与高波束天线增益相对应。

　　将式(5.24)中的 M_n 视作 $(S/N)_1$ 时,图 5.4 已给出了 $P_d \sim (S/N)_1$ 关系曲线图,则式(5.24)意义可以表述为:R_{max} 是在一定发现概率 P_d 和一定虚警概率 P_{fa} 下,对单个回波脉冲信号平均功率与噪声平均功率之比而言的发现目标距离最大值。考虑目标起伏损耗 L_f 时,用 $(S/N)_{1f}$ 代替 $(S/N)_1$ 表示单个起伏回波脉冲信号平均功率与噪声平均功率之比,式(5.24)重新写出如下:

$$R_{max} = \left[\frac{P_t G_t \sigma A_r}{(4\pi)^2 (S/N)_{1f} k T_0 F B L_{tr}} \right]^{1/4} \tag{5.26}$$

　　图 5.28 所示为 Swerling 型起伏目标的 $P_d \sim (S/N)_{1f}$ 关系曲线图。图中仍然取虚警概率为 10^{-6},短虚线、实线、长虚线分别对应于目标无起伏、Swerling Ⅰ/Ⅱ型起伏、Swerling Ⅲ/Ⅳ型起伏。对比图 5.4 可以看出:为达到同样的发现概率,目标起伏情况下比目标无起伏时需要更大信噪比,如发现概率为 50% 时,Swerling Ⅰ型起伏需要附加信噪比约 2dB,Swerling Ⅲ型起伏需要附加信噪比约 1.3dB;发现概率为 80% 时,Swerling Ⅰ型起伏需要附加信噪比约 5dB,Swerling Ⅲ型起伏需要附加信噪比约 2.5dB。附加的信噪比就是目标起伏损耗 L_f。在 Swerling Ⅰ~Ⅳ型中,随着用于积累的脉冲数增加,快起伏的脉冲串幅度经过平均后可以视作不起伏,但是,慢起伏在波束驻留时间内的小幅度得不到平均,检测目标所需要的信噪比更大,有时当脉冲数增加到 20 后可以认为慢起伏带来的信噪比损失可与快起伏时接近。在实际应用中,Swerling Ⅰ型比其他 3 种更多应用于描述目标雷达截面积统计特性,主要是它需要更大信噪比,这是一种更加保守的估计。

P_d　(Marcum 型 -----;　Swerling Ⅰ/Ⅱ 型——;　Swerling Ⅲ/Ⅳ 型 - -)

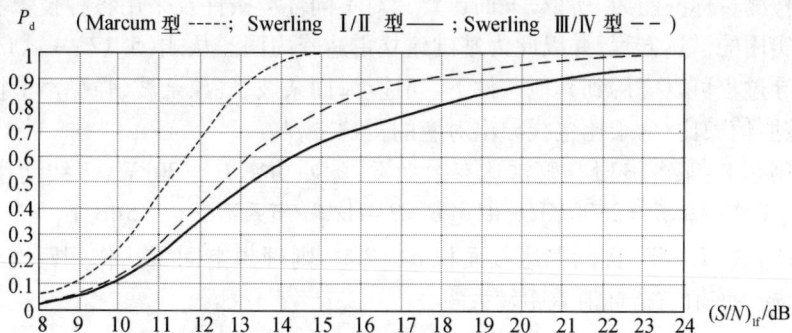

图 5.8　Swerling 型起伏目标的 $P_d \sim (S/N)_{1f}$ 关系曲线图

　　在实际应用中,常关注目标雷达截面积、目标距离、发现概率之间的关系。而在虚警概率一定时,图 5.4 及图 5.8 表明发现概率与回波信噪比成单调关系。

下面依据式(5.26)或式(5.24)说明目标雷达截面积、目标距离、发现概率之间的关系。

(1) 通常将 Swerling Ⅰ 型 σ 为 2m^2 作为雷达性能指标的一个标准目标条件。粗略地说:$R_{\max}$ 是发现该目标距离的最大值,在此距离范围以内的该目标可以发现,超过此距离范围的该目标则不能发现。准确地说:$R_{\max}$ 是雷达在指定虚警概率 P_{fa} 值(如 10^{-6}),以发现概率 P_{d} 值(如 80%),对单个回波脉冲功率与噪声平均功率之比而言的发现该目标距离最大值;探测在此距离范围以内的该目标,发现概率大于该 P_{d} 值,距离越近的该目标,发现概率值越大;而探测超过此距离范围的该目标,发现概率小于该 P_{d} 值,距离越远的该目标,发现概率值越小。

(2) 关注在指定距离 R 处不同 σ 值目标时,可以比较发现概率值的变化。准确地说:对指定距离上的目标,目标雷达截面积越大,则目标回波脉冲信号功率越大,发现该目标的概率值就越大;当目标雷达截面积越小,则目标回波脉冲信号功率越小,发现该目标的概率值就越小。

(3) 匹配滤波器的采用可以增大信噪比,所以,式(5.26)或式(5.24)中的 $R_{\max}$ 值可以突破,见 5.4 节讨论信噪比有增/减的情况。雷达设备正逐步按照人性化设计,在不同环境中,以现场人工更改状态和参数的方式使雷达性能发挥到极致。在雷达探测目标的运用中,不必求出雷达作用距离,直接查看终端显示器上目标点迹/航迹、原始视频及杂波情况等,将改善信噪比/信杂比/目标跟踪/虚警控制等作为操作和控制对象,确保雷达设备在指标确定最大作用距离范围内目标发现和跟踪性能是有效的。

实际环境比上述噪声背景复杂得多,现代雷达又采用了许多技术和对策来增强检测目标的能力,所以,下面还要针对不同环境条件及采用各种技术手段建立较实用的雷达方程,并以此为基础建立雷达威力图。从式(5.17)~式(5.23)的推导过程可以应用到其他条件下,如地/海面杂波、气象杂波、强噪声干扰等条件,按照信噪比/信杂比主线导出对应的雷达方程。

例 5.1:某 S 波段空管雷达参数如下:脉冲功率 $P_t = 30\text{kW}$,天线增益 $G_t = 34\text{dB}$,工作频率 $f_0 = 2800\text{MHz}$,带宽 $B = 2\text{MHz}$,噪声系数 $F = 1.5\text{dB}$,$L_{\text{tr}} = 2 + 2\text{dB}$,$(S/N)_{1\text{f}}$ 取 17.7dB,目标雷达截面积 $\sigma = 2\text{m}^2$,则理想空间雷达作用距离为 28.3km,显然该值与指标值差距较大。

5.3.2 噪声环境中雷达威力范围

式(5.26)中的 G_t 是天线波束中最大增益,在垂直面上不同仰角 ε,所对应的天线增益值可以增加归一化方向因子 $F(\varepsilon)$,代入式(5.26)中,注意到天线有效面积也是要增加该因子,得出的就是不同 ε 值时的雷达最大作用距离 $R_{\max}(\varepsilon)$:

$$R_{\max}(\varepsilon) = \left[\frac{P_t G_t F^2(\varepsilon) \sigma A_r F^2(\varepsilon)}{(4\pi)^2 (S/N)_{1f} k T_0 FBL_{tr}} \right]^{1/4} = R_{\max} \cdot |F(\varepsilon)| \qquad (5.27)$$

式(5.27)最后很简洁,它是将 $R_{\max}$ 乘以归一化仰角方向因子 $F(\varepsilon)$ 绝对值即可。将其值按照所有仰角范围画出来就是雷达威力图如图5.11所示。此图形与天线仰角方向图形完全一样,所以,雷达天线仰角方向图就是按照雷达探测目标的使用要求设计的。需要特别注意的是空管雷达采用高/低波束组合,探测目标距离范围内由高波束接收近距离段、低波束接收远距离段拼接而成,其雷达威力图需要另外给出(见7.3节讨论)。

1. 高度公式修正

测量近距离目标时可视地面为理想平面,可视电磁波以直线传播,所以,目标高度 H 可以表示如下:

$$H = R \cdot \sin\varepsilon + h_a \qquad (5.28)$$

式中: ε 为目标的仰角; h_a 为雷达天线相对于地面的高度。

测量远距离目标时,目标的高度应是目标至下方地面的高度,需要考虑地面受到球面曲率的影响,以及大气折射通常使电磁波向下弯曲的影响。另外,在绘制雷达威力图时等高线也同样需要考虑这些因素,这就需要对高度公式加以修正。图5.9为高度公式修正示意图,一般情况下 R 比地球半径 a 小得多,可以将 H' 近似为 $R\sin\varepsilon$,目标高度 H 比式(5.28)多了一项 ΔH 。 a 为 6370km,可以认为 $a + h_a \approx a$ 。根据余弦定理有下列等式:

$$(a + \Delta H + H')^2 = a^2 + R^2 - 2aR\cos(\pi/2 + \varepsilon) \qquad (5.29)$$

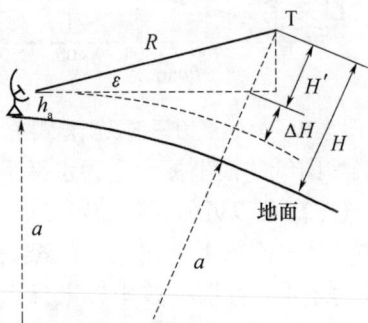

图5.9　高度公式修正示意图

将式(5.29)左边平方项展开,并忽略 ΔH^2 项,得出

$$\Delta H = \frac{R^2}{2a} \cdot \cos^2\varepsilon \qquad (5.30)$$

于是,式(5.28)修正为

$$H = R \cdot \sin\varepsilon + \frac{R^2}{2a} \cdot \cos^2\varepsilon + h_a \qquad (5.31)$$

必须考虑到电磁波在大气中传播会发生折射现象,用 ka 代替 a。在正常气象条件下,$k \approx 4/3$,即"4/3 地球模型"(参见 5.7 节讨论)。因此,等效地球半径 ka 为 8500km,则式(5.31)修改为

$$H = R \cdot \sin\varepsilon + \frac{R^2}{17000(\text{km})} \cdot \cos^2\varepsilon + h_a \qquad (5.32)$$

式(5.32)中的分母项已经采用了单位 km,所以,公式两边宜统一用 km 作单位。在低仰角区,$\cos^2\varepsilon \approx 1$;在高仰角区,$\cos^2\varepsilon \approx 0$,则式(5.32)回归到式(5.28)。

2. 威力图绘制

式(5.32)中的 $R^2 \cdot \cos^2\varepsilon/17000$ 项可以视作为由于地球曲率使地面从仰角 0° 下降了的尺度。由此可以画出雷达垂直面内的威力图纸及坐标如图 5.10 所示。具体分为如下 3 步:

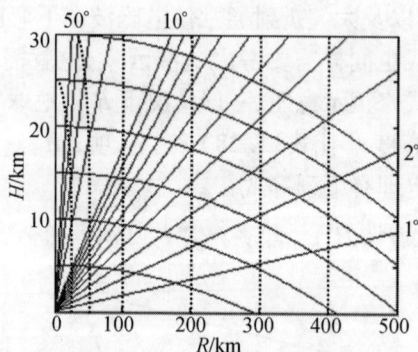

图 5.10 雷达威力图纸及坐标式样

(1)仰角线绘制。威力图纸的横坐标设定为水平距离并标注为 R,以 km 为单位,通常在远距离处水平距离可以近似视作斜距;纵坐标设定为垂直高度并标注为 H,也可以 km 为单位,通常该图纸上忽略天线架设高度 h_a。垂直高度、水平距离与仰角满足正切关系,可以直接在该坐标上标出仰角线:水平线即为 0° 线,往上 1°~10° 仰角间隔 1°,10°~50° 仰角线间隔 10°。仰角线需要注意的是,由于雷达监视目标空域的距离值最远处比高度值最大处大得多,所以,横坐标可达几百千米,纵坐标仅几十千米,它们不是等比例的,则仰角线也与实际仰角的直观角度不一样。

(2)等高线绘制。实际表示目标的高度应以目标所处的垂直下方地面为基

准。由式(5.32)可知,在水平面方向(即 $\varepsilon = 0°$)向远距离延伸时,高度与距离的关系为 $H = R^2/17000(\text{km})$,因为图 5.10 的纵坐标表示垂直高度,距离向远处延伸时 $R^2/17000(\text{km})$ 值相当于地面下降(即 0°以下)的高度值,如此可以画出一条随距离延伸向下弯曲的线代表地面。然后,在该条曲线上方按照逐步增加的等间隔高度值,画出多条随距离向下弯曲的线,它们代表了逐步增加的等高度线,而通常将 0°以下的线不画出。

(3) 等距线绘制。实际表示目标的距离常指目标相对于雷达的斜距。在远距离处,由于目标高度相对于距离而言很小,水平距离与斜距几乎没有差别;但在近距离处,随着仰角增加,它们的差距在加大,如在 90°处,目标的距离值就是目标的高度值。当距离较近时,随着 ε 的增加,高度与斜距的关系可以表示为 $H = R \cdot \sin\varepsilon$,则水平距离为 $R \cdot \cos\varepsilon$。所以,给定一个 R 值,在图 5.10 中可按照水平距离为 $R \cdot \cos\varepsilon$ 画出一条竖起的线,该线随着仰角的增加向纵坐标轴弯曲。以该方法在该条竖线的右方按照逐步增加的等间隔距离值,画出多条随仰角向上竖起的线,它们代表了逐步增加的等斜距离线,但超过 100km 距离后,该竖线几乎与纵坐标轴平行。

威力图纸及坐标画好后,按照式(5.27)以及后续的改进式将垂直面内不同仰角 ε 时的探测最大距离值标注在该图纸上并连接成光滑的曲线就是雷达的威力图;或按照雷达探测到的目标($\sigma = 2\text{m}^2$)最大距离/高度值标注在该图纸上并连接成光滑的曲线即可。通常这两种方法会存在差别,前者是估算给出的,其中的方向性函数应是在天线测试场地测量的结果,有时还要考虑或增加实际雷达架设阵地的地面反射因子;后者是实际在阵地上测量的结果,但实际的目标($\sigma = 2\text{m}^2$)最大探测距离/高度值都不能直接获取,因为,目标轨迹都不是沿着威力图曲线飞行的,而且,在不同方位上测量的结果可能会受到不同地物反射的影响。

图 5.11 所示为某雷达低/高波束覆盖图例子。图中覆盖图曲线有两个,范围小的一个是高波束覆盖图曲线(选择短脉冲探测时);范围大的一个是低波束覆盖图曲线(选择长脉冲探测时)。当探测距离范围由短/长脉冲两个拼接而成时,在近距离高仰角处,范围小的曲线与范围大的曲线之间留下一点点盲区,但盲区很小。

3. 遮蔽角图绘制

空管雷达的垂直威力覆盖仰角一般为 0°～40°,当有障碍物对雷达波束产生遮挡时,必然影响雷达的低仰角威力范围。雷达遮蔽角是指障碍物顶点和雷达站天线之间的连线与地平线之间的夹角。为充分发挥空管雷达的探测性能,在雷达站选址时必须正确确定雷达遮蔽角的数值。不仅要考虑雷达站周围半径 50km 范围内的遮挡物,还应考虑更远范围内的遮挡物。

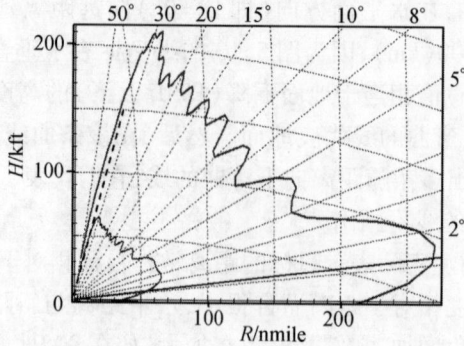

图 5.11　某雷达低/高波束覆盖图例子

　　对于雷达站周围半径 10km 范围内新出现的障碍物可用光学仪器或精度较高的 GPS 进行实测获得,在 10km 范围内光学仪器测量误差可以满足工程要求。但距离再增大,测量误差会加大,需用 GPS,但工作量会变得很大。随着雷达阵地周围的树木不断生长,以及周围城镇建筑不断增加,会出现新的对雷达电磁波遮蔽现象,这些现象有的不太明显,有的由于雷达站操作员或技师等人员变动,新人员对周围环境不熟悉,忽略了对雷达电磁波遮蔽现象。

　　图 5.12 所示为雷达遮蔽角图例子。遮蔽角图绘制原理比较简单:采用仰角器以天线基座为平台分别按照仰角 0°、10′、20′、……,将雷达站周围 0°~360°范

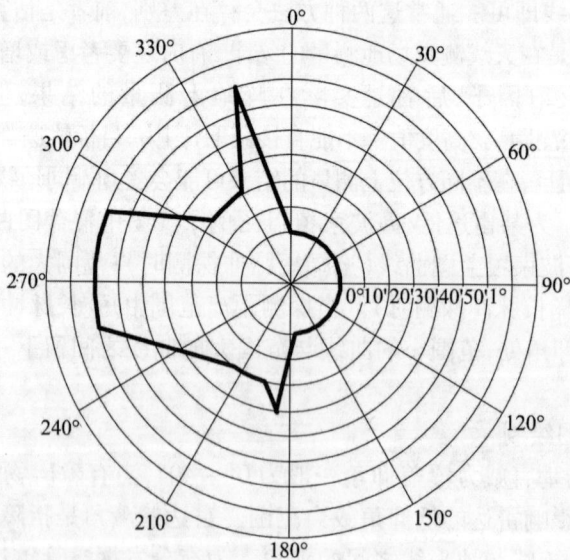

图 5.12　雷达遮蔽角图例

围的山、建筑、树木等对电磁波遮挡的方位和仰角范围测出,绘制在遮蔽角图纸上即可。图纸中的同心圆分别按 0°、10′、20′、30′、40′、50′、1°、……标注。也可查阅精确地图,将雷达站高度及周围地物高度、距离查出,计算出对应的仰角,它们的关系可采用高度修正公式(5.32)。此例中方位从 0°~180°范围内的遮蔽角为 0°,表明该范围没有任何阻碍物遮挡。为保证和充分发挥空管雷达的探测性能,在雷达阵地附近有树木遮蔽时,应经过上级领导批准,适当砍掉高于雷达天线的树枝,直至雷达探测中的遮蔽现象消失。通常在主要探测方位,遮蔽角应小于 10′。

5.4　雷达系统增/减信噪比对探测性能影响

信号的传输从发射机产生经过天线辐射,回波经过天线接收并送接收机放大,再经过信号处理和数据处理等过程或流程。而在回波信号被门限判决之前,对信噪比产生增/减影响的主要是微波馈线组件衰减、脉冲压缩提高与脉冲积累提高。

5.4.1　微波馈线组件衰减信噪比

雷达发射信号产生/放大的同时伴随着发射机的噪声。当该信号发射出去,又被目标返回到雷达处时,信号已被衰减得非常小,伴随着的噪声被衰减得更小,可以忽略不计。在 4.3 节的讨论中已经忽略了天线等效噪声和微波馈线组件等效噪声。因此,对天线接收到的回波信号进行干扰的主要是接收机内部噪声。而微波馈线组件对信号的衰减包括发射支路微波馈线组件衰减 L_t 和接收支路微波馈线组件衰减 L_r 两部分,由于伴随的噪声都忽略了,可以直接视作为微波馈线组件对信噪比的衰减。从接收机输入端往后传输过程中对信号的衰减与对噪声的衰减(如 STC 衰减)都相同,所以,一般认为雷达系统内部对信噪比的衰减主要为两部分:L_t 和 L_r,合起来用 L_{tr} 表示,在式(5.26)中已经考虑了发射支路和接收支路微波馈线组件对信噪比的衰减系数 L_{tr}。通常,L_t 与 L_r 近似相等,单程衰减典型值约为 2dB,包括环形器、波导、转动铰链、变极化网络、耦合器等部件的衰减。

5.4.2　脉冲压缩提高信噪比与脉冲积累提高信噪比

雷达对接收到的回波进行目标检测之前,需要将微弱信号进行放大,而噪声也被同时放大了相同的倍数。雷达采用提高信噪比的经典技术是脉冲压缩处理和脉冲积累处理。目标发现的条件式(5.22)是以信噪比表示的,则信噪比提高对雷达目标探测性能就有影响。

脉冲压缩技术是对接收到的回波信号进行脉冲时间内压缩,与之相对应的发射脉冲信号内部也需要特殊调制(其详细讨论见第 6 章),脉冲压缩处理能使回波信噪功率比提高 D 倍。考虑到脉冲压缩处理的因素后,目标发现的条件即式(5.22)可以表示为

$$\frac{P_t G_t \sigma A_r D}{(4\pi)^2 R^4 k T_0 F B L_{tr}} \geq (S/N)_{1f} \tag{5.33}$$

则

$$R_{max} = \left[\frac{P_t G_t \sigma A_r D}{(4\pi)^2 (S/N)_{1f} k T_0 F B L_{tr}} \right]^{1/4} \tag{5.34}$$

雷达系统中对信噪比的提高的另一个技术是对接收到的回波信号进行脉冲串数量的加权积累,与之相对应的需要将相邻重复周期的接收回波延时对齐进行相加(其详细讨论见 10.3 节)。积累改善因子为 $I_i(n)$,其中 n 表示有 n 个相邻重复周期的接收回波相加。脉冲积累处理能使信噪比提高 $I_i(n)$ 倍,理想积累时 $I_i(n) = n$,而视频积累效率略差。考虑到脉冲积累处理后,目标发现的条件即式(5.33)可以表示为

$$\frac{P_t G_t \sigma A_r D I_i(n)}{(4\pi)^2 R^4 k T_0 F B L_{tr}} \geq (S/N)_{1f} \tag{5.35}$$

则

$$R_{max} = \left[\frac{P_t G_t \sigma A_r D I_i(n)}{(4\pi)^2 (S/N)_{1f} k T_0 F B L_{tr}} \right]^{1/4} \tag{5.36}$$

对应雷达接收机输入端灵敏度 P_{min} 可以表示如下:

$$P_{min} = \frac{(S/N)_{1f} k T_0 F B}{D I_i(n)} \tag{5.37}$$

在例 5.1 中再假设脉冲压缩处理获得的信噪比提高达 200,脉冲积累处理获得的信噪比提高达 8,则该雷达的最大作用距离提高到 179km。该值大于指标值,说明空管雷达设备设计出的 R_{max} 留有富余,因为 R_{max} 为 179km 只是在 G_t 条件下获得的。设备使用中若出现最大作用距离指标值范围里检测不到目标回波,可以视作设备的最大作用距离性能下降,需要调整雷达性能参数,或检查雷达设备是否有故障等。注意到"设计留有富余"意味着:远距离上的目标回波若跨周期被检测到,回波将出现在下一个周期内,会出现距离模糊,对此,需要雷达设计师采取适当措施将距离模糊抑制在信号处理过程中,否则,它将出现在雷达显示器上并送 ATC。

脉冲积累数 n 与天线转速 ω_m、脉冲重复周期 T_r 等参数密切相关,以天线波束宽度 $\beta_{0.5}$ 为回波脉冲数接收范围,并将这些脉冲用于积累时,具有如下关系:

$$n = \frac{\beta_{0.5}}{6\omega_m T_r} \tag{5.38}$$

用该式计算出来的值需要将结果取整。式中,$\beta_{0.5}$ 的单位为(°),ω_m 的单位为 r/min,T_r 的单位为 s。需要说明的是:

(1)实际波束情况下,大目标或近距离目标时,回波信号较强,在天线波束半功率点宽度之外方位的回波也会被雷达接收到,仍按照天线波束半功率点宽度对回波检测时,回波将连续出现在相邻近的几个天线波束半功率点宽度内,按照 MTD 方式处理后目标有可能被误判为几个目标或称目标被分裂;而小目标或远距离目标时,回波信号较弱,雷达接收到的脉冲数还会小于由式(5.38)计算的 n 值,或接收到的脉冲幅度降低,积累效果降低,则检测概率降低。

(2)实际的空管雷达都将天线波束扫描驻留时间划分为 2 个、3 个或 4 个 CPI(Coherent Processing Interval,相参处理间隔)时间,各 CPI 内部可以积累的脉冲数将从式(5.38)计算出来的 n 值中合理分配。

(3)对于空管雷达,天线转速 ω_m 一般由监视数据率限定了,近程雷达时为 12r/min;远程雷达时为 6r/min。脉冲重复周期 T_r 也受到监视距离单值测量限定,近程雷达时不能小于 1ms;远程雷达时不能小于 3ms。天线波束宽度 $\beta_{0.5}$ 一般会由方位角度测量精度和分辨力限定,不能过宽,近程雷达时指定为 1.45°;远程雷达时指定为 1.2°。如此,近程雷达的积累数典型最大值可以算出约为 20,远程雷达的积累数典型最大值可以算出约为 13。

5.5　地球曲率对雷达探测性能限制

即使有足够的发射功率和较高的接收灵敏度,雷达的探测距离还要受到地平线对目标的屏蔽限制,以及目标实际飞行高度的限制。即雷达电磁波按直线传播条件下,由于地球表面的向下弯曲,距离较远的目标处于雷达视线以下不能被发现。雷达在地平线上最大限制距离称为雷达直视距离 d_0,如图 5.13 所示。

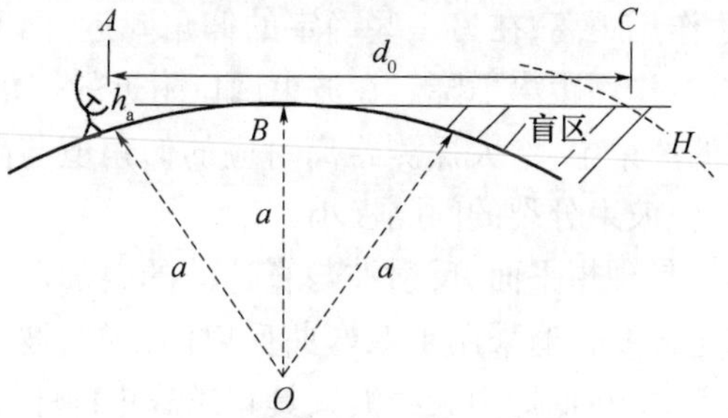

图 5.13　雷达直视距离计算图示

设雷达天线架设在高度 h_a 的 A 处,其切于地表面视线与飞行高度 H 的飞机航线相交于 C 处,AC 间距即雷达直视距离 d_0。注意到式(5.32)中 $R^2/17000$ 的意义,它正好可以用于替代图 5.13 中切线 BA 下高度 h_a 和切线 BC 下高度 H,则替代后的距离之和就是直视距离 d_0,即

$$d_0 = AB + BC = (\sqrt{17000h_a} + \sqrt{17000H}) = 4.12(\sqrt{h_a} + \sqrt{H}) \quad (5.39)$$

式中,d_0 的单位为常用单位 km;h_a 和 H 的单位均为常用单位 m。

天线的高度受到各种因素的限制;天线位置的确定常取决于环境和地形;出于美观、经济等方面的原因可能对天线塔的高度有所限制;雷达为了减小地杂波进入天线波束,并为近距目标提供最大探测范围,也会有不同的最佳高度需求。民航目标的典型经济飞行高度为 10000m,空管雷达的天线典型架高为 20m,此条件下计算出雷达视距为 430km,所以,规定远程雷达的最大作用距离一般为450km 或 250nmile 左右。

5.6 地面对雷达探测性能影响

本节讨论的问题包括:理想地面反射、有效反射面区域大小、瑞利起伏度等。地物遮蔽角的标注参见 5.3 节。而地面杂波中目标检测问题在 5.8 节中讨论。

本节仅讨论理想地面反射信号与直达信号位于同一个垂直平面的简单情况。地面上雨雪的反射率近似等于干土地的反射率,融化后则转变为湿土地的反射率。反射率的变化使得反射信号与直达信号叠加后的结果跟着变化,所以,波束形状失真效应会随季节变化,甚至有时以小时为单位改变。由于总存在一定的反射损耗,可以认为任何波束形状的失真都很小,只有当反射信号和直达信号的路程差所引起的相位差等于 180°,即当目标仰角位于天线垂直方向图的极小值点时,波束失真才最大。经过地面反射后,雷达威力图在仰角上发生了分裂。在一些确定的仰角附近,直达信号和反射信号叠加时信号接近同相得以加强,从而增大了雷达作用距离;在另一些确定的仰角附近,两路信号叠加时接近反相大部分相消,雷达作用距离下降。在波束凹口附近的仰角上,雷达探测距离大大降低。在分裂的波束中,增大探测距离对应的仰角值与降低探测距离对应的仰角值交替出现,但波束分裂的间隔极小。

由于地面通常不是理想平面,反射波与直达波的叠加形成不了明显极大值和极小值。空管雷达天线普遍采用了双弯曲反射面结构,波束分裂出现的极大和极小值现象几乎消失,在低仰角天线波束具有锐截止特性,地面反射效应对空管雷达的影响因素极大降低,基本可以不考虑。但为了在某些场合需要考虑地

面反射的影响,本节仅给出影响的结果。图 5.14 所示为水平地面反射电磁波几何图。图 5.15 标出了地面有效反射区域及瑞利起伏度。

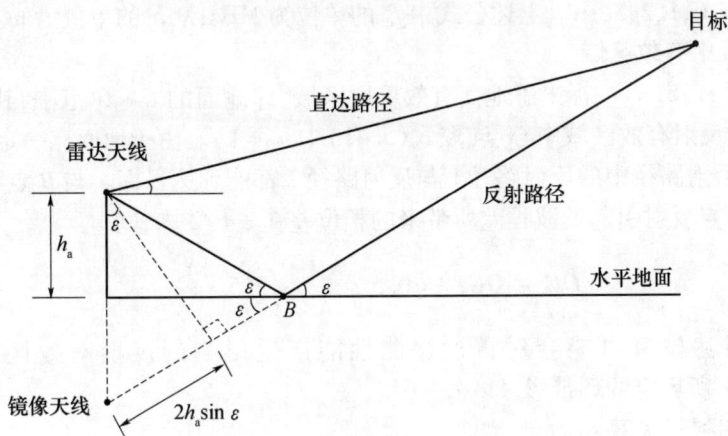

图 5.14　水平地面反射电磁波几何图

注:因为目标到雷达天线的距离比雷达天线的高度大得多,
所以,直达波和反射波对水平地面的夹角都可以看作是 ε。

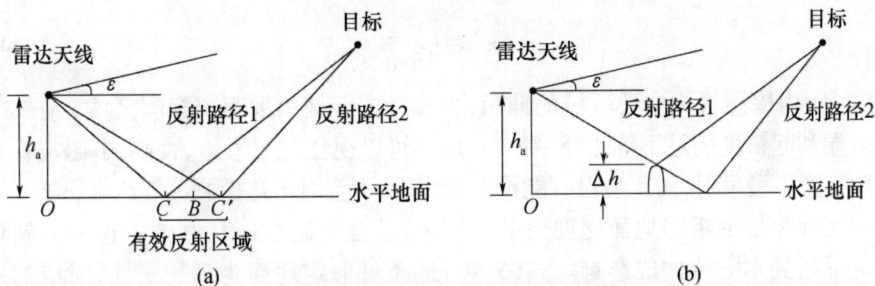

(a)　　　　　　　　　　　　　(b)

图 5.15　有效反射区域及瑞利起伏度示意图

1. 波束分裂角

如图 5.14 所示,地面反射的影响常在地面下增加一个镜像天线来分析。图 5.14 中 $2h_a\sin\varepsilon$ 表示直达波与反射波的路程差。地面反射系数的模和相位分别为 Γ 和 φ,当垂直极化波反射系数 $\Gamma\approx 1$、$\varphi\approx 0°$ 时,反射波与直达波叠加后,产生的归一化反射因数 $F_{\mathrm{I}}(\varepsilon)$ 为

$$F_{\mathrm{I}}(\varepsilon) = \left[1 + \Gamma^2 + 2\Gamma\cos\left(\varphi + \frac{2\pi}{\lambda}\Delta R\right)\right]^{1/2} = \left|2\cos\left(\frac{2\pi h_a}{\lambda}\sin\varepsilon\right)\right| \quad (5.40)$$

按照式(5.40),$F_{\mathrm{I}}(\varepsilon)$ 的极大值为 2、极小值为 0,对应的仰角分别为

$$\varepsilon_{\max} = \arcsin\left[\frac{n\lambda}{2h_a}\right] = \arcsin\left[\frac{150n}{f_0 h_a}\right] \quad (5.41)$$

77

$$\varepsilon_{\min} = \arcsin\left[\frac{(2n+1)\lambda}{4h_a}\right] = \arcsin\left[\frac{75(2n+1)}{f_0 h_a}\right] \qquad (5.42)$$

式中：$n = 0,1,2,3,\cdots$。上述公式中 f_0 的单位为 MHz；λ、h_a 的单位为 m。

2. 反射有效区域

在图 5.15(a) 中标出了地面有效反射区域，即地面的 $C \sim C'$ 范围，其中的 B 点为地面反射有效区域中心点（取式(5.41)中 $n = 1$）。由于地面有一定的粗糙度，地面反射路径中的反射路径 1 与反射路径 2 都能到达目标。与 B 点相比，经 C 点和 C' 点反射引起的波程差所带来的相位差在 $\pm\pi/2$ 内，则

$$OC \sim OC' = 0.5 \cdot \frac{h_a^2}{\lambda} \sim 7.5 \cdot \frac{h_a^2}{\lambda} \qquad (5.43)$$

在雷达站有可能会对雷达探测性能产生影响的反射有效区域是由式(5.43) 所界定的环带形区域 $C \sim C'$。

3. 瑞利起伏度

在图 5.15(b) 中标出了允许的地面起伏高度（常称瑞利起伏度），即电磁波从高度为 Δh 的地物上反射后经反射路径 1 与电磁波从地面上反射后经反射路径 2 都能到达目标，两者路径差带来的相位差在 $\pm\pi/4$ 内，则

$$|\Delta h| \leqslant \frac{\lambda}{16\sin\varepsilon_0} \qquad (5.44)$$

式中：ε_0 为探测目标主要区域的仰角，主要考虑低仰角远距离探测区域。

瑞利起伏度满足不等式(5.44)时，地面可以视作理想平地，否则，电磁波在非平地上产生漫反射，漫反射没有能量汇聚作用，不会对雷达探测性能产生影响。

实际环境的粗糙地面比理想平面复杂，甚至电磁波还从其他方位的倾斜地面上反射到本方位构成影响。式(5.40)的条件假定地面为理想平面，对应的地面反射区域仅为图 5.15 中的 B 点。而对于粗糙环境的地面而言，满足式(5.43)和式(5.44)的地面区域 $C \sim C'$ 范围内的任何点，以及其他方位的倾斜地面反射点，都有可能成为有效地面反射点，这种情况可以参照文献[3]描述的小平面模型来解释：粗糙地面可以看作是由许多不同倾斜角小平面组成的，只要反射的电磁波能到达目标处的小平面数量多、面积大，与式(5.40)的结果相比，有效地面反射形成的影响会更大。

在雷达探测目标的方位上，若地面沿着径向存在倾斜，则式(5.40)的结果也需要相应修正。

5.7 大气对雷达探测性能影响

电磁波在对流层传播时存在衰减，造成电磁波衰减的重要成分是大气中的

氧气和水蒸气,大气中的氧吸收电磁波的能量,与大气密度成正比,距离越远,仰角越低,吸收越大。有文献给出了目标在对流层内不同仰角上大气吸收与距离的关系如图5.16所示。图5.16(a)对应雷达工作频率为1GHz,图5.16(b)对应雷达工作频率为3GHz。

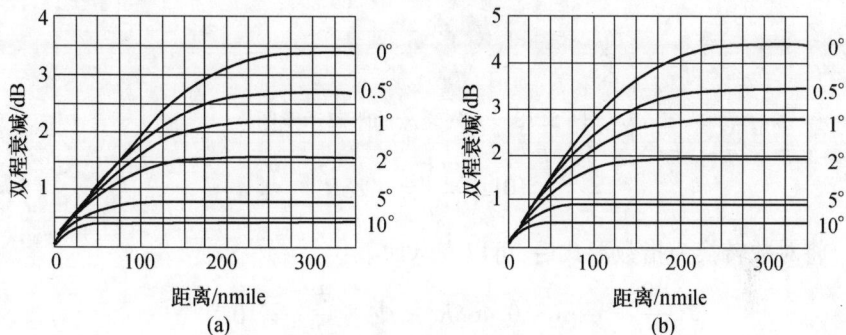

图5.16　大气吸收与仰角、距离的关系

1. 折射

电磁波传播的大气媒介是非均匀介质,在不同高度上的气压、温度和湿度都不同,随着高度的变化这种非均匀性也逐渐变化。在正常气象条件下,电磁波向上方入射时,随着高度的上升电磁波传播方向会向下弯曲。图5.17表示了这种情况。图5.17(a)表示电磁波在媒介交界面上的折射情况,电磁波的波阵面会向下偏转,则传播方向会向下发生改变。图5.17(b)表示电磁波在大气中渐变面上的折射关系,随着高度的升高传播方向向下折射。电磁波传播方向的这种向下弯曲使得按电磁波直线传播的计算结果会有较大的误差。为了将电磁波的传播校正为直线,经典的方法是采用等效地球半径ka($k \approx 4/3$),即将地球半径a扩大4/3倍,在此基础上认为大气是均匀的,电磁波的传播为直线。

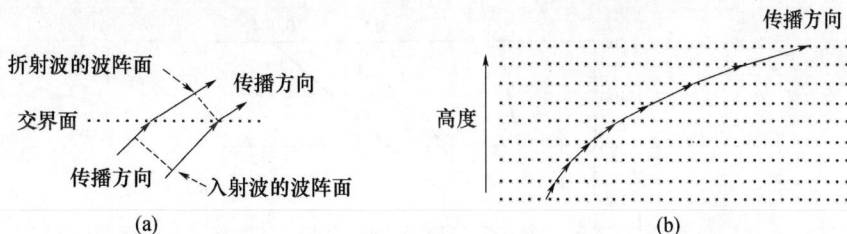

图5.17　在正常气象条件下电磁波在大气中的折射关系示意图

2. 衰减

电磁波衰减具有随距离增加而成倍增加的特性,适宜采用随距离变化的衰减量来度量,若单程衰减系数为δ(dB/km),存在大气衰减的距离范围为R_a

（km），受到大气衰减后的回波功率为 P'_r，如图 5.18 所示，则有如下关系：

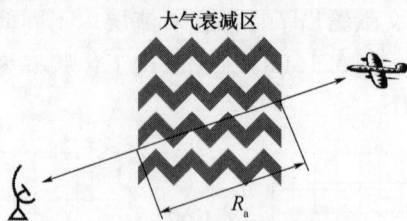

大气衰减区

图 5.18　大气衰减的距离示意图

$$10\lg\left(\frac{P'_r}{P_r}\right) = -2\delta R_a \tag{5.45}$$

将对数转换为指数形式后，可以表示如下：

$$\frac{P'_r}{P_r} = \exp(-0.46\delta R_a)，或 \quad \frac{P'_r}{P_r} = 10^{-0.2\delta R_a} \tag{5.46}$$

式（5.46）表示：与无衰减时的回波功率 P_r 相比较，有大气衰减时的回波功率 P'_r 衰减了 $10^{0.2\delta R_a}$ 倍，此值可称为大气的功率衰减因子，也是雷达系统外部的回波信噪比衰减值，所以，目标发现的条件即式（5.35）可以表示为

$$\frac{P_t G_t \sigma A_r DI_i(n)}{(4\pi)^2 R^4 kT_0 FBL_{tr} \cdot 10^{0.2\delta R_a}} \geqslant (S/N)_{1f} \tag{5.47}$$

当目标距离增大，$R = R'_{max}$ 时，有

$$R'_{max} = \left[\frac{P_t G_t \sigma A_r DI_i(n)}{(4\pi)^2 (S/N)_{1f} kT_0 FBL_{tr} \cdot 10^{0.2\delta R_a}}\right]^{1/4} = R_{max} \cdot 10^{-0.05\delta R_a} \tag{5.48}$$

式（5.48）表示有大气衰减时的作用距离是无衰减时的 $10^{-0.05\delta R_a}$ 倍。如果是全程衰减，则 $R_a = R'_{max}$，式（5.48）成为超越方程。以 δ 为参变量，将 $R_{max} \sim R'_{max}$ 关系曲线画出如图 5.19 所示。图中，实线、短虚线和长虚线等 3 条曲线分

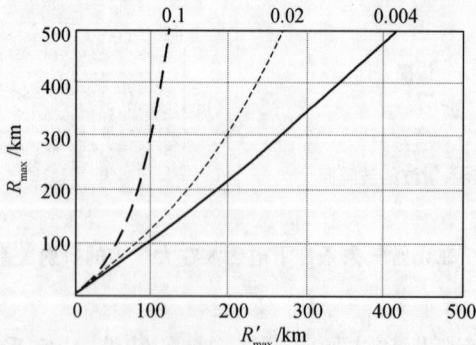

图 5.19　全程衰减时 $R_{max} \sim R'_{max}$ 关系曲线图

别对应于 δ 为 0.004、0.02、0.1。

文献[1,4]给出了大气衰减系数 δ 曲线:清洁空气海平面上衰减系数如图 5.20 所示,图中纵坐标轴上的 2 表示这些曲线为双程衰减。云和雾在温度 0℃时衰减系数如图 5.21 所示,图中从左至右的 4 条曲线分别对应能见度约为 3m、20m、110m、160m,图中纵坐标轴上的 2 表示这些曲线为双程衰减。

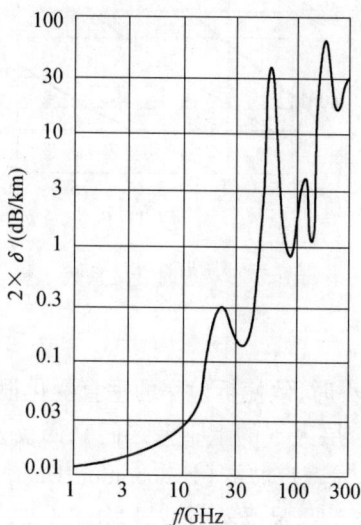

图 5.20　清洁空气海平面上衰减系数

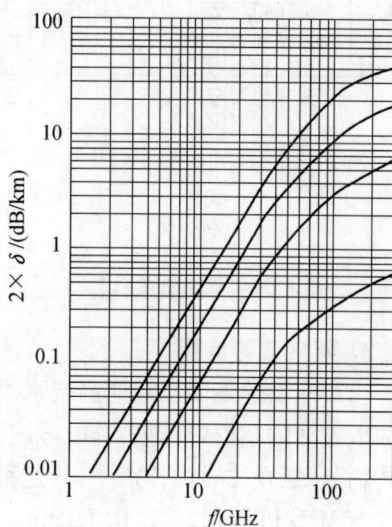

图 5.21　云和雾时衰减系数

雨在温度 0℃时衰减系数如图 5.22 所示,图中从左至右的 6 条实曲线分别对应降水率 γ 约为 100mm/h、30mm/h、10mm/h、3mm/h、1mm/h、0.3mm/h,虚线对应降水率 γ 为 10mm/h 且夹雪,图中纵坐标轴上的 2 表示这些曲线为双程衰减。雪时衰减系数如图 5.23 所示,图中从上至下的 4 条实曲线分别对应频率 f 为 34.9GHz、16.7GHz、9.38GHz、3GHz,它比雨的衰减更小,图中纵坐标轴为单程衰减。

例 5.2　选取 S 波段雷达工作频率 2.9GHz,在清洁空气、云和雾(能见度约为 3)、雨(降水率 γ 约为 100mm/h)和雪(降水率 γ 约为 10mm/h)时,分别得到单程衰减系数为 0.008、0.02、0.08、0.003,由数据可见,上述情况下,浓雾、暴雨的衰减更大,以单程衰减系数 0.02 为例在图 5.19 中可以看到有衰减与无衰减时作用距离下降的程度。

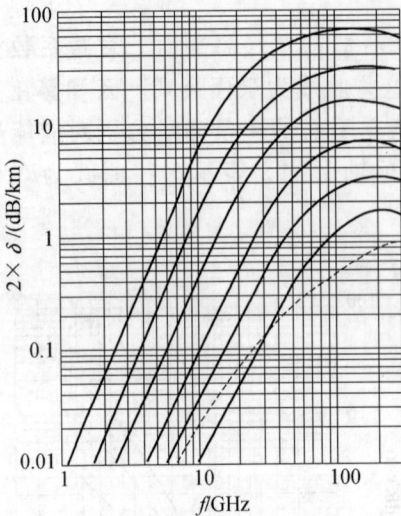

图 5.22　雨时衰减系数

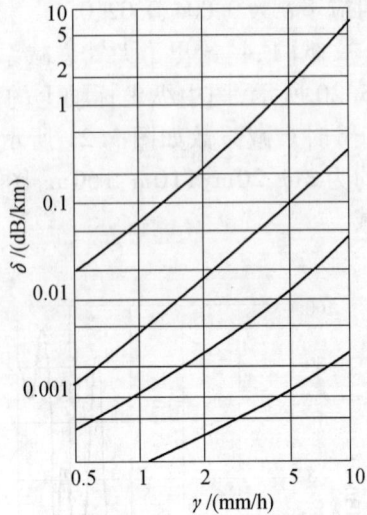

图 5.23　雪时衰减系数

3. 蒸汽波导传播

当对流层的某层出现逆温或水汽急剧减小时,致使折射率的垂直变化很大,造成电磁波的超折射传播,其电磁波能量在该层大气的上下壁之间来回反射向前传输,好像在波导内传播一样,这种现象称为蒸汽波导(Evaporation Duct),通常在 30MHz 以上,尤其在 0.3~30GHz 的电磁波最易受蒸汽波导影响。

最常见的是在地表面/海洋表层之上,如与海洋表层相接触的大气中蒸汽经常处于饱和状态,相对湿度接近 100%,而在海洋上方几米处蒸汽通常不饱和,蒸汽含量的迅速减少使大气折射指数存在较大的变化,产生一种能改变垂直折射率并形成低角度辐射的蒸汽波导,电磁波受制于波导的上下边界,几乎只能在水平面上传输,使信号强度的衰减更接近于线性率而不是平方率,其结果是雷达作用距离能大大超过其自由空间传输的距离。由于超折射现象的存在导致超折射回波,使原来雷达波探测不到的目标在雷达显示器上显示出来,增加了雷达探测的极限距离,这是有利的一面。对付跨周期目标回波的出现,如前述雷达设计师已经有了对策,但是,雷达显示器显示原始回波时会出现太多杂波,点迹虚警也会增加。

对于一定的折射率垂直梯度和波导层厚度的蒸汽波导来说,只有小于一定仰角与波长的电磁波才能在蒸汽波导中传播。射线与波导之间的角度通常小于 1.5°,因此,只有那些近乎平行于波导发射的射线才会产生波导传播。大气的成分随着时间、地点而改变,蒸汽波导由气象条件决定,根据气象探测数据可以预测蒸汽波导的出现。

5.8 杂波环境中雷达方程

在强杂波环境,一方面要考虑目标回波受到传播路径上的气象微粒对电磁波衰减影响,另一方面还要考虑目标所处单元的杂波对信号检测的干扰,当所处杂波单元面积或单元体积的雷达截面积与目标雷达截面积相当或超过时,就要采用杂波环境中雷达方程计算雷达的最大作用距离。当杂波环境中强杂波远强于噪声时,可以忽略噪声,将目标回波与其他物体杂波对比来讨论雷达的作用距离方程。

式(5.20)表示了天线接收到的回波功率,雷达系统中目标回波和杂波具有同样的信道,该公式对杂波也是适用的,考虑回波信号的脉冲压缩效应后,信杂比可以表示为

$$\frac{P_{\mathrm{r}}}{P_{\mathrm{c}}} = \left[\frac{P_{\mathrm{t}}G_{\mathrm{t}}\sigma A_{\mathrm{r}}DI_{\mathrm{i}}(n)}{(4\pi)^2 R^4 L_{\mathrm{tr}}L_{\mathrm{f}}}\right] \bigg/ \left[\frac{P_{\mathrm{t}}G'_{\mathrm{t}}\sigma_{\mathrm{c}}A'_{\mathrm{r}}DI_{\mathrm{i}}(n)}{(4\pi)^2 R^4 L_{\mathrm{tr}}}\right] = \left(\frac{G_{\mathrm{t}}}{G'_{\mathrm{t}}}\right)^2 \cdot \frac{\sigma/L_{\mathrm{f}}}{\sigma_{\mathrm{c}}} \quad (5.49)$$

式中:L_{f}为目标回波起伏损耗,可从图5.8和图5.4中相同概率下信噪比的差值中得出;G'_{t}为天线接收杂波仰角方向的增益,如果是气象杂波,可视G'_{t}与G_{t}相等;若杂波来源于地面,而目标回波来源于空中,则两者有差异,特别在近距离上,空管雷达采用高波束接收时,该波束最大增益指向高仰角而地面方向的增益很小,说明波束对空域滤波的效果使信杂比提高了。

在以下的讨论中,根据杂波散射机理,可以将地杂波、海杂波视作面杂波,这类杂波属于固定杂波,受到风吹的影响其多普勒频率较小,一般在零速附近。将气象中的雨、雪、冰雹等降水形成的杂波视作体杂波,而金属箔条产生的杂波也具有类似的特性,此外,还有风沙产生的杂波也有类似特性,这类杂波的多普勒频率受到风吹的影响具有风的速度,属于运动杂波。

5.8.1 面杂波环境中雷达方程

本章前面已经指出了地面反射效应对空管雷达的影响可以基本不予考虑,主要原因是地面上存在不同距离点的多点反射到空中某一点(目标处)叠加综合时各反射信号相位分散不能同相位叠加,反射聚集的能量又极小,对目标回波信号的叠加影响太小。但是,近距离地面或地物后向散射的电磁波能量都是同距离的杂波叠加,由于是同相位相加,能量还是比较强的,在该距离上的目标回波就被淹没在此强杂波中。根据雷达天线接收到的回波功率式(5.20)和面杂

波雷达截面积式(3.12),杂波功率 P_c 如下:

$$P_c = \frac{P_t \cdot G_t'^2 \cdot \lambda^2 \cdot \sigma^0 \cdot 150\,\tau_0 \cdot \beta_{0.5}}{(4\pi)^3 \cdot R^3 \cdot L_t} \qquad (5.50)$$

注意到杂波功率 P_c 与其距离的 3 次方成反比。地杂波通常极强,可能高达 $50 \sim 80\mathrm{dB}$,信号处理器必须对此加以抑制,如采取 MTI 和/或 MTD 等技术(见第 10 章讨论)。对地杂波采取抑制措施后,信杂比的改善因子记为 $I_{固}$,则式(5.49)表示的信杂比改为

$$\frac{P_r}{P_c} = \left(\frac{G_t}{G_t'}\right)^2 \cdot \frac{\sigma/L_f}{\sigma_c} \cdot I_{固} = \left(\frac{G_t}{G_t'}\right)^2 \cdot \frac{\sigma I_{固}}{\sigma^0 \cdot 150\,\tau_0 \cdot R\beta_{0.5}L_f} \geqslant M_c \quad (5.51)$$

当目标距离增大, $R = R_{cmax}$(面)时,有

$$R_{cmax}(\text{面}) = \left(\frac{G_t}{G_t'}\right)^2 \cdot \frac{\sigma I_{固}}{M_c \cdot \sigma^0 \cdot 150\,\tau_0 \cdot \beta_{0.5}L_f} \qquad (5.52)$$

式中, $\beta_{0.5}$ 单位为 rad, τ_0 单位为 μs, $150\,\tau_0$ 单位为 m, R_{cmax}(面)单位为 m。 M_c 通常取 6dB,对应信杂电压比为 2。需要注意的是 $\beta_{0.5}$ 的取值:在远距离,波束在方位上约占据半功率点宽度 $\beta_{0.5}$,但在近距离,波束在方位上占据更宽的宽度。

实际多路径环境除了平地外,还有倾斜山坡、垂直建筑等,使后向散射在水平面内具有一定方位角,进一步将天线波束破坏,讨论非常复杂。还要注意实际环境中的地形,即使同一雷达站,在不同方位上也有差异,地杂波主要集中在一定距离范围内,有的只有约 50km,有的会达到约 100km,但一般不会超过 150km,原因是受到地球曲率的限制。

按照式(5.52)计算出来的采取杂波抑制措施后的最大距离值不能大于非杂波条件下的对应值,否则假设条件不成立,该公式不能用,可能杂波没有噪声强。

5.8.2 体杂波环境中雷达方程

式(5.49)中,目标回波与杂波处在大致相同的仰角上时, $G_t = G_t'$。根据雷达天线接收到的回波功率式(5.20)和体杂波雷达截面积式(3.17),杂波功率 P_c 如下:

$$P_c = \frac{P_t \cdot G_t \cdot A_r \cdot \eta \cdot 150\,\tau_0 \cdot \beta_{0.5} \cdot \varepsilon_{0.5}}{(4\pi)^2 \cdot R^2 \cdot L_t} \qquad (5.53)$$

注意到杂波功率 P_c 与其距离的 2 次方成反比。对于具有圆对称性的气象微粒(包括风沙),如果雷达发射圆极化波(如右手旋转),则散射回雷达处的杂波也为圆极化波(但左手旋转),而非圆对称体的散射回波没有这种特性。所

以,雷达采用圆极化电磁波发射和接收过程中,仍接收同旋转圆极化回波,就可以有效抑制杂波功率。尽管圆极化器的插入损耗使目标回波也有略微损失,但是,信杂比提高很多,信杂比的改善因子记为 $I_{极}$,一般提高可以达到十几分贝。在信号处理器内,也会采取措施抑制该类杂波。对运动杂波采取抑制措施后,信杂比的改善因子记为 $I_{动}$,则式(5.49)表示的信杂比改为

$$\frac{P_{\mathrm{r}}}{P_{\mathrm{c}}} = \frac{\sigma / L_{\mathrm{f}}}{\sigma_{\mathrm{c}}} \cdot I_{极} \cdot I_{动} = \frac{\sigma \cdot I_{极} \cdot I_{动}}{\eta \cdot 150\,\tau_0 \cdot R\beta_{0.5} \cdot R\varepsilon_{0.5}L_{\mathrm{f}}} \geqslant M_{\mathrm{c}} \quad (5.54)$$

当目标距离增大,$R = R_{\mathrm{cmax}}(体)$时,有

$$R_{\mathrm{cmax}}(体) = \left(\frac{\sigma \cdot I_{极} \cdot I_{动}}{M_{\mathrm{c}} \cdot \eta \cdot 150\,\tau_0 \cdot \beta_{0.5} \cdot \varepsilon_{0.5}L_{\mathrm{f}}} \right)^{1/2} \quad (5.55)$$

式中,$\beta_{0.5}$ 和 $\varepsilon_{0.5}$ 单位均为 rad;τ_0 单位为 μs;$150\,\tau_0$ 单位为 m;$R_{\mathrm{cmax}}(体)$单位为 m。需要注意的是 $\beta_{0.5}$ 和 $\varepsilon_{0.5}$ 取值:在远距离,波束在方位上和仰角上约占据半功率点宽度 $\beta_{0.5}$ 和 $\varepsilon_{0.5}$,但在近距离,波束在方位上和仰角上占据更宽的宽度。

按照式(5.55)计算出来的采取杂波抑制措施后的最大距离值不能大于非杂波条件下的对应值,否则假设条件不成立,该公式不能用,可能杂波没有噪声强。在恶劣气象条件下,通常需要考虑体杂波对探测性能的影响。

5.9　干扰噪声环境中雷达方程

假定干扰噪声功率为 P_{j},干扰天线增益为 G_{j},并且干扰带宽 Δf_{j} 能覆盖雷达接收机带宽 B,干扰噪声源与雷达间距离为 R_{j},雷达天线在干扰方向的有效面积为 A'_{r},则雷达接收到的干扰噪声功率为

$$P_{\mathrm{jr}} = \frac{P_{\mathrm{j}}G_{\mathrm{j}} \cdot B}{\Delta f_{\mathrm{j}}} \cdot \frac{A'_{\mathrm{r}}}{4\pi R_{\mathrm{j}}^2} \quad (5.56)$$

在干扰噪声环境中可以忽略接收机中的噪声,参照式(5.20),则雷达接收到的信噪比为

$$\frac{P_{\mathrm{r}}}{P_{\mathrm{jr}}} = \frac{P_{\mathrm{t}}G_{\mathrm{j}}G_{\mathrm{t}}\sigma A_{\mathrm{r}}\Delta f_{\mathrm{j}}R_{\mathrm{j}}^2}{4\pi P_{\mathrm{j}}BA'_{\mathrm{r}}R^4 L_{\mathrm{t}}L_{\mathrm{f}}} \quad (5.57)$$

式(5.57)为天线端口的信噪比。表示检测门限端口之前的信噪比时,需要在式(5.57)的分子中添加脉压比 D 和积累改善因子 $I_{\mathrm{i}}(n)$。另外,雷达接收机中及脉冲压缩处理前或许设计了限幅器抑制这类强干扰噪声的幅度。只要干扰噪声不至于使雷达接收机和信号处理器饱和,雷达在这类干扰噪声中有一定的探测能力。

（1）当天线波束指向了噪声干扰源时，也称干扰从波束主瓣进入，A'_r 就是 A_r，从式（5.57）中可见，只能期望干扰源的距离远一些、干扰带宽宽一些、干扰功率小一些，才有可能使信噪比足够大。

（2）当天线波束偏离了噪声干扰源时，也称干扰从波束副瓣进入，A'_r 与 A_r 相差了一个副瓣增益，即获得约 −30dB 信噪比增益，即雷达对干扰源方向以外其他方向的目标还有一定的探测能力。

（3）在强干扰噪声环境中，雷达的自动检测及自动录取受到干扰时，采用操作员从 P 显上原始视频中人工发现并人工录取目标很有必要。

空管雷达的工作频率范围处于指定的频段，只能在频段内跳频，遇到有意或宽带压制干扰时反干扰效果有限；而在无意干扰时，如城市附近遇到的点频干扰或邻近雷达的同频干扰，通过跳频或人工选择频率点，可以避免干扰带宽对雷达工作频率点的覆盖，利用接收机通带外的抑制能力，将干扰对雷达探测目标的影响降到最低，即式（5.56）的条件不再满足。

5.10　气象回波检测最大作用距离

在空管雷达的气象通道里，气象回波作为"目标回波"被检测，这时，需要采用有效手段抑制飞机、地物等回波，气象微粒被检测的背景就只考虑噪声。将气象微粒作为目标检测时，可以采用式（5.20），结合式（3.17），雷达天线接收到气象微粒回波功率为

$$P_r(气) = \frac{P_t \cdot G_t \cdot A_r \cdot \eta \cdot V_s}{(4\pi)^2 R^4 \cdot L_t} \tag{5.58}$$

在低仰角区域，波束可以用高斯函数表示，即式（5.25）能够满足，则式（5.58）可以表示如下：

$$P_r(气) = 2.7 \times 10^{-16} \frac{P_t G_t \tau_0 Z}{\lambda^2 L_t R^2} \tag{5.59}$$

仿照式（5.24）的推导，检测气象回波的最大作用距离即气象雷达方程可以表示如下：

$$R_{max}(气) = \left[\frac{2.7 \times 10^{-16} P_t G_t \tau_0 Z}{\lambda^2 M_n k T_0 F B L_{tr}} \right]^{1/2} \tag{5.60}$$

需要特别注意的是：式（5.59）和式（5.60）中，τ_0 的单位为 μs，Z 的单位为 mm^6/m^3；M_n 的取值应参考气象信号处理方式下，一定发现概率和一定虚警概率的条件；式（5.60）还没有考虑脉压和积累因素，也没有考虑电磁波在传播路径

86

上的大气损耗。

气象微粒是体分布目标,在近距离时由于体单元变小使其雷达截面积变小,远小于飞机雷达截面积,在近距离雷达发射能量对气象探测的影响比对飞机大得多,因而,发射峰值功率的选择常常受到短脉冲条件下气象作用距离的限制。

5.11　本章小结

本章按奈曼—皮尔逊准则导出了目标检测最佳系统为匹配滤波器加上门限比较器,进而讨论了匹配滤波器的传递函数形式及特性。

以信噪比为主线讨论了在接收机噪声中检测飞机目标的雷达最大作用距离,并进一步讨论了在系统增/减信噪比、地球曲率、气象等环境中对雷达探测目标性能的影响。然后又简单分析了在面杂波、体杂波、干扰噪声等环境中对雷达最大作用距离的影响。其中,式(5.20)在讨论一定距离上目标的回波功率大小时非常有用;式(5.26)在讨论某类目标的最大检测距离时也非常有用。在估算雷达最大作用距离时常会查阅图 5.8 中的曲线。

雷达威力图的应用非常普遍,把最大作用距离方程与威力图结合起来,可以使雷达探测性能有立体感。

在虚警概率设定的情况下,雷达威力图上的探测范围会随着不同的发现概率而变化,还会随着下列因素而变化:不同的目标雷达截面积、电磁波传播路径上不同的气象环境、目标距离处的恶劣杂波环境、恶劣干扰噪声环境等。

除了接收机噪声外,低仰角近距离(低空)雷达探测目标环境中,主要有地/海杂波、鸟群等的干扰;高仰角近距离雷达探测目标环境中,需要注意顶空存在盲区;低仰角远距离雷达探测目标环境中,需要注意视距的局限;高仰角远距离雷达探测目标环境中,主要有气象杂波的干扰。

思考题与习题

1. 什么是发现概率和虚警概率? 它们与信噪比$(S/N)_1$和门限电压V_T有怎样的关系? 在雷达中要求虚警概率一定、发现概率最大时,需要采取什么措施?

2. 假定雷达发射信号有 $\mathrm{rect}(t/\tau) \cdot \cos(2\pi f_0 t)$ 的形式,试求匹配滤波器传递函数的形式。

3. 验算例 5.1 中理想空间雷达最大作用距离。

4. 假定某雷达探测大型客机的最大作用距离为 400km,那么,该雷达探测小型战斗机和 F - 117A 飞机的最大作用距离分别为多少?

5. 讨论:①当雷达的发射功率、发射频率增加为原来的 2 倍,天线口径面积不变时,雷达作用距离分别增加为原来的多少倍? ②当目标雷达截面积减小为原来的 1/10 时,雷达作用距离降低为原来的多少倍?

6*. 假设噪声干扰信号从雷达天线主瓣进入,试推导此干扰环境下的雷达距离方程,并说明提高雷达的抗干扰性能,可采用哪些技术措施。

7. 某雷达天线架高 $h_a = 16\text{m}$,发射功率 $P_t = 2\text{MW}$,天线增益 $G_t = 1000$,工作波长 $\lambda = 10\text{cm}$,接收机灵敏度 $P_{\min} = 0.01\text{p}^\text{W}$,目标雷达截面积 $\sigma = 8\text{m}^2$,试问雷达的最大探测距离是多少? 能否发现 270km 处高度在 2500m 的目标?

8*. 某雷达工作波长 $\lambda = 3\text{cm}$,发射功率 $P_t = 200\text{kW}$,脉冲重复周期 $T_r = 4\text{ms}$,脉冲宽度 $\tau = 2\mu\text{s}$,天线旋转角速度 $\omega_m = 6\text{r}/\text{min}$,天线增益 $G_t = 39\text{dB}$,波束宽度 $\beta_{0.5} = 1°$,$\varepsilon_{0.5} = 5°$,波导等馈线单程损耗 $L_t = L_r = 2.5\text{dB}$,接收机噪声系数 $F = 4\text{dB}$,取 $T_0 = 290\text{K}$,$P_d = 0.5$,$P_{fa} = 10^{-6}$,某目标雷达截面积 $\sigma = 4\text{m}^2$,干扰机距离雷达 $R_j = 100\text{km}$,典型有源噪声干扰功率 $P_j = 10\text{kW}$,其天线增益 $G_j = 15\text{dB}$,干扰带宽 $\Delta f_j = 1000\text{MHz}$,覆盖了雷达的工作频率。只考虑雷达受主瓣干扰情况,$P_d = 0.1$ 时,检测设备所需的信噪比取为 $M_n = 10\text{dB}$。求自由空间里雷达最大作用距离、干扰条件下雷达对目标的发现距离、目标在距离雷达 20km 处时,分别求雷达接收机输入端对地杂波和雨杂波的信杂比(考虑理想脉冲积累)。

第6章 信号波形分析

从20世纪50年代初,伍德沃德(Woodward)等定义模糊函数以来,模糊函数一直作为分析雷达信号的有效数学工具,它有许多性质。在此之前,1943年诺思(North)提出了匹配滤波器理论,并成功地解决了脉冲压缩问题,有效提高了回波信号信噪比及信杂比。实际上,模糊函数与匹配滤波器两者有内在联系。本章先讨论模糊函数及匹配滤波器理论,然后,在此基础上对信号波形进行分析,重点讨论了脉冲调制信号的压缩特性。理论分析过程所用数学公式参见书后的相关附录。

如今,MATLAB、MathCAD等数学工具的应用已经非常普及,并且出版了《Radar Systems Analysis and Design Using MATLAB》等专业书籍,使得直接采用这些数学工具计算模糊函数及匹配滤波器输出成为一种快捷的直观方法。

6.1 信号复数表示

雷达信号一般是高频窄带信号,即信号的频谱限制在中心频率附近的一个频带范围 Δf 内,且这个频带范围远小于其载频 f_0,即

$$|\Delta f| \ll f_0 \tag{6.1}$$

高频窄带信号可以写成

$$s(t) = a(t)\cos[2\pi f_0 t + \varphi(t)] \tag{6.2}$$

式中:$a(t)$ 和 $\varphi(t)$ 分别为振幅调制信号和相位调制信号,相对于中心频率而言,它们是低频的慢变化信号。

式(6.2)表示的是实信号形式,对应的复数信号形式定义为

$$\tilde{s}(t) = a(t)e^{j[2\pi f_0 t + \varphi(t)]} = u(t)e^{j2\pi f_0 t} = s(t) + j\hat{s}(t) \tag{6.3}$$

式中:$a(t)$ 为其幅度调制;$\varphi(t)$ 为其相位调制。设 $u(t) = a(t)\exp[j\varphi(t)]$,显然,它是复调制信号或复包络。称 $s(t)$ 和 $\hat{s}(t)$ 分别为 $\tilde{s}(t)$ 的实部和虚部,记 $\tilde{s}(t)$ 的共轭为 $\tilde{s}^*(t)$,有

$$s(t) = \frac{1}{2}[\tilde{s}(t) + \tilde{s}^*(t)] = \text{Re}[\tilde{s}(t)] \tag{6.4}$$

定义了 $s(t)$ 的复数形式 $\tilde{s}(t)$ 以后,就可以建立起它们频谱之间的关系,记 $s(t)$ 的频谱为 $S(f)$,$u(t)$ 的频谱为 $U(f)$,$\tilde{s}(t)$ 的频谱为 $\tilde{S}(f)$,用符号"↔"表示其傅里叶变换对,根据傅里叶变换性质,由式(6.3),有

$$\tilde{S}(f) = U(f - f_0) \tag{6.5}$$

根据傅里叶变换性质,有

$$\tilde{s}^*(t) \leftrightarrow \tilde{S}^*(-f) \tag{6.6}$$

由式(6.4),有

$$S(f) = \frac{1}{2}\left[U(f - f_0) + U^*(-f - f_0)\right] \tag{6.7}$$

因为 $U(f)$ 局限在窄带里,所以,$S(f)$ 对称分布于正负频域中,而 $\tilde{s}(t)$ 的频谱则只有正的频谱分量,由式(6.5)和式(6.7)可知:在正频域中,复信号频谱为其对应实信号频谱的 2 倍,即

$$\tilde{S}(f) = \begin{cases} 2S(f), & f \geqslant 0 \\ 0, & f < 0 \end{cases} \tag{6.8}$$

采用复信号形式所带来的好处:对复信号的运算只需考虑单边频谱即可,在分析和讨论中更方便。并且有下面关于复信号能量 $\tilde{E}$ 与实信号能量 E 的关系:

$$\tilde{E} = \int_{-\infty}^{\infty} |\tilde{S}(f)|^2 \mathrm{d}f = 4\int_{0}^{\infty} |S(f)|^2 \mathrm{d}f = 2\int_{-\infty}^{\infty} |S(f)|^2 \mathrm{d}f = 2E \tag{6.9}$$

将匹配滤波器输出信号复包络谱 $U_o(f)$ 写成输入信号复包络谱 $U(f)$ 与零中频匹配滤波器传递函数 $H_Z(f)$ 的乘积(见 5.2 节讨论):

$$U_o(f) = U(f) \cdot H_Z(f) \tag{6.10}$$

注意到式(6.5)和式(6.8),有

$$H_Z(f) = U^*(f) \cdot \mathrm{e}^{-\mathrm{j}2\pi t_0(f+f_0)} \tag{6.11}$$

零中频匹配滤波器可以视作式(5.13)所表示的匹配滤波器在零中频的等效实现,式(6.11)中的相位 $-2\pi t_0 f_0$ 实际为非变量。

6.2 模糊函数及其性质

模糊函数是从分析同方向上两目标分辨问题时引入的。假定两目标雷达回波信号的幅度相同,且来自同仰角、同方位角,信号的复包络可分别写为

$$u_1(t) = u(t - T_\mathrm{d})\mathrm{e}^{\mathrm{j}2\pi F_\mathrm{d}(t - T_\mathrm{d})} \tag{6.12}$$

$$u_2(t) = u(t) \tag{6.13}$$

式中:T_d为两目标回波之间的时间延迟,对应于它们之间的距离间隔;F_d为目标回波之间的频率差别,对应于它们之间的径向速度间隔。两目标之间的分辨能力取决于它们信号的均方差值ε^2,则

$$\varepsilon^2 = \int_{-\infty}^{\infty} |u_1(t) - u_2(t)|^2 dt = 4E - 2Re\left[\int_{-\infty}^{\infty} u(t - T_d) e^{j2\pi F_d(t-T_d)} u^*(t) dt\right]$$

$$= 4E - 2Re\left[\int_{-\infty}^{\infty} u(t) u^*(t + T_d) e^{j2\pi F_d t} dt\right] \tag{6.14}$$

在信号能量不变的情况下,均方差值ε^2的大小与式(6.14)中积分值有关,而积分值又是(T_d, F_d)的函数。定义如下一个函数$\chi(T_d, F_d)$:

$$\chi(T_d, F_d) = \int_{-\infty}^{\infty} u(t) u^*(t + T_d) e^{j2\pi F_d t} dt \tag{6.15}$$

并有
$$Re[\chi(T_d, F_d)] \leqslant |\chi(T_d, F_d)| \tag{6.16}$$

式(6.14) ~ 式(6.16)表明$|\chi(T_d, F_d)|$的大小与均方差值ε^2的大小有关:容易区分两目标的要求是ε^2值越大,而$|\chi(T_d, F_d)|$越小就能确保ε^2值越大,则越容易区分两目标。

可见,函数$\chi(T_d, F_d)$的模值大小反映了两目标的可分辨或不可分辨情形,由此将函数$\chi(T_d, F_d)$称为模糊函数。当信号形式$u(t)$确定以后,函数$\chi(T_d, F_d)$的值就随变量(T_d, F_d)而定。或者反过来,在相同的(T_d, F_d)取值时,尝试不同形式的信号形式$u(t)$,查看其$|\chi(T_d, F_d)|$,可选出满足时间(距离)分辨力和频率(径向速度)分辨力要求的信号形式。

利用傅里叶变换定义式及其性质,可以将模糊函数在时间域的积分式转化为在频域里的积分式。由

$$u^*(t + T_d) \leftrightarrow U^*(-f) e^{j2\pi f T_d} \tag{6.17}$$

有
$$\chi(T_d, F_d) = \int_{-\infty}^{\infty} u(t) \cdot \left[\int_{-\infty}^{\infty} U^*(-f) e^{j2\pi f T_d} e^{j2\pi t f} df\right] \cdot e^{j2\pi F_d t} dt$$

$$= \int_{-\infty}^{\infty} U^*(-f) e^{j2\pi f T_d} \cdot U(-f - F_d) df$$

$$= \int_{-\infty}^{\infty} U^*(f) U(f - F_d) e^{-j2\pi T_d f} df \tag{6.18}$$

如此就获得了模糊函数在频域里的表达式,此式表明可以利用信号频域里

表达式 $U(f)$ 从频域求解积分得出信号的模糊函数,对某些形式的信号而言更容易。

模糊函数还可以用卷积形式表示,推导如下:

$$\chi(T_d, F_d) = \int_{-\infty}^{\infty} u(t) u^*(t + T_d) e^{j2\pi F_d t} dt$$

$$= \int_{-\infty}^{\infty} [u(t) e^{j2\pi F_d t}] u^* [T_d - (-t)] dt$$

$$= \int_{-\infty}^{\infty} [u(-t) e^{-j2\pi F_d t}] u^* (T_d - t) dt$$

$$= [u(-T_d) e^{-j2\pi F_d T_d}] \otimes u^*(T_d) \tag{6.19}$$

函数 $|\chi(T_d, F_d)|^2$ 具有功率的含义,且其大小的变化规律与 $|\chi(T_d, F_d)|$ 有一致性,而且数学证明出 $|\chi(T_d, F_d)|^2$ 具有很多性质。从 $|\chi(T_d, F_d)|^2$ 的图中可以直观看出信号 $u(t)$ 的分辨力特性,常将 $|\chi(T_d, F_d)|^2$ 称为模糊图函数。$|\chi(T_d, F_d)|^2$ 的三维示意图如图 6.1(a)所示。下面只讨论 $|\chi(T_d, F_d)|^2$ 的原点最大值、体积不变、原点对称这三个重要性质。

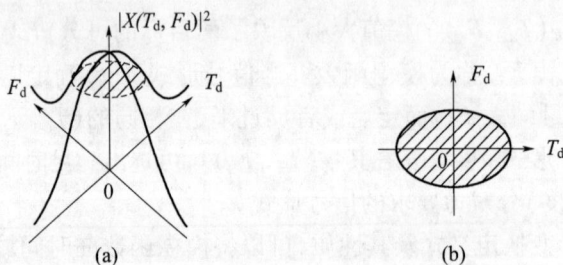

图 6.1 $|\chi(T_d, F_d)|^2$ 的三维示意图和模糊度图

1. 原点最大值

$$|\chi(T_d, F_d)|^2 \leqslant |\chi(0,0)|^2 = (2E)^2 \tag{6.20}$$

证明:利用许瓦兹不等式

$$|\chi(T_d, F_d)|^2 = \left| \int_{-\infty}^{\infty} u(t) u^*(t + T_d) e^{j2\pi F_d t} dt \right|^2$$

$$\leqslant \int_{-\infty}^{\infty} |u(t)|^2 dt \cdot \int_{-\infty}^{\infty} |u^*(t + T_d)|^2 dt = |\chi(0,0)|^2 \tag{6.21}$$

及
$$\int_{-\infty}^{\infty} |u(t)|^2 \mathrm{d}t \cdot \int_{-\infty}^{\infty} |u^*(t+T_\mathrm{d})|^2 \mathrm{d}t = (2E)^2 \tag{6.22}$$

原点最大值特性表明:在原点 $T_\mathrm{d}=0$ 和 $F_\mathrm{d}=0$,两目标无时延和径向频移之差,因而两目标是不可分的,或是最模糊的,$\varepsilon^2=0$。

2. 体积不变

$$\iint_{-\infty}^{\infty} |\chi(T_\mathrm{d},F_\mathrm{d})|^2 \mathrm{d}T_\mathrm{d} \mathrm{d}F_\mathrm{d} = |\chi(0,0)|^2 = (2E)^2 \tag{6.23}$$

证明:先应用模糊函数时域/频域表达式,再利用傅里叶变换定义式将积分式替换,因为

$$|\chi(T_\mathrm{d},F_\mathrm{d})|^2 = \chi(T_\mathrm{d},F_\mathrm{d}) \cdot \chi^*(T_\mathrm{d},F_\mathrm{d})$$

$$\iint_{-\infty}^{\infty} |\chi(T_\mathrm{d},F_\mathrm{d})|^2 \mathrm{d}T_\mathrm{d} \mathrm{d}F_\mathrm{d}$$

$$= \iiiint_{-\infty}^{\infty} u(t)u^*(t+T_\mathrm{d})\mathrm{e}^{\mathrm{j}2\pi F_\mathrm{d}t} \cdot U(f)U^*(f-F_\mathrm{d})\mathrm{e}^{\mathrm{j}2\pi T_\mathrm{d}f} \mathrm{d}T_\mathrm{d} \mathrm{d}F_\mathrm{d} \mathrm{d}t \mathrm{d}f$$

$$= \iint_{-\infty}^{\infty} U^*(f)\mathrm{e}^{-\mathrm{j}2\pi ft} \cdot u^*(t)\mathrm{e}^{\mathrm{j}2\pi ft} \cdot u(t) \cdot U(f) \mathrm{d}t \mathrm{d}f$$

$$= \int_{-\infty}^{\infty} |u(t)|^2 \mathrm{d}t \cdot \int_{-\infty}^{\infty} |U(f)|^2 \mathrm{d}f = (2E)^2 = |\chi(0,0)|^2 \tag{6.24}$$

体积不变特性表明:在模糊曲面 $|\chi(T_\mathrm{d},F_\mathrm{d})|^2$ 下的总体积是常数。只要信号能量不变,若在平面 $(T_\mathrm{d},F_\mathrm{d})$ 上的某区域使 $|\chi(T_\mathrm{d},F_\mathrm{d})|^2$ 减小,则会在其他区域使 $|\chi(T_\mathrm{d},F_\mathrm{d})|^2$ 增大,此又称为"雷达模糊原理"。

3. 原点对称

$$|\chi(T_\mathrm{d},F_\mathrm{d})|^2 = |\chi(-T_\mathrm{d},-F_\mathrm{d})|^2 \text{ 或 } |\chi(-T_\mathrm{d},F_\mathrm{d})|^2 = |\chi(T_\mathrm{d},-F_\mathrm{d})|^2$$
$$\tag{6.25}$$

证明:先设 $t'=t-T_\mathrm{d}$,变换被积分变量 t,再注意到"共轭的绝对值"可以将"共轭"去掉。

$$|\chi(-T_\mathrm{d},-F_\mathrm{d})| = \left| \int_{-\infty}^{\infty} u(t)u^*(t-T_\mathrm{d})\mathrm{e}^{-\mathrm{j}2\pi F_\mathrm{d}t} \mathrm{d}t \right|$$

$$= \left| \int_{-\infty}^{\infty} u(t' + T_d) u^*(t') e^{-j2\pi F_d t'} \cdot e^{-j2\pi F_d T_d} dt' \right|$$

$$= \left| \left[\int_{-\infty}^{\infty} u^*(t' + T_d) u(t') e^{j2\pi F_d t'} \cdot dt' \right]^* \cdot e^{-j2\pi F_d T_d} \right| = |\chi(T_d, F_d)|$$

$$(6.26)$$

同理可以证明 $|\chi(-T_d, F_d)|^2 = |\chi(T_d, -F_d)|^2$。

原点对称特性表明:T_d 与 F_d 同时改变符号,可以视作两目标互换空中位置,因而换位后模糊特性完全一样。

模糊函数性质是针对 $|\chi(T_d, F_d)|^2$ 证明出来的,对模糊函数模 $|\chi(T_d, F_d)|$ 而言,同样有原点最大 $|\chi(T_d, F_d)| \leq |\chi(0, 0)|$,及原点对称 $|\chi(-T_d, -F_d)| = |\chi(T_d, F_d)|$ 或 $|\chi(-T_d, F_d)| = |\chi(T_d, -F_d)|$。

模糊函数可以表征信号的固有分辨能力,因而可以直接利用模糊函数来定义距离/径向速度两维分辨力。定义为:$|\chi(T_d, F_d)|^2$ 最大值以下 -6dB 或 $|\chi(T_d, F_d)|$ 最大值以下 -3dB 处为模糊度,其交界图形在 (T_d, F_d) 平面上为曲线,如图6.1(b)所示。曲线内为模糊区,曲线外为不模糊区,不模糊区即为可分辨区。又称在 (T_d, F_d) 平面上曲线图为模糊度图。定义式为

$$10\lg \frac{|\chi(T_d, F_d)|}{|\chi(0, 0)|} = -3 \tag{6.27}$$

在 $F_d = 0$ 处即 T_d 轴上,对应为距离分辨力,用 ΔR 表示;在 $T_d = 0$ 处即 F_d 轴上,对应为径向速度分辨力,用 Δv 表示。

例 6.1:固定载频脉冲信号,复调制信号为

$$u(t) = \begin{cases} 1, & 0 \leq t \leq \tau \\ 0, & \text{其他} \end{cases} \tag{6.28}$$

其模糊函数积分式只有当 $u(t)$ 与 $u^*(t + T_d)$ 均不为 0 时积分值不为 0,其中特别要注意到 T_d 取不同值时的积分区间划分,图6.2给出了示意图。

图6.2(a)为 $u(t)$ 的图形,图6.2(b)对应 $0 \leq T_d \leq \tau$ 时 $u(t + T_d)$ 的图形,积分如下:

$$\chi(T_d, F_d) = \int_0^{\tau - T_d} e^{j2\pi F_d t} dt = \frac{\sin[\pi F_d(\tau - T_d)]}{\pi F_d} \cdot e^{j\pi F_d(\tau - T_d)} \tag{6.29}$$

图6.2(c)对应 $-\tau \leq T_d \leq 0$ 时 $u(t + T_d)$ 的图形,积分如下:

$$\chi(T_d, F_d) = \int_{-T_d}^{\tau} e^{j2\pi F_d t} dt = \frac{\sin[\pi F_d(\tau + T_d)]}{\pi F_d} \cdot e^{j\pi F_d(\tau - T_d)} \tag{6.30}$$

94

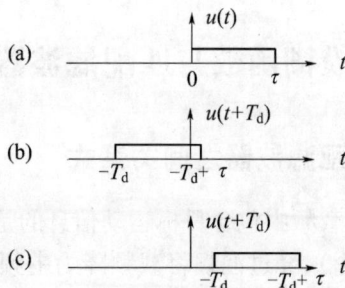

图 6.2 T_d取不同值时的积分区间划分示意图

上面两式右边写成了模与相位的形式,在 T_d 的所有取值区间综合上面两式,其模值为

$$\left| \chi(T_d, F_d) \right| = \left| \frac{\sin\left[\pi F_d(\tau - |T|_d) \right]}{\pi F_d} \right|, \quad |T_d| \leq \tau \qquad (6.31)$$

按上述" $-3dB$ "模糊度定义,则模糊度图曲线在(T_d, F_d)平面上的曲线方程为

$$\left| \frac{\sin\left[\pi F_d \tau(1 - |T_d|/\tau) \right]}{\pi F_d \tau} \right| = \frac{1}{2}, \quad |T_d| \leq \tau \qquad (6.32)$$

式(6.32)的曲线方程适合画出$(F_d \tau)$关于(T_d/τ)的曲线,如图 6.3 所示。在 $F_d \tau = 0$ 处,曲线在 $T_d/\tau = \pm 0.5$ 与 T_d/τ 轴相交,对应距离分辨力为 $\Delta R = (C/2) \tau$;在 $T_d/\tau = 0$ 处,曲线在 $F_d \tau = \pm 0.605$ 与 $F_d \tau$ 轴相交,对应径向速度分辨力为 $\Delta v = (\lambda/2)(1.21/\tau)$。此结果表明分辨力与 τ 密切相关: ΔR 与 τ 成正比, Δv 与 τ 成反比,为提高径向速度分辨力还可以通过选用更高工作频率来达到。

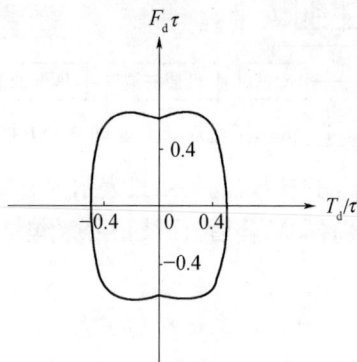

图 6.3 固定载频脉冲信号模糊度图

6.3　模糊函数与匹配滤波器关系

6.3.1　模糊函数与匹配滤波器之间关系式

　　雷达目标回波信号的载频中包含目标运动信息的是反映目标径向速度的多普勒频率 f_d（见 3.5 节讨论），经过混频将载频降为中频以及零中频过程中要采用相参检波器才能保留目标的运动信息。所以，在实际雷达目标检测系统中将载频降为中频后再进行零中频处理。由于目标与雷达之间距离未知且随机，目标回波信号中的初始相位不确定，在信号处理中对回波检相后有可能出现相参脉冲串幅度很低，对检测目标不利。在雷达信号处理中采用正交双通道结构，对零中频信号处理后再进行求模输出，即输出的是目标回波信号复包络，而对信号的匹配滤波处理可以放在零中频进行。如此说来，用复数表示雷达信号更具有实际意义。将匹配滤波器输出信号用复数表示，其复包络就是实际输出信号，它将目标回波初始相位去掉了。

　　首先将雷达正交双通道处理典型方框图画成如图 6.4 所示（详细讨论见第 10 章）。图中，输入信号与基准电压相乘再通过低通滤波，等效为对输入信号相参检波，保留了回波信号的相位信息。匹配滤波器是接收处理信号的核心部件。基准电压经 90°移相形成了正交两路，使处理通道成为了 I/Q（In-phase 同相，Quadratic 正交）正交双通道，最后的输出信号是求模视频，可以将其视作取复包络的绝对值。因此，图 6.4 可以理解为对输入信号的复包络进行匹配滤波，所以，以下推导均按复包络信号形式进行。

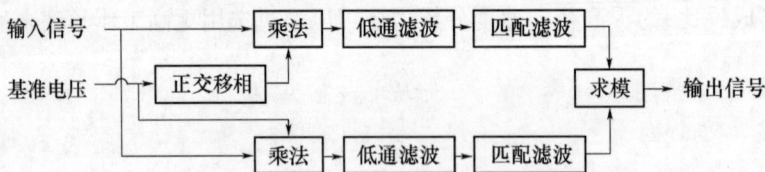

图 6.4　雷达正交双通道处理典型方框图

　　（1）模糊函数与匹配滤波器之间关系式表示为时域积分。

　　考虑目标运动引起多普勒频移后，回波信号复包络的傅里叶变换对可以表示为

$$u(t)\,\mathrm{e}^{\mathrm{j}2\pi f_d t} \leftrightarrow U(f - f_d) \tag{6.33}$$

　　匹配滤波器函数（为分析方便，假定滤波器常系数 $K=1$）与冲击响应的傅里叶变换对为

$$u^*[-(t-t_0)] \leftrightarrow U^*(f) \cdot \mathrm{e}^{-\mathrm{j}2\pi f t_0} \tag{6.34}$$

零中频求模输出信号可由卷积求出：

$$
\begin{aligned}
u_{\mathrm{o}}(t,f_{\mathrm{d}}) &= \left| u(t)\mathrm{e}^{\mathrm{j}2\pi f_{\mathrm{d}}t} \otimes u^*[-(t-t_0)] \right| \\
&= \left| \int_{-\infty}^{\infty} u(t')\mathrm{e}^{\mathrm{j}2\pi f_{\mathrm{d}}t'} \cdot u^*[t'-(t-t_0)]\mathrm{d}t' \right| \\
&= \left| \chi[-(t-t_0),f_{\mathrm{d}}] \right|
\end{aligned}
\tag{6.35}
$$

式(6.35)可以直接从时域积分求出，适用于对信号波形进行理论分析，本章后续将该式用于求解输出信号波形。

式(6.35)还表明：将模糊函数$|\chi(T_{\mathrm{d}},F_{\mathrm{d}})|$的$T_{\mathrm{d}}$轴倒置，再平移$t_0$，用变量$(t,f_{\mathrm{d}})$代替变量$(T_{\mathrm{d}},F_{\mathrm{d}})$，就可从模糊函数得到表达式$u_{\mathrm{o}}(t,f_{\mathrm{d}})$。$u_{\mathrm{o}}(t,f_{\mathrm{d}})$是关于$(t,f_{\mathrm{d}})$的函数，可称为匹配函数。

（2）模糊函数与匹配滤波器之间关系式表示为频域积分。

零中频求模输出信号也可由匹配滤波器输出频谱的傅里叶反变换并取绝对值求出

$$u_{\mathrm{o}}(t,f_{\mathrm{d}}) = \left| \int_{-\infty}^{\infty} U(f-f_{\mathrm{d}}) \cdot [U^*(f) \cdot \mathrm{e}^{-\mathrm{j}2\pi f t_0}] \cdot \mathrm{e}^{\mathrm{j}2\pi f t}\mathrm{d}f \right| = \left| \chi[-(t-t_0),f_{\mathrm{d}}] \right| \tag{6.36}$$

有些情况下，式(6.36)比式(6.35)更容易求解。实际上，由于回波中目标时刻不可预知，很难在时域求解，雷达中对回波信号处理多采用傅里叶变换—与滤波器传递函数相乘—傅里叶反变换的处理过程，对应于式(6.36)。

模糊函数图与匹配函数图的关系如图6.5所示，两图具有对称的形状。与模糊函数图的主峰在$T_{\mathrm{d}}=0$，$F_{\mathrm{d}}=0$处一样，匹配函数图在$t=t_0$，$f_{\mathrm{d}}=0$处具有

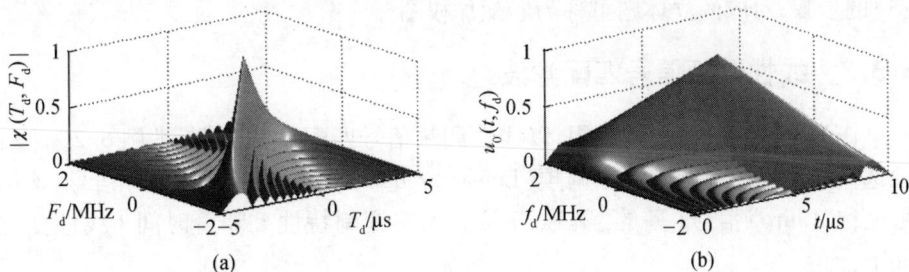

图 6.5　模糊函数图与匹配函数图对比（纵轴已作归一化）

主峰,模糊函数许多性质都可移植到匹配函数上。利用已知信号的模糊函数,可以快捷地得到对应的匹配函数。

模糊函数是回波信号的复合自相关函数,它的值表示差别为(T_d, F_d)的两目标可分辨的程度;匹配函数是相对于雷达站径向速度为v(对应多普勒频移$f_d = 2v/\lambda$)的目标回波,通过匹配在$f_d = 0$的滤波器后输出信号的复包络波形。显然,两者的物理概念完全不同,但它们都由输入信号$u(t)$所确定,并具有了严密的数学关系式(6.35)和式(6.36)。直接采用匹配函数来分析脉冲雷达信号,可以同时讨论该信号输出波形的分辨力(主瓣宽度)、距离副瓣幅度、多普勒频率敏感性等参数,十分方便。分析匹配函数$u_o(t, f_d)$意味着在时域t和多普勒域f_d进行分析,而传统分析方法仅在时域t(即$f_d = 0$)中分析匹配滤波器输出信号特性。

6.3.2 信号波形分析步骤

用于信号设计时,雷达信号波形分析方法可归纳为:选取探测目标最大速度、雷达工作频率(空管雷达工作频率通常已经被指定),预选雷达信号的类型,运用 MATLAB 软件平台,旋转三维的匹配函数图,审视和修改信号波形参数,直到满足雷达性能要求。具体步骤为:

(1)确定探测目标的最大速度,选择合适的雷达工作频率,预选雷达信号的类型。

(2)运用 MATLAB 平台旋转三维的匹配函数图,看清楚主瓣、副瓣的分布、幅度等,这对于在时域—多普勒域分析空管雷达信号十分重要。

(3)反复修改信号波形参数和审视三维的匹配函数图,当主瓣/副瓣分布、幅度等达到空管雷达性能要求后,确定雷达信号形式。

(4)不能实现对信号匹配滤波时,将实际可实现滤波器的函数代入式(6.35)来进行上面(1)~(3)的步骤,对应的立体图可称为准匹配函数图。

(5)需要对信号波形加权时,将加权函数代入式(6.35)来进行上面(1)~(3)的步骤,对应的立体图可称为匹配加权图。

6.3.3 线性调频信号匹配滤波

作为分析信号波形的应用,以线性调频信号匹配滤波为例,举例 6.2 如下:预选雷达信号的类型为线性调频(Linear Frequency Modulation,LFM)信号,该信号又称"Chirp"信号(鸟的"啁啾"声)。频率调制特性f_b随着时间t线性变化如下:

$$f_b = \begin{cases} bt, & 0 \leqslant t \leqslant \tau \\ 0, & \text{其他} \end{cases} \tag{6.37}$$

式中：$b = \Delta f / \tau$ 为频率变化斜率；Δf 为频率变化范围，简称频偏。

对式(6.37)进行积分为相位，线性调频成为了平方律调相。然后，可以写出线性调频复调制信号为

$$u(t) = \begin{cases} \exp(\mathrm{j}\pi b t^2), & 0 \leqslant t \leqslant \tau \\ 0, & \text{其他} \end{cases} \tag{6.38}$$

对应线性调频实信号波形如图 6.6 所示。本例中，波形参数选择典型值：图 6.6(a) 中 τ 为 $5\mu s$，b 为 $0.4\mathrm{MHz}/\mu s$；图 6.6(b) 中 τ 为 $100\mu s$，b 为 $0.02\mathrm{MHz}/\mu s$。仿照式(6.29)～式(6.32)的分区间求积分方式，可以得到模糊函数模值为

$$|\chi(T_\mathrm{d}, F_\mathrm{d})| = \left| \frac{\sin[\pi(F_\mathrm{d} - bT_\mathrm{d})(\tau - |T_\mathrm{d}|)]}{\pi(F_\mathrm{d} - bT_\mathrm{d})} \right|, \quad |T_\mathrm{d}| \leqslant \tau \tag{6.39}$$

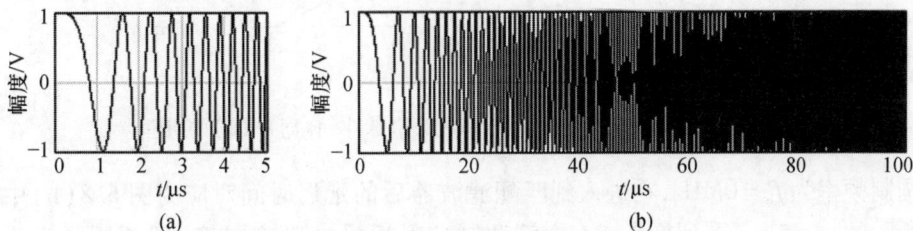

图 6.6　线性调频实信号波形

及零中频匹配滤波器求模输出信号为

$$u_\mathrm{o}(t, f_\mathrm{d}) = \left| \frac{\sin[\pi(f_\mathrm{d} + bt - bt_0)(\tau - |t - t_0|)]}{\pi(f_\mathrm{d} + bt - bt_0)} \right|, \quad 0 \leqslant t \leqslant \tau \tag{6.40}$$

常取 $t_0 = \tau$，注意到式(6.40)的最大值为 τ，$|\chi(T_\mathrm{d}, F_\mathrm{d})|$ 图和 $u_\mathrm{o}(t, f_\mathrm{d})$ 图已在图 6.5 中显示。利用 MATLAB 平台的图旋转工具，可以清楚看见立体图的副瓣幅度值；也可以清楚地看见主瓣边缘在所有 f_d 范围内的下降趋势。图 6.7 为将 (t, f_d) 平面重叠成为直线的截图，立体图的主瓣边缘下降趋势很直观并可量化。

宽脉冲(脉宽为 τ)压缩成为窄脉冲(脉宽为 τ_0)的机理可以用图 6.8 所示来理解。图 6.8(a) 所示曲线表示式(6.37)的频率调制特性；图 6.38(b) 所示曲线表示针对图 6.38(a) 的已调制信号，由式(5.13)中相位特性导出的群延迟特性，即对不同的调制频率 f_b 具有不同的延迟时间 t_b。注意到图 6.8(b) 所示曲线与图 6.8(a) 所示曲线具有相反的斜率。

匹配滤波器群延迟过程为：受到图 6.8(a) 已调制信号前沿的频率较低，即

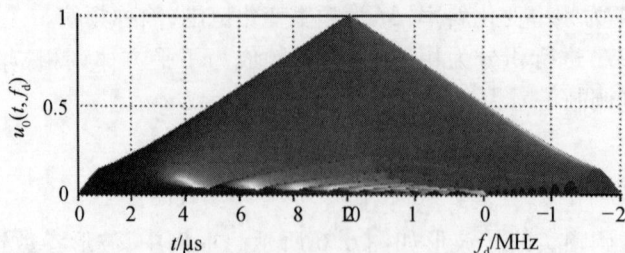

图 6.7 将 (t, f_d) 平面重叠成为直线的截图 (纵轴已作归一化)

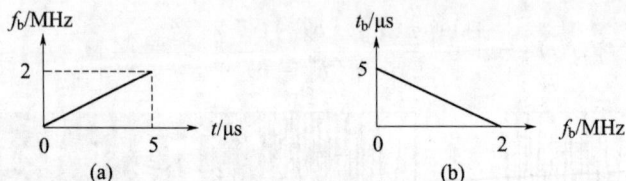

图 6.8 宽脉冲 (脉宽为 τ) 压缩成为窄脉冲 (脉宽为 τ_0) 的机理

调制频率为 $f_b = 0\mathrm{MHz}$，它进入到匹配滤波器后的延迟时间对应为图 6.8(b) 中所示的 $t_b = 5\mu\mathrm{s}$；受到图 6.8(a) 已调制信号后沿的频率较高，即调制频率为 $f_b = 2\mathrm{MHz}$，它进入到匹配滤波器后的延迟时间对应为图 6.8(b) 中所示的 $t_b = 0\mu\mathrm{s}$；在脉冲前后沿 $0 \sim 5$ 之间的信号受到延迟时间 $5 \sim 0$ 的对应延迟，所以，输出信号在 $t = t_0 = 5\mu\mathrm{s}$ 时就得到了最大值，也说明了输出后的脉冲前后沿间隔比输入前的脉冲前后沿间隔小得多。由此可以看出宽脉冲可以压缩成为窄脉冲的两个必备条件是：输入信号必须是已调制频率或相位的信号；滤波器必须是匹配于输入信号的 (即具有群延迟特性)。输入信号经过群延迟后同相位叠加，叠加后的幅度取决于式 (5.13) 中幅频特性。

6.4 多普勒敏感性对信号波形的限制

由于目标运动而引起的回波多普勒频移是预先未知的，如果滤波器对多普勒频移严重敏感，将引起失配，造成滤波器输出主瓣降低、分裂和副瓣电平增加，最终将降低雷达的检测性能。

先将分析放在多普勒域 f_d。空管雷达探测的目标通常是飞机，若飞机的最大速度为 v_{rmax}，雷达的工作波长为 λ，则对应目标回波最大多普勒频移为 $f_{dmax} = 2v_{rmax}/\lambda$，那么未知的目标回波多普勒频移 f_d 将随机地落在 $0 \sim f_{dmax}$ 范围内，而不会落在该范围以外。以民航飞机为例，参见图 3.12，在 L 频段，径向速度为 $1Ma$

时,f_{dmax}为3.06kHz;在S频段,径向速度为1Ma时,f_{dmax}为6.57kHz。为了适应空管雷达的应用,在$0 \sim f_{dmax}$范围内,对匹配函数图的要求是主瓣沿f_d轴(或倾斜轴)不降低或降低不多,即限定允许降低在$-3dB$内。$0 \sim f_{dmax}$范围以外的区域在探测军用高速飞机时需要讨论其限制。

图6.9用典型波形零中频匹配滤波器求模输出信号对比多普勒敏感性。图6.9(a)、(c)、(e)分别取参数$\tau = 5\mu s$, $b = 0.4MHz/\mu s$;$\tau = 100\mu s$, $b = 0.02MHz/\mu s$;$\tau = 300\mu s$, $b = 0.00111MHz/\mu s$。图6.9(b)、(d)、(f)分别是前三者的基础上增加了$f_{dmax} = 6.57kHz$或$f_{dmax} = 3.06kHz$的情形,其中,取匹配滤波器常系数$K = 1$。观察图6.9可以获得下列重要结论:

(1)增加了f_{dmax}后输出信号主峰在时间上的位置,图6.9(b)显示几乎没有变化;图6.9(d)显示主峰在时间上偏移了,图6.9(f)显示主峰在时间上偏移了更多。其原因是目标运动多普勒频率经过脉压滤波器延迟特性带来的。比较

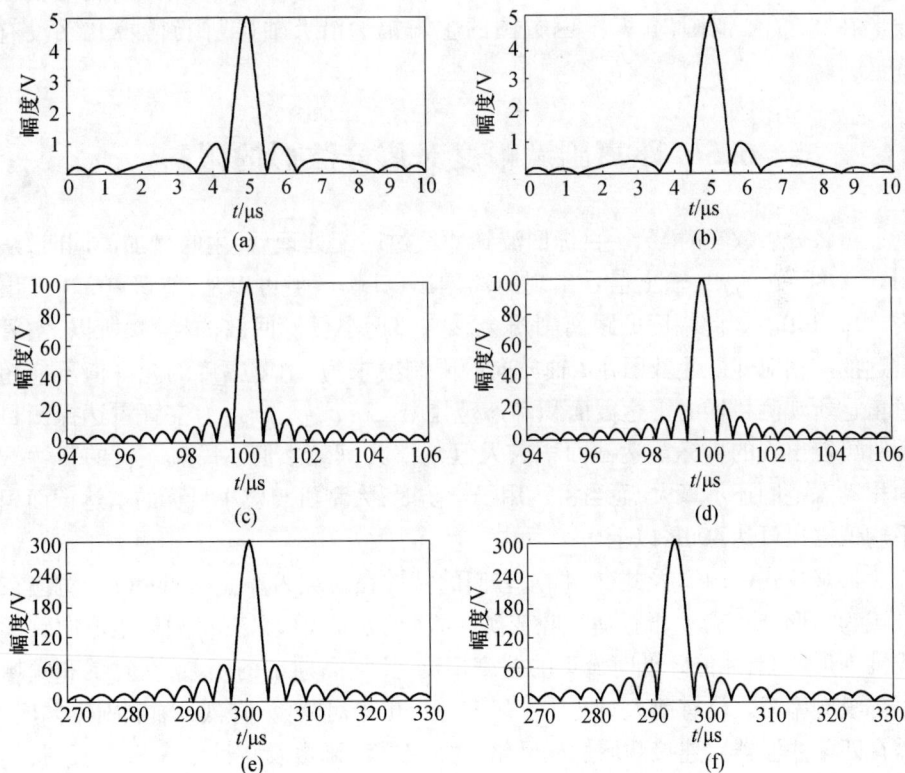

图6.9　多普勒敏感性波形对比(取匹配滤波器系数$K = 1$)

式(6.31)与式(6.39)可以看出:非调制脉冲信号模糊函数主瓣轴线 $F_d = 0$,而线性调频信号模糊函数主瓣轴线在 $F_d = bT_d$,对应在匹配函数图上倾斜轴在 $f_d = -b(t-t_0)$。所以,b 越大则偏移越多。

由 $f_d = -b(t-t_0)$ 可知,具有径向速度 v_r 的目标,匹配函数主峰出现的时间 t'_0 在

$$t'_0 = -\frac{f_d}{b} + t_0 = -\frac{2v_r}{\lambda b} + t_0 \qquad (6.41)$$

得出由于滤波器匹配在 $f_d = 0$ 引起的距离测量延迟时间误差 Δt_R 为:$\Delta t_R = 2v_r/(\lambda b)$。选择波形参数典型值:$\lambda = 0.103\,\mathrm{m}$,$b = 0.00111\,\mathrm{MHz/\mu s}$,目标径向速度为 $v_{rmax} = 340\,\mathrm{m/s}$ 时,则时间误差 $\Delta t_R = 5.95\,\mu s$,如图6.9(f)波形,对应距离误差 ΔR 为892m。该误差可以在信号处理数据处理过程中根据获得的径向速度信息对此误差进行大致补偿。

(2) 从图6.9(b)、(d)、(f)中可以看出,选取了典型参数的空管雷达信号波形在 $0 \sim f_{dmax}$ 范围内,匹配函数图的主瓣幅度沿 f_d 轴(或倾斜轴)几乎没有降低。

6.5　距离副瓣幅度对信号波形的限制

再将分析放在时域 t。目标回波脉冲经过匹配处理后,主峰增加的同时,从图6.9中可以看出,输出信号出现距离副瓣,其幅度值可以从式(6.40)中求出为 $-13.2\,\mathrm{dB}$。如此幅度的距离副瓣会影响邻近小目标回波的检测,所以,空管雷达的应用对匹配函数图在 t 轴方向的限制要求为:副瓣幅度的允许值不应超过雷达所观测目标的雷达截面积动态范围 $\sigma_{min} \sim \sigma_{max}$。$\sigma_{max}$ 为空管雷达探测目标时可能出现的目标雷达截面积最大值,σ_{min} 为其最小值。民航飞机的雷达截面积动态范围还不算大,而当雷达用于空防时,大型机与极小目标的雷达截面积平均值之比可达40dB以上。

再观察式(6.40)及式(6.41),它们的特性在时域为辛克型 $\mathrm{sinc}(t)$,对应在频域为矩形 $\mathrm{rect}(f)$。根据傅里叶变换性质(见附录1),只有将频域矩形向钟形或锥削形转变,才能降低时域里的副瓣幅度,比如高斯型的函数,在时域和频域里都没有副瓣。已有前人对此作了研究并提出了对策:为降低 t 轴上副瓣幅度,需在匹配滤波器后连接频域加权网络。加权网络函数及特性如表6.1所列,其一般形式如下:

$$W_T(f) = K + (1-K) \cdot \cos^n\left(\frac{\pi f}{\Delta f}\right) \qquad (6.42)$$

表 6.1　加权网络函数及特性

加权函数	最大副瓣电平/dB	主瓣加宽系数	信噪比损失/dB
泰勒(Taylor)	−40	1.41	1.14
海明(Hamming)	−42.56	1.47	1.34

式(6.42)中,取参数 $K = 0.088$，$n = 2$ 为泰勒(Taylor)函数加权;取 $K = 0.08$，$n = 2$ 为海明(Hamming)函数加权,等等。表 6.1 中只列出了效果较好的常用两种,加权能使时域副瓣幅度降低到 −40dB,但同时,输出信号的主瓣加宽,最大值降低或称信噪比降低。加权过程描述如下。

匹配滤波器输出信号复包络 $u_0(t, f_d)$ 及其傅里叶变换为

$$u_0(t, f_d) \leftrightarrow U_0(f, f_d) \tag{6.43}$$

通过加权网络后的频谱为

$$U_{0T}(f, f_d) = U_0(f, f_d) \cdot W_T(f) \tag{6.44}$$

由傅里叶反变换得到加权滤波器输出信号复包络 $u_{0T}(t, f_d)$ 为

$$u_{0T}(t, f_d) \leftrightarrow U_{0T}(f, f_d) \tag{6.45}$$

必须注意的是:目标回波的多普勒频移 f_d 预先未知,则加权应在整个 $-f_{dmax} \sim f_{dmax}$ 范围内进行,即对匹配函数 $u_0(t, f_d)$ 进行加权,则加权滤波器输出信号 $u_{0T}(t, f_d)$ 也是 (t, f_d) 的函数,对应图形可称为匹配加权图。经过加权处理后沿 t 轴副瓣幅度的允许值不应超过目标雷达截面积 $\sigma_{max} \sim \sigma_{min}$ 的动态范围(见第 3 章讨论)。

选用相位编码信号作为调制脉冲信号时,要注意 $|\chi(T_d, F_d)|$ 图和 $u_0(t, f_d)$ 图的特性,具有"图钉"形状的 $|\chi(T_d, F_d)|$ 图和 $u_0(t, f_d)$ 图的信号波形在空管雷达中不适用,它仅适合于测量距离分辨力和速度分辨力同时要求很高的场合。

例 6.2:预选雷达信号的类型为二相编码调制的信号,按照式(6.3)可以写出相位编码复调制信号为

$$u(t) = \begin{cases} \exp[j\varphi(t)], & 0 \leqslant t \leqslant \tau = N\tau_0 \\ 0, & \text{其他} \end{cases} \tag{6.46}$$

式中: τ 为脉冲宽度; τ_0 为子脉冲宽度; N 为码长; $\varphi(t)$ 为相位调制函数。在每个子脉冲宽度内 $\varphi(t)$ 取值只有 0 或 π,对应 $u(t)$ 取值只有 + 和 −。巴克码相位编码规律如表 6.2 所列,可实用的最长巴克码为 $N = 13$,当 $N > 13$ 时巴克码没有良好的信号压缩特性。

表6.2　巴克码相位编码规律

码长 N	$u(t)$取值序列	码长 N	$u(t)$取值序列
2	+ + ; - +	7	+ + + - - + -
3	+ + -	11	+ + + - - - + - - + -
4	+ + - + ; + + + -	13	+ + + + + - - + + - + - +
5	+ + + - +		

　　假设子脉冲宽度 $\tau_0 = 8\mu s$，巴克码码长 $N = 13$，目标径向速度最大值为 $3Ma$，则 S 波段雷达目标最大多普勒频率 $f_{dmax} = 0.0197MHz$，用 MATLAB 语言画出模糊函数图如图 6.10 所示，图中幅度用码长归一化了。图 6.10(a) 为 $f_d = 0$ 时一维模糊函数图，图中可见除了主瓣(幅度为 N)以外，在主瓣的两边还有许多副瓣(幅度为 1)。许多研究者对副瓣加权抑制，并作了计算机仿真，表明副瓣抑制得很低，以此显示其脉压信号与加权措施的优越性。

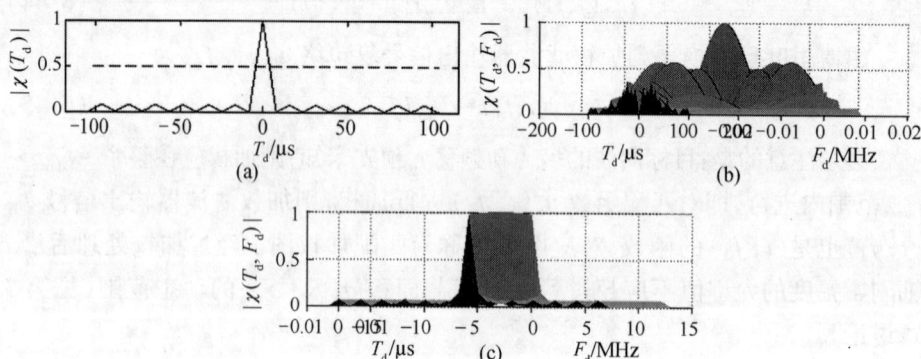

图 6.10　巴克码信号模糊函数图例(纵轴已作归一化)

　　但是，图 6.10(b) 的二维模糊函数图中清晰显示，在 F_d 不为 0 的地方，副瓣幅度最大值超过了 0.5 倍主峰值，即使采用某种加权处理，在上述的 $f_{dmax} = 0.0197MHz$ 范围内也还是留有许多高幅度副瓣，使用效果较差。原因是目标多普勒频率在脉冲宽度内所产生附加相位值较大，破坏了脉冲压缩效果，这种多普勒敏感性或许在所有相位编码压缩方法中都存在。

　　若改变条件为：目标径向速度最大值为 $1Ma$，则 L 波段雷达目标最大多普勒频率 $f_{dmax} = 0.00918MHz$，二维模糊函数图如图 6.10(c) 所示。图中副瓣幅度的最大值约为 0.08 倍(约 -22dB)主峰值，再适当加权处理就适宜采用了，且在上述的 $f_{dmax} = 0.00918MHz$ 范围内主峰几乎没有下降。

　　若不改变条件，一种补救措施是采用匹配于不同多普勒频率上的并行频率通道同时进行处理,即相当于窄带滤波器组处理方法,在目标多普勒频率所对应的频道输出端将会出现最大信噪比,且时域副瓣也不会增加;但是,需要窄带滤波器的数量较多,且使处理变得复杂。

6.6　脉冲压缩对雷达探测性能影响

脉冲压缩处理典型实现方案方框图如图 6.11 所示。

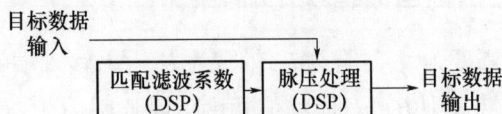

图 6.11　典型脉冲压缩处理方框图

一片 DSP 芯片提供匹配滤波器系数,另一片 DSP 芯片做计算。脉冲压缩处理通常采用频域处理,即先做傅里叶变换,在频域里将其与匹配滤波器函数相乘,然后做傅里叶反变换。因为,在时域里做卷积并不预先知道目标出现的具体位置,缺少确定的依据。长/短脉冲的脉冲压缩处理可以分时进行。

6.6.1　脉冲压缩后宽度和脉冲压缩系数

线性调频脉冲信号压缩后,输出信号如式(6.40)所示为辛克形 $\mathrm{sinc}(x)$,通常对该形式信号规定当 $x = \pi/2$ 的位置(对应峰值的 $-4\mathrm{dB}$)截取主瓣宽度 τ_0,如图 6.12 所示,其值可以导出(取 $f_{\mathrm{d}} = 0$,$\tau - |t' - t_0| \approx \tau$)如下:

$$\pi b |t' - t_0| \tau = \pi/2 \tag{6.47}$$

$$\tau_0 = 2 |t' - t_0| = \frac{1}{\Delta f} \tag{6.48}$$

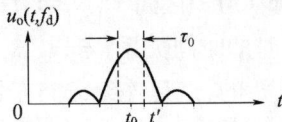

图 6.12　辛克型主瓣宽度示意图

式(6.48)表明,零中频匹配滤波器求模输出信号 $u_{\mathrm{o}}(t, f_{\mathrm{d}})$ 的主瓣宽度等于调制频偏的倒数。若需要将脉冲宽度压缩到 $1\mu\mathrm{s}$,则调制频偏应该设计为 $1\mathrm{MHz}$。需要说明的是,输入信号的频域带宽近似为调制频偏,匹配滤波器带宽与输入信号匹配也近似为调制频偏,即 $B = \Delta f$,则输出信号为两者频域乘积,输出信号的频域带宽即为调制频偏。

通常将压缩前脉冲宽度 τ 与压缩后脉冲宽度 τ_0 之比称为脉压系数或脉压比,用 D 表示:

$$D = \frac{\tau}{\tau_0} = \tau \cdot \Delta f \qquad (6.49)$$

空管远程雷达典型脉冲宽度从 $300\mu s$ 压缩到 $3\mu s$,脉压比为 100;空管近程雷达典型脉冲宽度从 $100\mu s$ 压缩到 $0.5\mu s$,脉压比为 200。

6.6.2 脉冲压缩提高回波信噪比/信杂比

设输入端信号幅度为 A,时宽为 τ,带宽为 $B = \Delta f$,输入端噪声功率谱为 N_0,则对应脉压滤波器带宽为 B。对应峰值功率信噪比则为 $A^2/(N_0 B)$。而匹配滤波器输出端峰值功率信噪比为 $E/(N_0/2)$,其中,信号能量 E 为 $(A^2/2)\tau$,如此,匹配滤波器输出端信噪比与输入端信噪比之比可以写成下式:

$$\frac{E/(N_0/2)}{A^2/(N_0 B)} = \frac{(A^2 D\,\tau_0/2)/(N_0/2)}{A^2/(N_0 \Delta f)} = \frac{(A\sqrt{D})^2}{A^2} = D \qquad (6.50)$$

式(6.50)表明:匹配滤波器使脉冲压缩后信噪比提高 D 倍。注意到在式(6.50)中,将信噪比之比表示为信号峰值功率之比。这个结论可以解释为:将匹配滤波器传递函数幅谱视为 1。此时,匹配滤波器传递函数 $H(f)$ 中 $S^*(f)$ 的相谱对输入信号 $S(f)$ 相谱中不同频率成分作了相对应的延迟(此称为群延迟),在 t_0 时刻输出信号同相达到了最大值。按照能量守恒定律(输入信号能量等于输出信号能量),即 $A^2\tau = (AD^{1/2})^2\,\tau_0$,得到输出信号最大值为 $AD^{1/2}$。同时,噪声功率增益不改变,由式(4.12),在带宽内输出噪声功率与输入噪声功率相等,得出信噪比之比即为信号峰值功率之比的结论。

关于信杂比的提高需要用图 6.13 来说明。图 6.13(a)表示杂波(如地/海杂波)在距离方向上连续分布 150 τ 区间 T_1、…、T_i、…、T_2 点的回波;图 6.13(b)表示这些回波在脉压前相加时的时间关系,若以 τ_0 为叠加单元划分,可见这时 $T_1 \sim T_2$ 点的所有回波都是重叠的,这是连续分布杂波叠加的情形;图 6.13(c)表示这些回波在脉压后相加时的时间关系,这时各回波重叠间隔由 $T_1 \sim T_2$ 转变为 τ_0,即在 τ_0 内部才有脉冲压缩增益,这是脉冲压缩的结果。

假定在脉压之前对回波幅度进行检测,因为目标回波和杂波均没有压缩,而杂波有如图 6.13(b)所示的时间关系,叠加的杂波单元包括了 $T_1 \sim T_2$;若在脉压之后对回波幅度进行检测,因为目标回波和杂波均有压缩,而杂波有如图 6.13(c)所示的时间关系,叠加的杂波单元只包括了 τ_0,注意到 τ_0 比 τ 缩小 D 倍。比较两种检测方式,显然,在一般情况下,前者杂波叠加更多,会使信杂比下降。

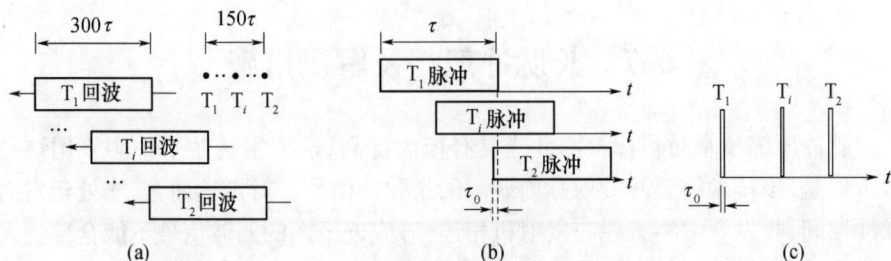

图 6.13　说明脉压对信杂比提高示意图

综上所述,图 6.13 说明脉冲压缩后,由于距离分辨单元 ΔR 下降 D 倍,在目标回波脉冲所处的分辨单元内只受到 τ_0 范围的面杂波或体杂波的干扰,而不再是 τ 范围的面杂波或体杂波的干扰。

另外,图 6.13(b)所示的时间关系也可以视作是采用单一调制频率的雷达所为。则采用脉冲宽度 τ 的脉内频率或相位调制雷达可压缩处理回波,与采用相同脉冲宽度 τ 的单一频率雷达不可压缩处理回波相比,在一般情况下,检测时前者信杂比会比后者信杂比更高。

信噪比及信杂比的提高,表明雷达在噪声中及杂波中对微小目标回波的检测能力提高或使雷达在噪声中及杂波中的最大作用距离增加。

对脉冲进行压缩时要求滤波器与输入信号满足式(5.13)的关系。而若滤波器特性如下:

$$H(f) = U(f) \cdot e^{-j2\pi t_0 f} \tag{6.51}$$

与图 6.9(a)采用相同的信号波形及参数时,仿照式(6.29)~式(6.32)的分区间求积分方式,求出该滤波器输出波形如图 6.14 所示。图 6.14 与图 6.9(a)对比表明:若滤波器相位特性与输入信号相位特性相同(仅差一个固定相位延迟),则滤波器对此信号不压缩,输出信号波形的幅度相对于输入信号波形的幅度反而下降。

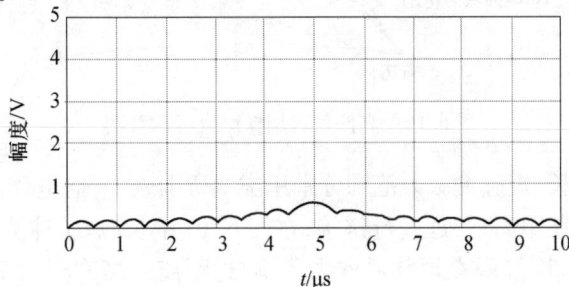

图 6.14　滤波器相位特性与输入信号相位特性相同时输出波形图例

6.7 长脉冲遮挡及解决措施

脉冲压缩技术对目标检测性能具有极大提高,现代雷达几乎都会采用该技术。但是,该技术需要对发射脉内调制的长脉冲信号。对雷达而言,当处于发射脉冲期间,收发开关将天线与发射机相连,对应近距离的回波信号不能全部进入到接收机,因而,只有部分进入到接收机的目标回波不能进行有效压缩处理,这就存在近距离回波被遮挡以及相邻重复周期之间雷达休止期需加大。图 6.15 表示了长脉冲遮挡的影响,在第 i 个重复周期 T_r 里,近距离的时间被第 i 个发射脉冲时间遮挡了一个 τ,重复周期末端的回波又被第 $i+1$ 个发射脉冲时间遮挡了一个 τ,所以,能进行完整脉冲压缩处理回波的时间只剩下 $T_r - 2\tau$。

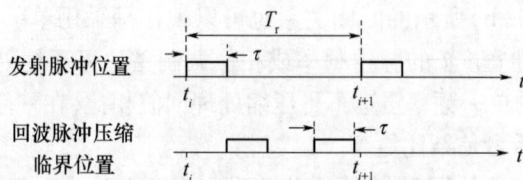

图 6.15 长脉冲遮挡示意图

1. 短脉冲近距离补盲

针对近距离时间被发射脉冲遮挡的矛盾,解决方法是在近距离被遮挡的时间段用另一个重复周期发射一个短脉冲解决近距离探测覆盖。但是由于短脉冲能量达不到长脉冲能量,在高仰角区域会出现探测盲区,如图 6.16 中高仰角区域阴影部分所示。

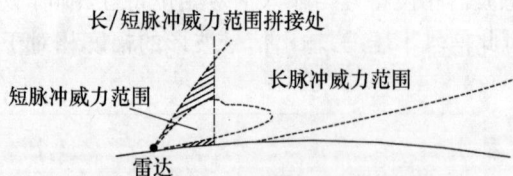

图 6.16 高仰角区域探测盲区示意图

图 6.16 中长/短脉冲威力范围分别用虚线所围表示,但是,雷达接收回波后将短/长脉冲按照距离近/远进行拼接,在图 6.16 中长/短脉冲威力范围拼接处的近距离威力范围局限在短脉冲威力范围,近距离的高仰角出现了一个盲区。所以,发射的短脉冲也需要采用脉冲压缩技术,如发射 5μs 的调制脉冲,回波

压缩成为 0.5μs,如此,脉压比可达到 10 倍,提高了信噪比和信杂比,减小了高仰角区域出现的探测盲区。而在有的雷达中,采用增加发射短脉冲重复周期数的措施来提高可以用于积累的回波脉冲数,通过脉冲积累提高信噪比和信杂比。

2. 长脉冲"半脉压"近距离补盲

另一种解决方法是在被遮挡近距离中采用所谓的"半脉压"技术,可以解决对应 $\tau/2 \sim \tau$ 范围的距离探测问题,留下的被遮挡近距离减小了一半,再发射一个短脉冲去覆盖,高仰角探测盲区也减小了。所谓半脉压技术是在对应延迟时间 $\tau/2 \sim \tau$ 的距离上也对回波作脉压处理:对被遮挡无回波的时间段 $0 \sim \tau/2$ 补 0,仍然采用脉冲压缩算法。

例 6.3:仍取图 6.9 的典型波形参数:$\tau = 100\mu s$,$b = 0.02\mathrm{MHz/\mu s}$。按照式(6.35)求积分,积分结果可以表示如下:

$$u_o(t,f_d) = \left| \frac{\exp[j2\pi t'(f_d - bt + bt_0)]}{2\pi(f_d - bt + bt_0)} \right| \Big|_{\text{下限}}^{\text{上限}} \tag{6.52}$$

式中:t' 为积分变量。积分上限和下限仿照式(6.29)~式(6.32)的分区间求积分方式,将积分分段求出。现分别假定目标在对应延迟时间为 $\tau/2$ 或 $3\tau/4$ 的距离上,回波有效接收部分如图 6.17 所示。

图 6.17　被遮挡目标回波有效位置示意图

图 6.17 中时间 $t=0$ 表示发射信号结束即开始接收信号,图中虚线部分对应没有接收到回波的时间段,图 6.17(a)表示能接收到的部分回波只有对应发射信号受到调制的 $\tau/2 \sim \tau$ 段;图 6.17(b) 中表示能接收到的部分回波只有对应发射信号受到调制的 $\tau/4 \sim \tau$ 段。没有接收到的时间段上 $u(t)$ 补 0,经过脉冲压缩后输出波形峰值的位置正好对应在目标的距离上,主峰附近波形如图 6.18(设 $f_d = 0$,$t_0 = \tau$)所示。

图 6.18(a)中,最大幅度为 50(对应于回波有效宽度 $\tau/2$),脉冲宽度 τ_o 为 $1\mu s$;图 6.18(b)中,最大幅度为 75(对应于回波有效宽度 $3\tau/4$),脉冲宽度 τ_o 为 $0.667\mu s$。与宽度为 τ 的回波压缩结果对比,可见:该技术应用在对应延迟 $\tau/2 \sim \tau$ 的距离上仍然具有较好的压缩性能,只是脉冲压缩比 D 和脉冲压缩后宽度 τ_o 随目标距离而变,并且距离副瓣幅度也较大。

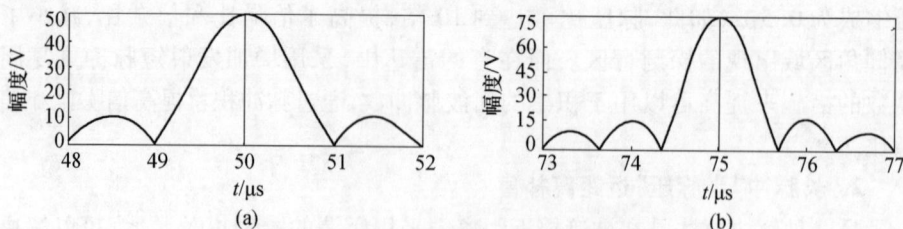

图 6.18 只有部分回波的脉压输出波形

6.8 窄脉冲干扰和异步干扰剔除

采用脉冲压缩技术时,发射信号是长脉冲,接收到的回波信号也是长脉冲,这时,如果回波信号中有窄脉冲干扰如手机基站的信号等,可以在脉冲压缩处理前设置限幅器。这时,比回波脉冲信号电平高出很多的干扰信号被限幅,干扰信号功率有效减小,而回波信号没有影响;再进行脉冲压缩处理,回波信号能获得完全压缩效应,压缩处理后信噪比仍能提高,而被限幅后的窄脉冲干扰得不到压缩,其幅度比压缩处理后的回波信号小。现代雷达采用了数字处理技术,限幅器用程序算法实现也是可以的,而且,程序处理可以灵活地识别比典型回波脉冲宽度小得多的干扰信号。

上述原理完全可以用于剔除异步干扰,程序处理可以灵活地将当前重复周期接收到的回波数据与上一个重复周期收到的回波数据进行相减处理,相减后的剩余与设定的门限值进行比较,如果高于该门限,则认为该距离单元有同频异步干扰,对该距离单元进行屏蔽或限幅处理;而如果低于该门限,则认为该距离单元无同频异步干扰。

6.9 非线性调频脉冲压缩特性

上述脉冲压缩方法的原理主要是针对雷达接收端进行匹配处理的,再增加抑制时域副瓣幅度的措施,即采用窗函数加权处理(即失配处理),结果是降低了输出信噪比,主瓣加宽。另一类脉冲压缩方法的原理需要针对发射信号,即改善发射信号的波形,在信号包络幅度不变的情况下,使频率变化特性在脉冲边沿处更快,然后在雷达接收端进行匹配处理。其发射信号设计方法要利用逗留相位原理,此为非线性调制频率方法。

例 6.4:一种非线性调制频率 f_b 为正切信号如下:

$$f_{\rm b} = \begin{cases} w \cdot \tan\left[\dfrac{0.5\pi(t - \tau\,/2)}{\tau}\right], & t_{00} \leqslant t \leqslant \tau - t_{00} \\ 0, & \text{其他} \end{cases} \tag{6.53}$$

式中：t_{00}为一个避免正切函数值为无穷的非常小数值；w为调频系数。

对式(6.53)积分为相位，再写出非线性调频复调制信号为

$$u(t) = \begin{cases} \exp\left\{{\rm j}(2w\,\tau\,/\pi) \cdot \ln\left[\cos\left(\dfrac{0.5\pi(t - \tau\,/2)}{\tau}\right)\right]\right\}, & t_{00} \leqslant t \leqslant \tau - t_{00} \\ 0, & \text{其他} \end{cases} \tag{6.54}$$

对应正切调频实信号波形如图6.19(a)所示。图6.19(b)为调频特性图。需要说明的是：与例6.2中的复调制信号波形和调频特性相比较，图6.19(b)的频率值从负值起始(但其绝对值从大起始)，导致了图6.19(a)的信号波形变化特性从快到慢再到快。为了与例6.2中的信号波形图和调频特性图相一致，可以在式(6.53)中增加常量避免频率值为负。但这并不影响后面的结论。

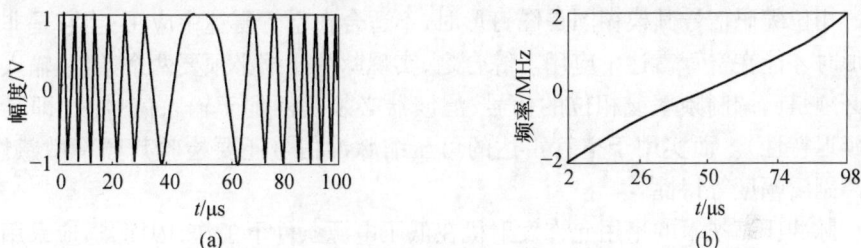

图6.19 正切调频信号波形及调频特性

例6.4 波形参数选择典型值：τ为$100\mu{\rm s}$，t_{00}取$2\mu{\rm s}$，频率变化范围为$\pm2{\rm MHz}$。采用积分式(6.53)求解，得出零中频匹配滤波器求模输出信号$u_{\rm o}(t, f_{\rm d})$主瓣附近如图6.20所示。压缩后脉冲宽度为$2\mu{\rm s}$，脉冲压缩比为$96/2 = 48$；主瓣幅度为96，副瓣幅度为12(即$-18.1{\rm dB}$)。考虑多普勒敏感性时，若在此基础上增加$f_{\rm dmax} = 6.57{\rm kHz}$，零中频匹配滤波器求模输出信号$u_{\rm o}(t, f_{\rm d})$主瓣附近如图6.21所示。主瓣幅度为94.7，但主瓣位置偏移了$1.1\mu{\rm s}$。

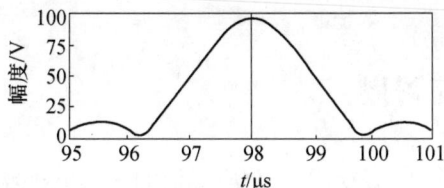

图6.20 输出信号波形

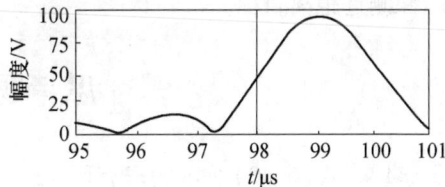

图6.21 $f_{\rm dmax} = 6.57{\rm kHz}$时输出信号波形

111

非线性调频脉冲压缩是近年来采用较多的一种脉冲压缩技术。图6.20与图6.9(c)具有相同的脉冲宽度τ值和频率变化范围值,脉压输出波形相比表明:正切调频脉冲压缩输出波形副瓣幅度较低,但主瓣宽度较宽。

6.10　本 章 小 结

模糊函数与匹配滤波器的关系提供了一种分析雷达信号波形的新思路:模糊函数可以用来分析雷达信号的固有距离和径向速度分辨力,但是,对空管雷达而言,没有必要分析和获取径向速度分辨力;匹配滤波器输出可以用来分析雷达信号的频率敏感性、距离副瓣幅度等特性。所以,式(6.35)或式(6.36)是分析匹配滤波器输出的快捷之路。

脉冲压缩技术已被现代雷达普遍采用,它的实质是发射脉冲内受调制的长脉冲波形,接收回波后采用匹配滤波器对其压缩,获取信噪比/信杂比更高的输出短脉冲波形。非线性调频脉冲压缩与线性调频脉冲压缩具有一致的特点和结论。相位编码信号其模糊图是图钉形时,不适合在空管雷达中应用;当它是非图钉形时才能在空管雷达中应用。综合之,实现脉冲压缩必须要两个条件:输入信号必须是已调制频率或相位的信号;滤波器必须是匹配于输入信号的(即具有群延迟特性)。而实用于空管雷达的可压缩脉冲信号还要检验其频率敏感性、距离副瓣幅度等特性。

脉冲压缩技术的采用允许发射机在低压电源条件下工作,因而,适应采用固态器件如晶体管的发射机结构,提高了发射机的可靠性。

剔除窄脉冲干扰的有效方法是:在脉冲压缩处理之前设置限幅器。否则,在脉冲压缩处理之后,回波信号与窄脉冲干扰相似,很难识别就很难剔除窄脉冲干扰。

剔除异步干扰的有效方法是:识别处理程序将相邻重复周期接收到的回波数据进行相消处理,相消后的剩余如果高于设定的门限值则认为有同频异步干扰,在脉压前对该距离单元进行屏蔽或限幅处理。

长脉冲信号在近距离存在探测盲区,常用解决方法是另发射一个短脉冲专门探测近距离目标。

思考题与习题

1[*]. 式(6.40)所示的辛克形$\sin c(x)$输出信号,若在对应峰值的$-6dB$处截取主瓣宽度τ_0,则τ_0的值是怎样的?

2*. 采用海明加权时,求解例 6.2 匹配加权图。(提示:采用编程实现)

3. 如果 $W(f) = U(f) \cdot V(f)$ 或 $w(t) = u(t) \otimes v(t)$,试证明:

$$\chi_w(T_d, F_d) = \int_{-\infty}^{\infty} \chi_u(p, F_d) \cdot \chi_v(T_d - p, F_d) \cdot dp$$

(提示:利用卷积积分式)

4. 假定信号 $u(t)$ 的模糊函数为 $\chi_u(T_d, F_d)$,若 $v(t) = u^*(t - t_0) \cdot \exp(-j\pi b t^2)$,求信号 $v(t)$ 的模糊函数 $\chi_v(T_d, F_d)$。

5. 如果 $v(t) = u^*(t)$,试证明:

$$\chi_v(T_d, F_d) = \chi_u^*(T_d, -F_d) = \exp(-j2\pi F_d T_d) \cdot \chi_u(-T_d, F_d)$$

6*. 采用线性调频脉冲压缩技术后,匹配滤波器输出波形是怎样的? 有何特点?

7*. 若雷达 A 采用单一载频长脉冲信号,脉宽为 τ;雷达 B 采用单一载频短脉冲信号,脉宽为 τ_0;雷达 C 采用线性调频信号,发射脉宽为 τ、压缩后脉宽为 τ_0,脉压比为 D。其他条件相同,试比较该三部雷达在检测相同目标时的回波信噪比的大小关系。

8*. 条件同上题,试比较在一般情况下,三部雷达在检测相同目标时的回波信杂比的大小关系。

第7章 天线和射频通道

常见的雷达天线形式有两类：阵列天线和反射面天线。空管雷达天线均采用了反射面天线，它完全满足空管雷达性能对天线的限制要求，比阵列天线成本低，且垂直面波束分裂形状几乎可以忽略不计。

天线的功用是实现电磁波空中传播和导波传播之间的转换。发射期间天线将辐射能量集中到具有一定形状的定向波束内，以照射指定方向的目标；接收期间天线将一定形状定向波束内的回波信号能量收集。空管雷达天线在水平面为低副瓣、窄波束，垂直面为余割平方、0°仰角方向锐截止波束。馈源喇叭位于反射面的焦点上并倾斜一定的角度，对反射面照射馈电。安装在喇叭口后面的正交模耦合器满足检测飞机目标和检测气象双重要求，在雨环境下，同极化回波抑制雨杂波送目标通道用于飞机检测，正交极化回波收集了雨回波送气象通道用于降雨检测。

本章讨论典型空管雷达天线设备组成、波束特性，以及射频通道组成。

7.1 主要技术指标规范要求

《MHT 4017—2004 空中交通管制 S 波段一次监视雷达设备技术规范》中关于天/馈线的技术规范要求摘录如下：

（1）天线工作频率范围应为 2700~2900MHz，天线工作带宽在工作频率上应满足辐射信号频谱的要求。

（2）天线极化方式应包括线极化和圆极化，极化方式应通过遥控进行转换，转换时间应小于 10s，交叉极化电平不应大于 −20dB。

（3）天线波束应由高/低波束组成，高/低波束在接收回波时应能进行自动转换合成波束。

（4）天线增益：高波束增益不应小于 32dB，低波束增益不应小于 34dB。

（5）水平波束 −3dB 水平宽度不应大于 1.45°±0.05°，−20dB 水平宽度不应大于 3.2°±0.2°；副瓣电平应小于 −25dB。

（6）垂直波束应满足不同高度角的垂直覆盖要求，垂直波束增益应为余割平方变化律。

（7）天线转速应为 12～15r/min，天线方位码盘不应小于 12 位，天线转动铰链通道应预留 3 路二次监视雷达信号通道。

（8）天线主体（包括室外设备）应在以下环境条件下正常工作：环境温度：-55～70℃；相对湿度：5%～100%；降雨：降水量 60mm/h；冰雹：直径 25mm，风速 18m/s；冰载：径向厚度 1.25cm；雪载：240kg/m^2；风速：160km/h；盐雾：在海岸区域工作。

（9）天线俯仰角应能在 -2°～6°范围内调整。

（10）对天/馈线监控应包括：驱动电机等设备油温和油位故障告警，出现故障告警时能切断天线驱动系统电源；天/馈线动力相线故障告警，出现故障告警时能切断天/馈线电源；驱动电机过流、过温故障告警，出现故障告警时能切断天/馈线电源；天线码盘状态；天线转速；天/馈线电压驻波比告警；线极化/圆极化切换状态；波导内气压告警。

而 L 波段雷达天线水平波束宽度：1.2°±0.15°（1300MHz）；副瓣电平：≤-25dB。

7.2　天线设备组成

天线主要由赋形双弯曲反射面、高/低波束喇叭、变极化器、正交模耦合器等部分组成，它们的位置结构关系如图 7.1 所示，其中，变极化器和正交模耦合器都被封装在结构内部。为形成回波信号强度只随目标高度变化而与距离无关的余割形（场方向图为 cscε）波束、或余割平方形（功率方向图为 csc^{2}ε）波束，天线反射面在垂直面里为赋形抛物线，即上半部为抛物形、下半部近似为圆形的一段。同时，为降低地面反射对天线波束的影响，在低仰角 0°左右具有锐截止特性。低波束喇叭在上、高波束喇叭在下，两喇叭位于反射面的焦距附近，采用偏馈形式，减少馈源对天线的阻挡影响，对反射面照射馈电，形成了高/低波束。高波束接收使空中目标回波增益强而地物杂波减少，并增加雷达仰角范围。一个典型天线反射面尺寸为水平口径 5.4m，垂直口径 3m，一般采用网状抛物面，重量轻，风阻小。低波束喇叭连接的有源链路一般采用波导传输以减少损耗，且避免大功率引起传输线内打火。在方位面，为形成探测空域相适应的窄波束，反射面为另一个抛物线形。为实现线极化和圆极化之间的转换，在喇叭后面安装了变极化器。正交模耦合器的作用是在圆极化工作期间，从正交模耦合器的正交端口输出的回波送气象通道，因为在目标通道里气象回波已经被极大衰减。天线水平方向图如图 7.2 所示。副瓣电平满足指标规范。

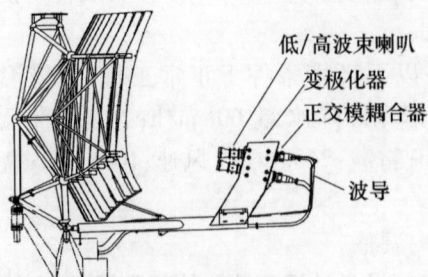

图 7.1　天线设备结构图

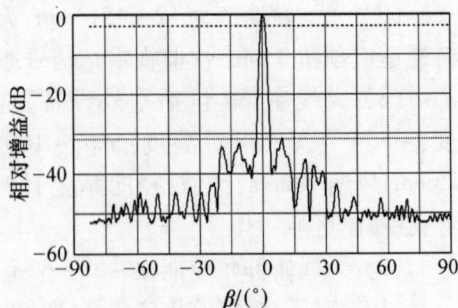

图 7.2　天线水平方向图

一般情况下,雷达工作于垂直线极化方式。单一极化电磁波遇到飞机等目标产生的散射波较稳定。但在雨、雪等气象环境条件下,为了对雨、雪加大衰减,采用圆极化电磁波。在有雨、雪的空域中探测目标时,圆极化信号经过圆形对称的雨滴散射后,回波信号的极化会改变旋转方向,进入圆极化器后雨、雪的回波在同极化输出端口被极大衰减,而目标由于非圆形其回波信号极化方向基本没变化,进入圆极化器后同极化输出端口衰减较小,总起来信杂比提高了,通常最大提高可达十多分贝。但是,雷达天线旋转到其他无雨、雪等气象环境方向上,由于目标回波有小的衰减,信噪比降低了。所以,实际使用中,圆极化器的选用一般设计为由人工根据需要进行选择设置。

另外,由于圆极化方式与单一极化电磁波之间存在 3dB 的衰减。在遇到强有源同极化干扰时,可以分别尝试采用圆极化方式与垂直极化方式,可以降低强有源干扰的效果。

图 7.3 所示为正交模耦合器与变极化器结构示意图。图 7.3(a)为正交模耦合器结构,右端的方波导用于连接变极化器;左侧有两个端口,一个直通臂与一个侧臂。正交模耦合器的作用是将方波导中的 E_y 和 E_x 分别传送到直通臂与侧臂。

图 7.3(b)为变极化器结构,它是一个方波导移相器。它由在方波导内部附加经过处理的金属条或介质块组成。当左边有一 E_y 平面波进入方波导时,可以分解为沿对角线的两个平面波 E_1 和 E_2,这两个平面波传输到右端时分别为 E'_1 和 E'_2,该移相器的作用使 E'_1 滞后于 E'_2 90°,意味着左端口的线极化波 E_y 转换为右端口的左旋圆极化波。

同理,反向传输时,如果右端有 E'_1 滞后于 E'_2 90°的两个平面波(相当于右旋圆极化波),传输到左端时分别为 E_1 和 E_2,则 E_1 滞后于 E_2 达 180°(E_1 与图中相反),它们合成后为 E_x,意味着右端口的右旋圆极化波转换为左端口的线极

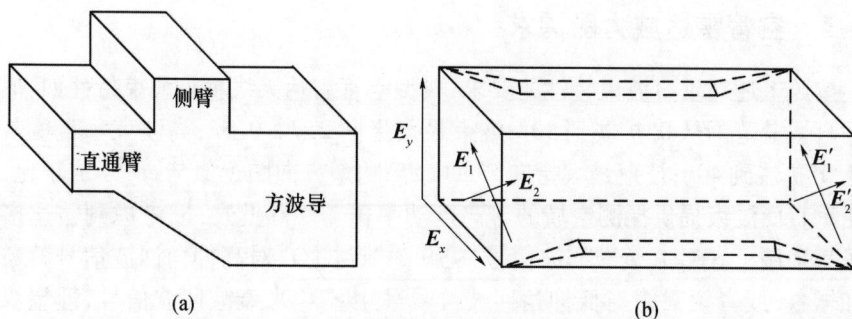

图 7.3　正交模耦合器与变极化器结构示意图

化波 E_x；如果期望它们合成后为 E_y，则需要在右端口 E_1' 超前于 E_2' 90°，即右端口应为左旋圆极化波。将图 7.3(b)的结构右端连接喇叭馈源，即可实现波导内线极化波 E_y 转换为喇叭馈源端口左旋圆极化波。而喇叭馈源端口的左旋或右旋圆极化波分别转换为直通臂或侧臂端口输出的线极化波。

　　在空管雷达中，发射信号从直通臂输入，到达变极化器输出端口为左旋圆极化波，在空中被具有圆对称的气象微粒散射后，回波主要为右旋圆极化波，那么，被接收到后传输至侧臂输出；若在空中被飞机等非圆对称的目标散射后，回波主要为左旋圆极化波，被接收到后传输至直通臂输出。所以，空管雷达工作于圆极化方式时，从直通臂输出的回波信号送接收机的目标通道，从侧臂输出的回波信号送接收机的气象通道；空管雷达工作于垂直线极化方式时，目标回波从直通臂输出，由于此时通道中没有极化转换功能，气象信息只能从直通臂输出的目标回波中分离。积累对消比(Integrated Cancellation Ratio，ICR)或轴比通常在 10 ~ 20dB。

7.3　天线辐射图

　　天线辐射图(Antenna Radiation Pattern)即波束特性，包括水平波束特性和垂直波束特性。水平波束特性已经在图 7.2 中给出，由于雷达天线在 0° ~ 360° 连续旋转扫描，水平波束特性主要限定增益、波束宽度、副瓣幅度等指标，这些指标特性主要由喇叭口水平方向馈电分布及天线反射面的水平抛物线决定。而垂直波束特性的要求非常高：在零仰角附近迅速截止，常称锐截止，以减少地面反射所造成的影响；在低仰角波束增益应最大以满足最大作用距离的要求；在高仰角区域尽可能多覆盖仰角范围以减少顶空盲区；在其他仰角区域波束特性按照 $\csc^2 \varepsilon$ 设计，以合理使用能量达到最佳效果。

7.3.1 空管雷达威力图需求

按照上述对垂直波束特性的要求,典型空管雷达天线垂直波束特性如:低波束垂直覆盖范围从0°扩展到40°;波束最大指向2.7±0.5°;高波束垂直覆盖范围从0°扩展到40°;波束最大指向7°±0.5°;功率方向图近似与$\csc^2 \varepsilon$成正比,可以使垂直面波束提供探测空域的等高度功率覆盖。除此之外,考虑到雷达接收机里都采用了STC来衰减回波信号(见9.3节讨论),对高仰角回波信号就需要增加增益,或者说只需对低仰角回波信号采用STC来衰减回波信号,理想双程覆盖威力图应如图7.4中黑粗线所围区域所示。图7.4中,指标确定的雷达最大作用距离(对应于横坐标R上)与探测目标最大高度(对应于纵坐标H上)之交点的仰角值ε_0可以用简单的正弦函数式获得:

$$\varepsilon_0 \approx \arcsin(H/R) \tag{7.1}$$

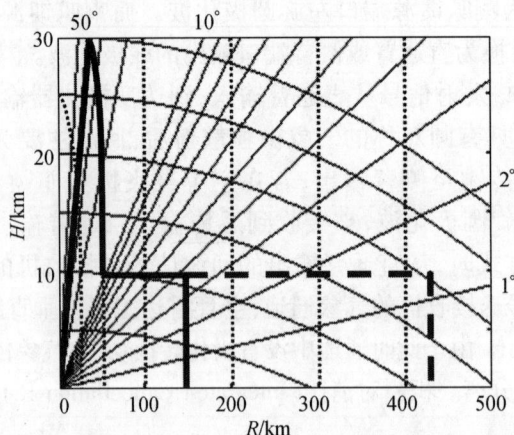

图7.4 理想双程覆盖威力图

如最大作用距离为150km,探测目标最大高度为10km,则ε_0约为3.8°。对应于强杂波区典型距离范围(如50km)与探测目标最大高度(如10km)之交点的仰角值约为11.5°。因此,在仰角0°~3.8°范围内,功率方向图为常数G_t;在仰角3.8°~11.5°范围内,功率方向图与$\csc^2 \varepsilon$成正比;在仰角11.5°~40°范围内,功率方向图为常数$G_t(\csc^2 11.5°/\csc^2 \varepsilon_0)$。L波段雷达$\varepsilon_0$约为1.3°,在图7.4中$\csc^2 \varepsilon$功率方向图黑粗线向黑粗虚线延伸至远距离处。

调整图7.1中反射抛物线垂直面内的形状来实现图7.4中功率方向图形状,反射面的上半部分仍为抛物线,反射来自于焦点馈源的能量至平行抛物线轴方向;下半部分变形近似为圆弧,控制一部分能量向高仰角辐射,能量向高仰角分配意味着波束向高仰角展宽及增益下降。在仰角 $11.5° \sim 40°$ 范围内,天线波束增益达不到 G_t 值,通常需要增加回波信号的功率来补偿,如在近距离短脉冲探测期间采用更多脉冲积累,或在近距离短脉冲也采用脉冲压缩等。

7.3.2　高/低波束接收特性

由于采用灵敏度时间控制(Sensitivity Time Control,STC)来保持线性动态范围,对于采用余割平方波束的监视雷达,STC 会降低近距离高仰角目标的检测概率。为了弥补这一缺陷,除了增加近距离回波信号的功率来补偿外,可以将余割平方天线在高仰角的增益按一定要求放大。实际上,多采用高/低波束及独立通道来实现之。上/下两个喇叭分别对天线反射面照射,低喇叭产生一个更高仰角的接收波束。由于该波束在低仰角增益很低,地面杂波和低空慢速目标(如汽车、鸟群)的干扰就弱得多,而对高仰角的目标探测性能仍保持很好。

图 7.5 所示为高波束与低波束增益对比分析用图。在较低的仰角 ε_L 上,低波束的增益 $G_L(\varepsilon_L)$ 比高波束的增益 $G_H(\varepsilon_L)$ 大;在较高的仰角 ε_H 上,低波束的增益 $G_L(\varepsilon_H)$ 比高波束的增益 $G_H(\varepsilon_H)$ 小。所以,探测远距离目标时,由于地球曲率的影响,地物处于 $0°$ 以下,低波束所覆盖空域的回波中地杂波影响较小或没有影响,信杂比 $(S/C)_{低远}$ 较大;而高波束覆盖区域主要在较高仰角,对低仰角上目标增益较小,信号功率不大,信杂比 $(S/C)_{高远}$ 较小。探测近距离目标时,如图中虚线所示距离位置,由于等距离的空中目标回波与地面物体回波是同时叠加在一起的,在相同距离上高波束对空中目标回波增益大而对地面物体回波增益小,所以信杂比 $(S/C)_{高近}$ 较大;而低波束对空中目标回波增益小而对地面物体回波增益大,所以信杂比 $(S/C)_{低近}$ 较小。折中一下就是高/低波束合成使用:近距离探测目标选用高波束回波、远距离探测目标选用低波束回波,近距离与远距离的中间点界限留给使用者根据实际环境设定,并以 RAG 图的形式保存。上述说明可以用公式表示如下。

由于

$$G_L(\varepsilon_L) > G_H(\varepsilon_L), G_L(\varepsilon_H) < G_H(\varepsilon_H) \tag{7.2}$$

在相同距离上,有

$$(S/C)_{高远} < (S/C)_{低远}, 及 (S/C)_{高近} > (S/C)_{低近} \tag{7.3}$$

进一步定量分析需要用到仰角增益典型曲线图,如图 7.6(例 7.1)所示。从该图中可以获得高/低波束在不同仰角上的增益值数据,从而获得信杂比提高的相对大小数据,更具说服力。在仰角 $0° \sim 2.5°$,低波束增益比高波束增益大 $19 \sim 9dB$;在仰角 $4.5°$,高/低波束增益都为 $-2.5dB$;在仰角 $7° \sim 22°$,高波束增益比低波束增益大 3.5～0dB。

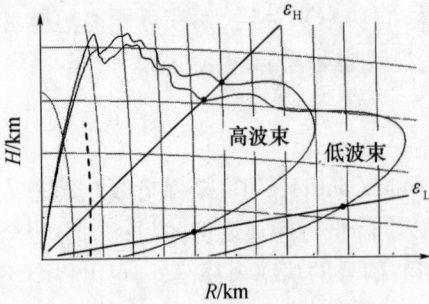

图 7.5　高波束与低波束增益对比分析用图

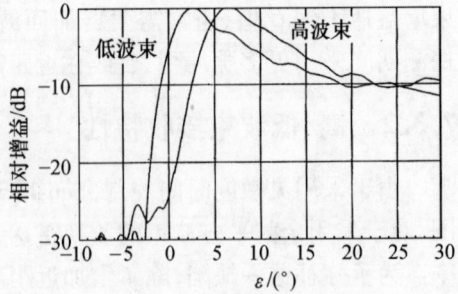

图 7.6　仰角增益典型曲线图

在近距离,同一距离单元回波中,飞机在空中而地杂波等在低仰角,即飞机回波从高仰角进入天线,对应此仰角,高波束比低波束回波最强达 3.5dB;地杂波等回波从低仰角进入天线,高波束比低波束回波最弱达 19dB;所以在近距离选择接收高波束信号,总信杂比可比低波束信号中最强达 22.5dB。

仰角 7°以下时,在高波束内,只要目标比地物回波有仰角差,目标回波信号增益就会比地物回波增益大,这种情况比在低波束内要明显。所以,在近距离,当目标的高度较低时(仰角较低)也应选择高波束接收。

在远距离,由于地球曲率的作用,地杂波等的影响可以不予考虑,同一距离单元回波中,低波束中信号电平与高波束中信号电平之比最大可达 19dB,在无杂波环境下选择接收低波束信号,可减少信噪比损失最多达 19dB。

综上所述,在每一个重复周期内,雷达接收回波在近距离选择高波束、在远距离选择低波束,两者在时间上对接即可。而单一选择接收高波束信号存在远距离回波信噪比较低、单一选择接收低波束信号存在近距离回波信杂比太低都不可取。高波束/低波束拼接点以 PPI 上杂波的最远距离为参考,设置或更改一般设计为由人工执行。

在近距离高波束接收期间,与式(5.27)对应的雷达最大作用距离 $R_{max}(\varepsilon)$ 式如下:

$$R_{max}(\varepsilon) = R_{max} \cdot \Delta G_t^{1/4} \cdot [F_L(\varepsilon) \cdot F_H(\varepsilon)]^{1/2} \tag{7.4}$$

式中:$F_L(\varepsilon)$ 和 $F_H(\varepsilon)$ 分别为低波束和高波束天线垂直场强方向图;ΔG_t 为低波束天线增益最大值和高波束天线增益最大值之比值(如 -2dB)。

7.4　射频通道组成

图 7.7 所示为射频通道结构示意图。图中转动铰链上部为旋转部分,转动

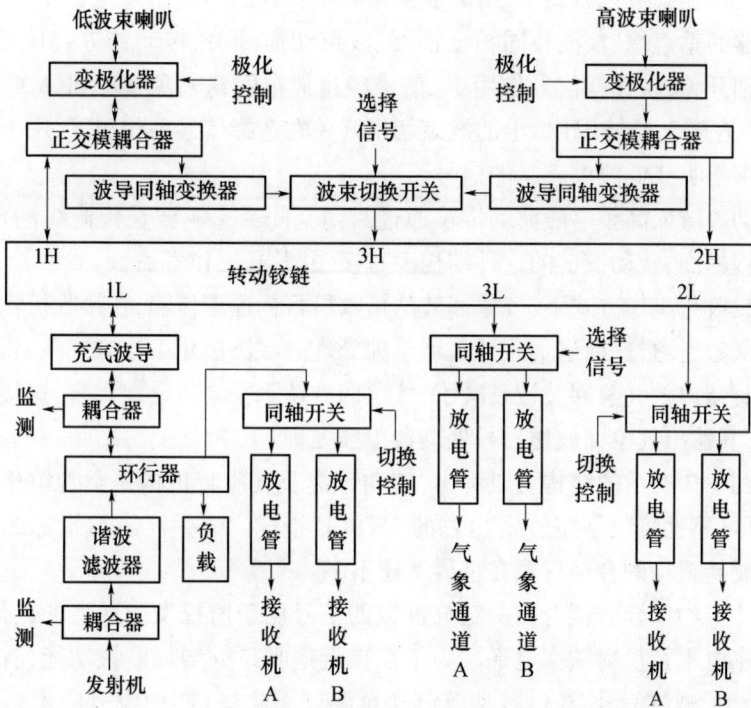

图 7.7　射频通道结构示意图

铰链下部为固定部分,转动铰链为上部与下部的射频各通道提供链接。发射时,发射机输出信号经耦合器、谐波滤波器、环行器、耦合器、充气波导、转动铰链(1L－1H)送至正交模耦合器的垂直端口,再通过变极化器由低波束喇叭辐射出去。

接收时,雷达工作在线极化方式下,由低波束喇叭接收到的回波信号经变极化器、正交模耦合器的垂直端口、转动铰链(1H－1L 口)、充气波导、耦合器、环行器送至同轴开关,在切换控制作用下,信号经过放电管送低波束的接收机 A 或接收机 B;若雷达工作在圆极化方式下,由低波束喇叭接收到的回波信号经变极化器、正交模耦合器的垂直端口、波导同轴变换器、波束切换开关、转动铰链(3H－3L 口)送至同轴开关,在选择信号作用下,信号经过放电管送气象接收机 A 或气象接收机 B。

高波束只有接收通路。雷达工作在线极化方式下,由高波束喇叭接收到的回波信号经变极化器、正交模耦合器的垂直端口、转动铰链(2H－2L 口)送至同轴开关,在切换控制作用下,信号经过放电管送高波束的接收机 A 或接收机 B;

若雷达工作在圆极化方式下,由高波束喇叭接收到的回波信号经变极化器、正交模耦合器的垂直端口、波导同轴变换器、波束切换开关、转动铰链(3H－3L 口)送至同轴开关,在选择信号作用下,信号经过放电管送气象接收机 A 或气象接收机 B。在转动铰链 3H 口上的波束切换开关在选择信号的作用下,用于选择接收高波束喇叭或低波束喇叭的信号。

转动铰链内高频电磁波的传输通过封闭空间或 1/4 波长传输线耦合,但没有机械接触面,转动铰链的这种结构没有接触磨损,工作寿命长。

在线极化工作方式下,气象回波从接收机目标通道传输,在接收机输出端再输入到气象通道,然后送信号处理器单独处理。在圆极化工作方式下,正交模耦合器垂直端口的气象回波被衰减了,气象回波从水平端口分离出来,送接收机气象通道,其输出气象回波送信号处理器单独处理。

由图 7.7 所示的结构可以看出,转动铰链及其旋转机构是空管雷达中单路部件,其可靠性将限制空管雷达总的 MTBCF 指标。能生产满足指标的转动铰链及其旋转机构的合格厂家在世界上还不多。

图 7.7 中耦合器耦合出一定分贝数的信号用于监视发射通道的工作状态、输出功率电平及反射功率电平。为了在接近喇叭口处增加监视功能,有的空管雷达设计了测试信号,经过转动铰链送至测试喇叭口(图中没有画出),测试喇叭口对准高/低波束喇叭口,如此可以监视到包括喇叭口在内的发射—接收等整个工作通道,真正实现全机信号通道的 BITE。

7.5 本章小结

天线和射频通道对信噪比/信杂比的贡献:

(1)天线波束在垂直面被设计成为余割平方赋形波束,将远距离高空能量减少用于扩展高仰角空域;地平线方向被设计成为锐截止型,将地面反射影响的不利因素降到最低。

(2)采用两个相互独立的喇叭实现低波束发射、低波束和高波束同时接收,这种方式在对近距离目标检测中,波束增益对高仰角目标较大而对低仰角地物、鸟等较小,提高了信杂比。

(3)在水平面,S 波段天线水平波束宽度被设计成 1.45°(L 波段对应为1.2°),有适当的脉冲积累数可用于 AMTD 处理。水平波束的低副瓣也限制了副瓣方向的杂波和噪声进入接收机,提高了信杂比和信噪比。

(4)在喇叭口的变极化器应用在雨杂波环境下,使目标通道中雨的散射回波被极大衰减,而目标回波衰减较小,总起来对信杂比有改善。

各雷达研制厂家的天线特性会有所差异,如在某些仰角上增益有富裕,这也并非坏事,多余的增益会对弱小目标提供更大发现概率。射频通道有大量的链接部件或模块,它们几乎都是无源的,对发射通路、接收通路提供的是信号衰减,设计师都经过了仔细设计,严格限制插入损耗值在指标要求范围内。射频通道需要满足正常的发/收通路,还要能对 A/B 双通路进行切换,模拟目标回波也会尽可能向接收前端提供。

L 波段的天线比 S 波段的天线主要在尺度上加大了一倍。

思考题与习题

1. 为什么在空管一次雷达中普遍采用变极化器,运用中需要注意什么问题?

2. 为什么在空管一次雷达中普遍采用高/低波束结构? 具体是如何运用的?

3*. 为避免高仰角区域出现探测盲区,雷达中采取了哪些具体措施?

4. 为什么模拟目标回波会尽可能向接收前端提供?

5*. 图 7.4 所示的理想双程覆盖威力图有什么优点? 该威力图在探测小雷达截面积的目标时有什么不足?

第8章 发射机

　　空管雷达监视任务对可靠性的要求是每天 24h、每年 365 天全自动工作,所以,现代空管雷达发射机都设计成固态化、前级双机热备份、末级 16 个模块组合功放、故障软化结构,采用维护监视 BIT 模块;同时,插件采用了高可靠性模块(36V 低电压工作),使发射机设备量大大简化,降低失效率,减少维修时间,确保了空管雷达对高可靠性和可维护性的要求。发射机主要功能是产生毫瓦级激励信号,再将它放大到指标规定的 kW 级辐射功率,送馈线及天线。

　　发射机末级功放实现了固态化后就标志着发射机设备全部、甚至雷达设备全机实现了固态化。固态化设备的核心是功率放大管采用晶体管、集成运放等半导体器件,由于雷达发射功率较大,且晶体管等半导体器件工作在 L、S 波段,使这些器件的安全工作状态受到极大威胁。所以,在放大设备的运行中,需要严格监视、控制器件的安全工作状态,维护监视 BIT 模块就成为了必备的附属设备。

　　发射信号最后要达到千瓦级的辐射功率,伴随着需要大功率电源的支持,与发射机的末级功放固态化一样,发射机的电源设备也应采用固态化。因此,在电源设备的运行中,都需要严格监视、控制器件的安全工作状态,即需要维护监视电源设备的 BIT 模块。

　　发射机的放大设备、电源设备都是大功率工作的,工作安全性对温度环境提出了很高要求,现代空管雷达采用了强制风冷方式将设备产生的温度降到安全指标范围内;工作安全性另一个重要的环节是发射机末级功放的占空比控制,现代空管雷达采用了 BIT 模块监视末级功放的信号时序及占空比,并依此控制发射机末级功放的工作时间。

　　综上所述,发射机中的维护监视 BIT 模块具有极其重要的作用,需要对发射机完善地监视,在出现故障时能切换 A/B 两路通道,对发射机末级功放的结构进行重组,并将结果上传到监控台。

　　本章讨论现代空管雷达发射机所采用的技术和结构,包括:发射机放大设备中的激励脉冲信号产生模块、放大模块、电源模块,及用于确保发射机连续正常工作的监控分机。

8.1 主要技术指标规范要求

《MHT 4017—2004 空中交通管制 S 波段一次监视雷达设备技术规范》中关于发射机的技术规范要求摘录如下：

（1）发射机工作频率范围为 2700 ~ 2900MHz，工作带宽在工作频率上应满足辐射信号频谱的要求，发射频率稳定度和脉冲之间相位变化引起的改善因子限制应满足总改善因子 50dB 的要求。

（2）发射脉冲宽度应满足作用距离和距离分辨力的要求。

（3）发射脉冲的上升沿不应大于 0.1μs，发射脉冲的下降沿不应大于 0.1μs。

（4）平均脉冲重复频率应为 800 ~ 1200Hz，重复频率（定时）抖动引起改善因子限制应满足总改善因子 50dB 的要求，重复频率交错（参差）应采用最佳交错比，速度响应平坦度应在 ±7dB 范围之内，等效第一盲速不应小于 1000m/s。

（5）调制方式可采用脉冲压缩体制或常规脉冲体制。

（6）发射机输出功率应满足最大作用距离要求，发射脉冲幅度起伏引起的改善因子限制应满足总改善因子 50dB 的要求。

（7）发射机应采用频率分集或频率捷变的工作方式。

（8）发射机机柜泄漏功率应符合 GB 10436—1989 的要求。

（9）发射机应具备在线自检功能，监视发射机系统工作状态，出现故障时给出故障指示和保护。

（10）对发射机监控应包括：发射机过热告警，出现告警时能切断电源；发射机功率下降告警；电源相线故障告警；发射通道失配告警。

说明：频率捷变是指雷达的发射频率快速变化。通常，频率捷变的变化形式包括：脉冲内、脉冲间或脉组间的频率快速变化。空管雷达主要应用的是脉组间频率捷变。频率分集是指在同一重复周期内，雷达发射脉冲里包含几个不同载频的子脉冲信号，接收时，采用不同频率通道将各子脉冲回波信号分离出来，在信号处理器中将各子脉冲回波信号按照不同延迟后时间上对其再相加。空管雷达应用频率分集的另一种形式是：在同一重复周期内雷达发射脉冲里包含一个长脉冲（频率为 f_{01}）和一个短脉冲（频率为 f_{02}），接收时，将分离出来的短脉冲回波信号用于探测近距离范围，将分离出来的长脉冲回波信号用于探测远距离范围，两者连接起来就是一个完整的探测距离范围。

发射脉冲波形参数定义示意图如图 8.1 所示。图 8.1 中，脉冲幅度记为 A，从脉冲幅度上升沿 $0.1A$ ~ $0.9A$ 处间隔时间为前沿时间 τ_r，从脉冲幅度下降沿

$0.9(A-\Delta A)\sim0.1(A-\Delta A)$ 处间隔时间为后沿时间 τ_f,从上升沿 $0.5A$ 处至下降沿 $0.5A$ 处间隔时间为脉冲宽度 τ,顶部降落幅度 ΔA 与脉冲幅度 A 之比为顶降。

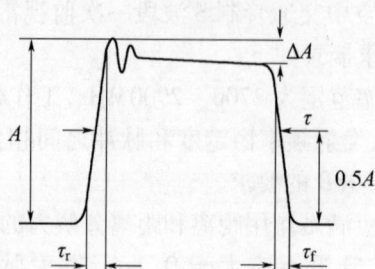

图 8.1 发射脉冲波形参数定义示意图

8.2 放大设备组成

早期空管雷达发射机末级功放采用过磁控管、行波管、速调管等电真空器件,由于这些电真空器件频率精度、稳定度低,带宽窄,不易实现多频率发射,20 世纪 90 年代以来,随着射频大功率晶体管器件的成熟与商品化,空管雷达进入了全固态时代。全固态空管雷达大量采用集成化、微电子化设备,从而在系统可靠性、稳定性、自动化和商品化水平上有很大提高。

图 8.2 所示为典型发射机组成方框图。其中,激励信号产生模块 A/B 一般设计放置在接收机内;双工开关的作用是将两路发射前级 A/B 之一连接到末级放大器;输出射频脉冲通过波导和电缆送天线;输出射频脉冲的监测包括前向功率和后向功率,均送监控分机 A/B;控制信号和监测信号与监测台连接。

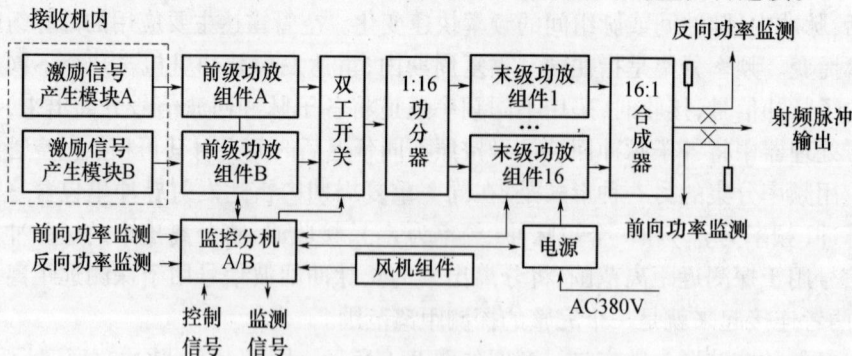

图 8.2 典型发射机组成方框图

激励信号产生模块、放大模块和电源模块、监控分机等分别在后续讨论。

前向功率监测是采用定向耦合器,将送往波导、电缆的输出功率获取极小部分后检波,送监控分机;后向功率监测也是采用定向耦合器,将从电缆反射回的功率获取极小部分后检波,送监控分机。当后向功率较大时往往是天线端出现了故障、或波导/电缆连接出现了故障,致使阻抗不匹配,有较大驻波形成。

电源模块一般是开关型电源,由几个电源小模块并联连接,专为前级放大、末级放大及附属电路提供直流电源,输入为 AC380V,电源模块将监测结果送监控分机 A/B。几个小模块电源并联连接的好处是:①由于电源冗余设计,其中一个小模块电源发生故障时,可以快速单独更换,不会降低电源输出电压,避免A/B两路切换出现的"断电"现象;②并联连接供电比 A/B 两路电源模块冗余热备份结构代价小。

风机组件自身带有电源,好处是:①风扇及配套电源发生故障时不影响其他模块,可以快速单独更换;②其他电源发生故障时风扇仍然能转动将温度控制在范围内,避免大功率晶体管局部温度升高而损坏。

8.2.1 激励信号产生模块

图 8.3 所示为现代空管雷达典型激励信号产生模块组成方框图。现代空管雷达普遍要求的信号形式是脉冲内线性或非线性调制信号,如此复杂的信号适合采用 FPGA + DDS(Direct Digital Synthesis,直接数字合成)通过编制程序实现。提前将设计好的信号波形参数放在 FPGA 的内存中,在触发脉冲控制下,按照时序将信号波形参数依次送 DDS,从 DDS 输出的就是已调制中频脉冲信号(脉冲宽度比指标稍宽)。频率源在频率控制下产生雷达系统需要的各种频率成分的信号,按照需要分别采用不同滤波器通带提取。图 8.3 中送混频器的是本振频率的电压,它与 DDS 输出的已调制中频脉冲信号混频后,采用射频滤波器提取出已调制射频脉冲信号,再由脉宽控制信号(符合指标脉冲宽度)将输出激励信号脉冲整形即可。频率源是影响系统稳定度的主要器件,其电路实现也是有要求的,采用晶体振荡源,必要时配置温度环境,如温度监测并适当加热或降温;必要时配置抗振平台,如固定装置周围增加减振装置。电源滤波效果要满足相应的指标要求,电路接地连接要满足相应的指标要求。

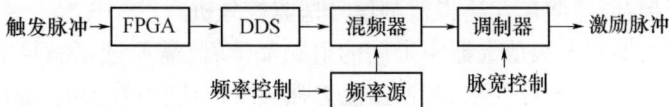

图 8.3　典型激励脉冲信号产生模块组成方框图

8.2.2　放大模块

　　放大模块包括前级放大器和末级放大器,前级放大器将已调制射频激励信号充分放大,适合驱动末级放大器,末级放大器再用功率合成放大方式使输出脉冲功率达到指标电平。

　　图 8.2 已经给出放大模块组成,以下只讨论前级放大器和末级放大器内部的放大原理。图 8.4 所示为典型前级放大器组成(单路)方框图。

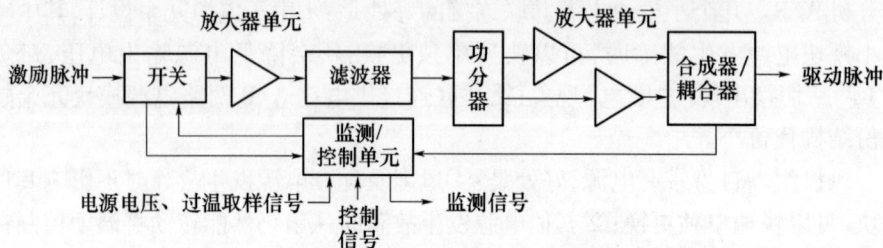

图 8.4　典型前级放大器组成(单路)方框图

　　图 8.4 中放大器单元就是晶体管电路,第 2 个放大器单元采用了并联放大形式以提高放大功率。滤波器的作用是将调制脉冲内的信号频谱整形。耦合器将极小部分功率取出检波后送监测单元,监测单元还接收电源电压、过温取样信号以及控制信号,去控制本级输入端的开关。当输入或输出的脉冲信号过占空比及过脉宽时,以及电源电压、过温取样信号超出设定值时,或控制信号指令下,切断激励脉冲信号的输入,以保护本级各晶体管电路免于损坏;监测单元还将监测信号送监控分机。显然,在开关的控制下实现雷达在某些方位的寂静发射功能也是极容易的。

　　图 8.5 所示为典型末级放大器组成(单路)方框图。功率放大模块就是晶体管电路放大模块,滤波器作用是将调制脉冲内的信号频谱进一步整形,功率放大单元采用了并联放大形式以提高输出功率。耦合器将极小部分功率取出检波后送监测单元,监测单元还接收本级电源电压、过温取样信号,去控制输入端的开关。当输入或输出的脉冲信号过占空比及过脉宽时,以及电源电压、过温取样信号超出设定值时,或控制信号指令下,切断脉冲信号的输入,以保护本级晶体管电路免于损坏;监测单元还将监测信号送监控分机。

　　前级放大器和末级放大器中采用的射频晶体管,需要选用满足空管雷达频率范围、脉冲信号占空比要求、抗冲击能力强、并行电路中管子的一致性好等。

　　需要说明的是,末级功放通常只设计为单机,即没有 A/B 双机热备份,符合功率合成方式的结构,如采用 16 个模块并行的放大单元组成。当 16 个模块中

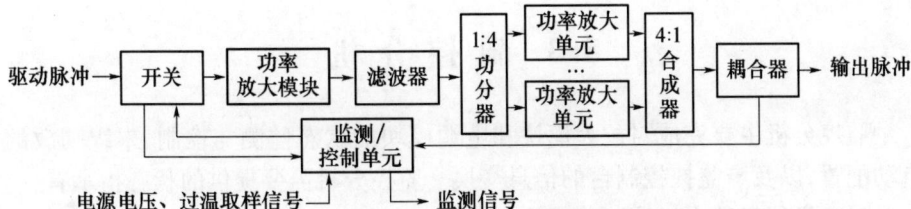

图 8.5　典型末级放大器组成(单路)方框图

有 2 个以下出现故障时,雷达最大作用距离将下降为原来的 0.84 倍,S 波段雷达作用距离从 150km(指标规范值)缩小到 126km。实际上,雷达设计功率有富裕,不会出现雷达作用距离从 150km 缩小到 126km 的情况,所以,其对雷达的探测能力影响不大。这种情况被认为是故障的软化。另一方面,有故障的 2 个模块可以单独及时更换,不会中断雷达对目标的探测过程。

8.2.3　电源模块

电源模块也是大功率模块。图 8.6 所示为典型的电源模块组成方框图。输入为 AC380V/AC220V,经过 EMI(Electro Magnetic Interference,电磁干扰)滤波、整流、DC－DC 转换、稳压等,输出为直流电压。其中,发射机末级放大模块使用的电源其输入需要 AC380V,并且在 DC－DC 转换之后需要增加开关变压器;而其他模块使用的电源其输入只需要 AC220V。虚线框中为大功率、并行电路,分别提供不同电压幅度输出,监测单元接收环境温度信号和该电路的监测信号,包括散热器温度、输出电压、输出电流,监测单元将监测信号送监控分机。

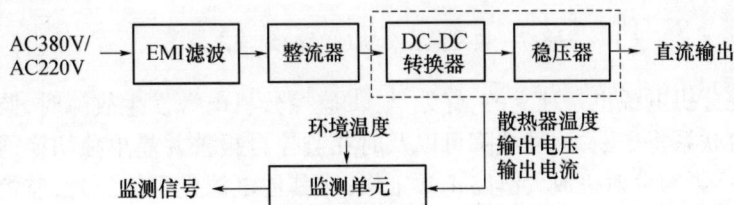

图 8.6　典型电源模块组成方框图

该型电源将 DC/DC 模块作为稳压元件,采用零电流谐振技术作为模块的技术核心,其操作频率可达 1MHz,效率超过 80%,体积小,功率密度高,功能完善,内部集成了过压、过流、过热断电保护功能,提供外部电压微调,提供并联接口及遥测端。

8.3　监控分机

监控分机主要完成对放大模块和电源模块的状态监测与控制、末级功放的自动配置,以及与监控控制台的信息交换。监控分机需要提供的状态指示有:

(1) 发射机的本机控制或遥控指示。

(2) 风扇的工作状态指示。

(3) 电源工作状态、电压值、电流值指示。

(4) 发射机输出前向功率、后向功率指示,以及脉冲占空比指示。

(5) 各种故障状态指示。

针对空管雷达的应用特点和要求,发射机中仅对前级功放和监控分机采用了双机热备份方案,独立运行的两路监控分机互为冗余,在出现非致命性故障时,监控分机需要自动切换到备份通路,确保雷达继续正常工作。

图 8.7 所示为典型监控分机(单路)组成方框图。图中 LAN 总线用于与监控台连接,传送控制信号和监测信号;CAN 总线用于与发射机内各模块 A/B 两路连接,传送控制信号和监测信号;在 CAN 总线联系之前先用"发射机握手、同步信号"与发射机约定好 A 路或 B 路之一作为通信对象。实际上,还有手动控制与此联系,用于设计师的现场调试(图中未画出)。

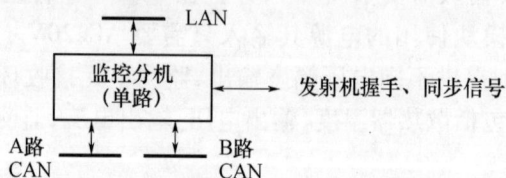

图 8.7　典型监控分机(单路)组成方框图

监控分机电源也是独立的,好处是:①监控分机电源发生故障时,监控分机与监控台联系将中断,这种故障可以及时在监控台报警并能单独切换通路和更换插件,不影响发射机放大链路正常工作;②其他电源发生故障时,监控分机工作状态不受任何影响并能正常上报正常状态。

监控分机的工作方式是按照分散监测与控制、集中处理与上传进行。集中的模块部分如图 8.7 所示,一般是通用处理器平台为核心的设备。分散的模块部分主要是多功能检测盒,被设计在发射机内各模块内部,集中模块与分散模块采用串行通信交换信息与命令。

1. 多功能检测盒

空管雷达对发射机需要监测的信号类型多,如发射机温度,定时信号过脉宽、过工作比,输出功率、欠功率、驻波,电源输入/输出电压、过压、欠压、输出电流、过流、温度,风机转速等。需要监测的信号数量多,如美国雷神公司空管雷达对发射机的监测项目就有 80 多项。此外,应确保每个可更换单元至少设置一个检测点。还要求能以直观方式集中显示信息,并实现分布式控制。

多功能检测盒是最终能实现发射机数字化监测与控制的核心,具有体积小、功能多等特点。多功能检测盒实现的主要功能是完成模拟量、故障信息等数字采样和温度采集,完成高速串行通信。TI 公司新一代 DSP 芯片 TMS320F2808 作为主控制器搭建的嵌入式监控设备就是一种典型多功能检测盒,该控制盒具备同时检测 4 路模拟量信号,4 路功能复用的隔离输入信号(兼容 TTL、光耦、触点信号),4 路功能复用的隔离输出通道,各 1 路差分信号输入/输出。在通信能力方面,资源也非常丰富,支持 CAN 总线,可软件配置实现 RS –232/422/485 不同方式的串行通信。

将多功能检测盒(图 8.4 ~ 图 8.6 中的监测/控制单元)嵌入在功放模块、电源模块、风机组件等设备里,分布在发射机内部各个地方,时刻监测各设备的运行状态,通过内置 CAN 总线与监控分机通信实现数据快速上报,同时可实现发射前级功放组件、开关电源、功放输出的软件智能开/关控制和功放组件自动配置。满足自动化检测指标:①故障隔离率(1 个 LRU) : >95% ;(3 个 LRU) : >99% ;②故障虚警率: <5%。

2. 通用处理器平台

PC/104 系列产品已经被广泛应用于多个领域,其货架产品作为嵌入式系统理想解决方案已经得到设计师的普遍认可。PC/104 是一种优化、小型、堆栈式结构的嵌入式控制系统,具有开放的高可靠性工业规范,可以方便地设计接口板卡,进行灵活的模块化配置。用 PC/104 模块构建的系统体积非常小巧,但功能却十分丰富,包括 CPU、I/O、DSP、无线网络以及 GPS 等。PC/104 与传统 PC 机兼容,并且具有丰富的开发工具和软件资源,开发者在 PC 机中能够找到的每一种功能,都可以在 PC/104 中实现,并且软件也易于配置。由于空管雷达发射机监控分机的高可靠性要求,普遍选用了这一成熟硬件平台。

3. 实时操作系统

VxWorks 是美国风河公司推出的一种高性能嵌入式实时操作系统,它以良好的可靠性和卓越的实时性被公认为实时操作系统中的佼佼者,在嵌入式系统控制中成为首选的实时操作系统。实时操作系统的使用改变了传统单片机编程思路,确保了各项任务的并行实时处理和动态切换,提高了 CPU 利用效率和任务实时性。VxWorks 只占用很小的存储空间,并可高度裁减。为适应发射机控制过程,把嵌入式操作系统移植到硬件平台,可以增加控制灵活性、缩短产品开发周期,降低开发成本。

VxWorks 嵌入式操作系统已被普遍采用在空管雷达发射机监控分机中,控制程序采用面向对象的 C 语言编写,控制程序装载在监测控制模块上的电子盘里。

4. 高速串行现场总线

现场总线(Fieldbus)技术是近年来迅速发展起来的一种工业数据总线,它主要解决工业现场智能化仪器仪表、控制器、执行机构等现场设备间的数字通信,以及这些现场控制设备和高级控制系统之间的信息传递问题。它的出现和快速发展体现了控制领域对降低成本、提高可靠性、增强可维护性和提高数据采集智能化的要求。现场总线由于简单、可靠、经济实用等一系列突出优点,受到设计师的高度重视。

传统的工业控制领域中,串行总线 RS – 485 和 CAN(Controller Area Network)总线都得到广泛运用,这两种现场总线均采用平衡发送和差分接收数据,具有抑制共模干扰的能力,都可以实现串行组网,通信介质可采用屏蔽双绞线。这两种现场布线和安装非常简单,使用统一的标准和规范,各设备之间具有较好的互换性、通用性,易于维护,经济性好。

CAN 总线为串行通信协议,能有效支持具有很高安全等级的分布实时控制。CAN 总线的信号传输采用短帧结构(8bit),传输时间短,具有自动关闭功能,抗干扰能力较强。通信距离最远可达 10km(5kb/s),通信速率最高可达 1Mb/s,网络节点数实际可达 110 个。空管雷达发射机内部的控制和状态信息由 CAN 总线组成串行网路来完成。同时,这种方案为双机热备份的实现提供了条件。

5. 网络通信

TCP/IP(Transmission Control Protocol/Internet Protocol)是发展至今最成功的在物理网上一组完整的通信协议,具有开放式传输数据、抗毁性能力、网路自动检测避免发生错误等特点。其实质就是实现异种网路之间的互联,通过依赖于通信模块与应用程序之间的协议来确保数据的可靠传输。空管雷达中显控终端与其他分系统之间采用的就是双重网络星形连接方式进行的网络通信。

8.4 本章小结

发射机对信噪比/信杂比的贡献如下:

(1) 脉冲压缩技术的采用提高了信噪比,同时为发射机采用固态器件创造了条件,固态发射机的脉冲功率较低而平均功率不低,确保了回波信号脉冲压缩后应有的信噪比和信杂比。

（2）激励信号在接收机中采用高稳定度的晶体振荡器＋DDS 电路产生,确保了发射机不稳定引起的对改善因子限制达到指标规定的要求,改善因子的提高意味着信号处理器对杂波的抑制强,提高了信杂比。

发射机电源功率容量需求大,对电源的监控要求也高,所以,模块化的电源组件是一个关键部件。另一个需要特别注意的是应使风机组件处于良好的工作状态。

发射机的监控分机对于发射机的可靠性监控至关重要。因为,发射机输出是模块放大器输出功率合成的,一旦发射机输出信号中断,雷达情报将中断。监控分机采用成熟的多功能检测盒结构提高了可靠性监测。

思考题与习题

1. 发射机中除了放大信号功能的模块外,还包含了哪些功能模块? 它们的作用是什么?

2. 为什么发射机功率放大模块没有采用 A/B 冗余双路结构?

3*. 为什么监控分机的电源、发射机放大模块的电源、风机组件的电源相互是独立的而不公用?

第9章 接 收 机

接收机将馈线输入的微弱回波信号经过两次下变频及滤波,在频域中滤除伴随的带外噪声和干扰,并进行信号放大、中频采样、数字正交变换,最后输出零中频 I/Q 信号给信号处理器。

为适应空管雷达性能的需要,接收机除了有 A/B 双路结构,还需要对应天线高/低波束、目标/气象等的独立通路,有时设计师将接收机多路结构相同的模块设计成可以交叉切换方式,目的是进一步提高任务可靠性,如此使接收机实际结构变得很复杂。

接收机需要有足够的动态范围,既能对微弱信号放大,也不会在强回波中饱和而将目标回波掩盖。通常,在提高接收机放大能力的同时还采用 STC。现代雷达普遍采用了中频直接采样,再加带通滤波,以提高接收机相参检波的动态范围。

接收机中独立气象接收机与飞机目标接收机相同。在天线工作于圆极化方式时,气象信号从正交极化支路接收进行处理,避免在飞机目标通道里气象信号损失。

本章讨论现代空管雷达接收机所采用的技术和结构。具体包括:放大设备组成;放大/衰减特性。

9.1 主要技术指标规范要求

《MHT 4017—2004 空中交通管制 S 波段一次监视雷达设备技术规范》中关于接收机的技术规范要求摘录如下:

(1) 接收机工作频率范围应为 2700～2900MHz,带宽应满足信号检测频谱要求和匹配接收要求,同时应满足接收机性能要求。

(2) STALO(STAble Local Oscillator,稳定本地振荡器)改善因子限制应满足总改善因子 50dB 的要求。

(3) 接收机镜像抑制不应小于 60dB。

(4) 接收机噪声系数不应大于 2dB。

(5) 接收机至少应具备灵敏度时间控制(Sensitivity Time Control,STC)、杂

波图增益控制、噪声电平控制,STC 控制深度不应小于 60dB,步进 1dB,控制规律 $P = 1/R^n$ 由 STC 图控制;杂波图增益控制单元应有足够分辨率满足信号处理要求;噪声电平控制应保持接收机输出恒虚警率。

(6)接收机视频输出(压缩后)信号的时间副瓣电平应小于 −40dB。

(7)在作用距离范围之内,接收机的动态范围应满足信号处理的要求。

(8)相参基准频率不稳定性引起改善因子限制应满足总改善因子 50dB 的要求。

(9)相位检波(鉴相器)应采用先进的相位检测技术。

(10)接收机气象通道和目标通道均应满足上述要求。

(11)接收机应具备在线自检功能,监视接收机系统工作状态,出现故障时给出故障指示和保护。

(12)对接收机监控应包括:接收机灵敏度下降告警,接收机增益故障告警。

现代空管雷达普遍采用了 MTD 处理结构,则接收机在两次下变频过程中,本振信号也要采用从频率源出来的信号,即与图 8.3 中的频率源是同一个电路模块,如此能确保满足全相参的要求。

9.2 放大设备组成

典型接收机(单路)原理框图如图 9.1 所示。图中两个虚线框中电路即模块完全相同,故高波束支路未画出。回波信号来自于高波束和低波束两路接收,在接收信号的时序期间保护电路是直通的,STC 分为高频电路控制和中频电路控制两级,在触发脉冲同步下按照设定的 RAG 图,通过控制信号对接收机增益进行衰减控制,回波信号再经过两级混频器下变频及滤波选择,输出中频信号,在采样脉冲的控制下回波信号被采样为 I/Q 正交两路视频(即零中频),然后按照设定的指令拼接高/低波束回波信号成为 I/Q 正交一路视频(即零中频)。控制器/监测器将接收机中 BITE 电路所采集的工作状态监测信号送监控台,从监控台接收控制信号后按照时序节拍控制对应模块。为适应高/低波束在窄带采样之后合成,图中高/低波束通道相同但相互独立。图 9.1 中只画出目标接收通道,实际上,还有另外的独立气象接收通道。

图 9.1 中混频器 2 跟随的滤波器为与雷达脉冲信号相匹配的窄带型,加上混频器 1 跟随的滤波器的滤波作用,可以将带外噪声及干扰信号衰减或抑制至少 −60dB,是雷达中抑制噪声及带外干扰的最主要环节。回波信号从射频 $f_0 + f_{d1}$ 逐步降到视频 f_{d1},其中,为有效抑制镜频干扰,采取两次混频及滤波,再完成中频采样,其频率变化关系如图 9.2 所示。

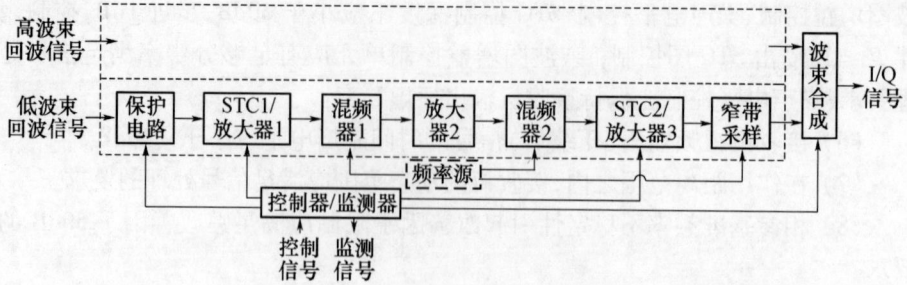

图 9.1　典型接收机(单路)原理框图

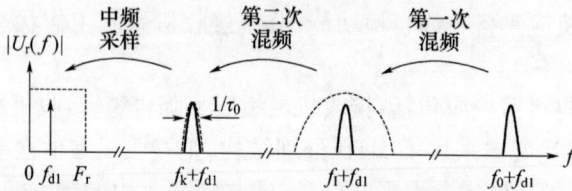

图 9.2　接收机中回波信号频率变化关系示意图

图 9.2 中,中频采样的优点是具有较大动态范围。图 9.2 中回波信号频谱用实曲线表示,回波信号的多普勒频率为 f_{d1};滤波器特性用虚线表示,第二次混频后匹配滤波器带宽为 $1/\tau_0$,中频采样后回波信号的谱线 f_{d1} 是以采样频率重复出现的(图中只画出了 $0 \sim F_r$ 之间的谱线)。

9.3　放大/衰减特性

从天线接收到的目标回波信号非常微弱,接收机的放大增益需要 80dB 以上。另一方面,近距离的地面杂波强度大,及低空飞行的鸟、昆虫等干扰多,许多时候又会超过接收机动态范围,为使接收机放大增益与信号的动态大小相适应,接收机通道内应有足够的动态范围。在设计接收机时,其放大与混频、滤波、STC 衰减是交替进行的,见框图 9.1。从雷达作用距离方程可以看出,雷达接收机灵敏度参数值对小目标发现有影响,而灵敏度参数主要影响因素是接收机前级放大器噪声系数,所以,通常都是采用低噪声放大器作为前级放大器。

STC 衰减以及后来发展的 RAG 图形 STC 衰减对强回波信号按照回波到达时间的规律附加衰减量由大到小,可有效防止接收机、后续信号处理器及显示器饱和。由于这类强回波信号主要成分是地杂波,是长期不变的,所以,STC 衰减参数的选择一般设计为由人工设置或更改。考虑到地球曲率影响,使用 STC 只需在近距离范围即可。所以,STC 电路又称近程增益控制电路。而在远距离又使接收机保持原来增益,以此来衰减可能出现的近距离地物、鸟、昆虫等大量杂乱回波。STC 衰减的副作用是降低了接收机在近距离的灵敏度,从而降低了近距离检测小目标的能力。图 9.3 中 STC 曲线表示衰减控制随时间(对应距离)的变化,R_0 不能为 0,用于防止接收机启动时在截止状态没有放大作用;STC_0 的设置需要与接收机灵敏度相适应。STC 电路的基本原理是:在触发脉冲同步下,接收机产生一个随时间变化的控制电压,当进入接收回波时序(R_0)始,用该电压控制接收机的增益按照此规律衰减变化。对雨而言,STC 衰减随距离的变化为平方;对表面杂波,这个变化约为 3 次方(海浪杂波试验测试结果满足 $a = 2.7$ ~4.7),对鸟、昆虫,这个变化为 4 次方。为适应这种随时变化的控制规律,在STC 衰减基础上还可附加实时更新的杂波图控制增益。

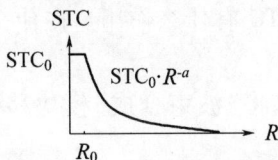

STC

STC_0

$STC_0 \cdot R^{-a}$

R

R_0

图 9.3 STC 衰减控制特性曲线

由于脉冲压缩处理技术的普遍采用,在接收机中的回波信号为压缩前的宽脉冲,当接收机通道中设置了 STC 衰减后,则宽脉冲的前后幅度衰减量相差很大,这将使脉冲压缩后的波形产生畸变,如副瓣增加,这是不可容忍的。解决的办法是:经过 A/D 采样之后至脉冲压缩处理之前,先对回波信号作 STC 补偿处理;或在远距离探测(对应于长脉冲)的低波束通道中不设置 STC 处理。

气象目标接收支路与飞机目标接收支路一样,在接收机里对回波进行下变频、窄带滤波、放大,STC 也需要采用。如此,在信号处理器中就不需要考虑输入信号是从哪个接收机送过来的,统一对气象回波作 STC 补偿后再进行气象的信号处理。所有对气象回波信息的提取也是在信号处理器中才完成的。

9.4 本章小结

接收机对信噪比/信杂比的贡献如下:

(1)接收机采用全相参技术,确保了信号处理 AMTD 的实现,意味着信号处理器对杂波的抑制能力强。

(2)接收机的通频带满足匹配滤波器通带要求,将带外的噪声极大抑制,提高了信噪比,对于从天线输入干扰噪声的抑制同样有效。

(3)激励信号频率可以被改变,选择不同发射频率以适应环境,总体上使信噪比和信杂比最佳。

接收机对回波信号放大过程中,STC 或 RAG 图控制的 STC 对近距离回波信号幅度作适当衰减,使接收动态范围满足系统要求。值得注意的是,STC 对目标回波、杂波及噪声幅度作了同样的衰减,从原理上讲,该处理方法没有改变信噪比/信杂比,或至少没有提高信噪比/信杂比。考虑到对回波信号幅度衰减有可能影响小目标回波的检测概率,所以,在回波幅度没有威胁到系统接收动态范围时,一般不适宜施加 STC 或 RAG 图控制的 STC。

思考题与习题

1. STC 或 RAG 图形 STC 有什么作用? 在什么情况下运用? 应注意什么问题?

2*. 图 9.1 中是否可以将"波束合成"模块移到输入端,并省去一路接收机? 为什么?

第 10 章　信　号　处　理

雷达信号处理原理、算法及实现等可参见有关书籍。本章只讨论空管雷达信号处理方法及对雷达探测性能的影响。由于空管雷达的点迹处理方式受到 MTD 处理方式的局限，所以，点迹处理属于信号处理。另外，脉冲压缩处理已经在第 6 章讨论。

现代雷达中的信号处理器已经采用了数字处理，电路设计都采用数字处理芯片：DSP、FPGA（Field Programmable Gate Array，现场可编程门阵列）、CPLD（Complex Programmable Logic Device，复杂可编程逻辑器件）等，这些芯片集成度高、功能强、设计灵活。有的已经是货架产品，只是应用程序需要雷达设计师编程。

本章讨论的具体内容如下：

（1）回波相参鉴别及正交双通道处理。回波信号经过接收机处理后，信号处理器首先对其作脉冲压缩处理，然后是对回波进行相参处理将中心频率降为零，为后续动目标显示或动目标检测做准备。其中，正交双通道同时对回波信号进行处理方式可将脉冲幅度取出，消除点盲相的影响，在后续的动目标检测中，正交双通道处理正是复数运算所需要的形式。

（2）回波自适应动目标检测。在频域对回波主要采用窄带滤波器组分频道滤波，并作各频道恒虚警率检测，而零频道作杂波图检测，如此，完成回波中 EP 的检测。

（3）点迹处理。对上述的 EP 作数据归并与分辨，再形成为点迹，最后按照人工经验过滤点迹，将虚假点迹尽量滤除。

（4）介绍典型信号处理框图。除了最初出现的三代 MTD，还介绍目前典型雷达中应用的 MTD。

（5）介绍气象通道的信号处理。包括：晴空图自适应 FIR 滤波、STC 补偿、积累、分级、坐标转换、计算反射率等。

10.1　主要技术指标规范要求

《MHT 4017—2004 空中交通管制 S 波段一次监视雷达设备技术规范》中关

于信号处理器的技术规范要求摘录如下：

（1）信号处理器应有两个独立的通道：目标通道和气象通道。

（2）信号处理应采用 AMTD 技术。

（3）多普勒滤波器组应采用 4~8 个 FIR 滤波器。

（4）CPI 应为 4~8 个脉冲重复周期。

（5）多普勒滤波器频率响应值应自动适应下列杂波环境变化以得到最佳过滤：无杂波、弱杂波、强杂波、云/雨杂波。

（6）应能检测切线飞行运动目标。

（7）应能检测运动杂波背景中运动目标。

（8）信号处理器应有静态杂波图和动态杂波图，静态杂波图应能自动和手动建立杂波图存储。

（9）I（改善因子）包括系统不稳定改善因子限制和天线扫描改善因子限制，系统的 I 应大于 50dB。

（10）气象通道应有 6 级气象回波强度选择，并在显示设备通过本控和遥控方法显示至少 2 级气象轮廓。

（11）气象通道应有效抑制地物杂波，消除飞机回波、异步干扰和跨周期气象回波。

（12）气象回波分辨力应：方位不大于波束宽度，距离不大于 1km。

（13）气象信息更新率应小于 7 次天线扫描。

（14）S 波段气象通道工作距离范围为 1~110km。

（15）点迹录取器应有独立点迹输出接口，目标和气象数据输出信号格式应满足 MH/T 4008 的要求。对于使用 MH/T 4008 要求之外的自定义数据内容，应给出自定义数据项、数据项的定义和在"单雷达点迹标准用户应用相关表"的位置。

（16）信号处理器应通过系统内部产生的测试信号对信号处理器性能进行在线监控，出现故障时给出故障指示和保护。

（17）对信号处理器监控应包括：设备组成的硬件故障告警，设备组成的软件运行状态监视告警，目标点迹的实时统计。

10.2　回波相参鉴别及正交双通道处理

10.2.1　相参处理

在 3.5 节详细分析了回波信号多普勒信息及其频谱特性，为了消除强杂波即地杂波,最初的措施是采用相参处理,将式(3.25)中活动目标多普勒频率引起的相位部分变成幅度起伏,再采用相邻脉冲对消处理。下面先讨论相参处理,可以实现相参处理的方法一般有两种,一种是采用相位检波器,另一种是相乘—低通滤波。以下以相乘—低通滤波为例进行讨论:

假设用于相参的连续波基准信号为

$$u_k(t) = u_{mk} \cdot \cos[2\pi f_0 t + \varphi_t] \tag{10.1}$$

式中:u_{mk}为相参电压振幅;φ_t为发射信号的初始相位;f_0为雷达工作频率。

在有回波脉冲信号的时间内,相参输入的两个信号相乘,得

$$u_r(t) \cdot u_k(t) = u_{mr} \cdot u_{mk} \cdot \cos[2\pi(f_0 + f_d)t - 2\pi f_0 t_{R0} + \varphi_t] \cdot \cos[2\pi f_0 t + \varphi_t] \tag{10.2}$$

式中:f_d为回波中的多普勒频率。

将式(10.2)中的余弦函数相乘用余弦函数的和差公式替换后,从低通滤波器输出的脉冲信号为

$$\frac{u_{mr} \cdot u_{mk}}{2} \cdot \cos[2\pi f_d t - 2\pi f_0 t_{R0}] \tag{10.3}$$

即相参输出的是零中频信号或视频信号,实际雷达中射频回波经过混频(或两次混频)及相参处理才能达到。式(10.3)是有回波脉冲信号时间内的表达式,图10.1所示为它的波形图,即相参处理输出波形图。图10.2所示为相参处理框图。

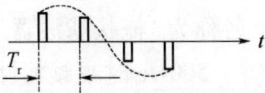

图10.1 相参处理波形图   图10.2 相参处理框图

图10.1中的脉冲间隔时间为T_r,脉冲幅度即虚线包络为频率是f_d的余弦函数。当回波反映的是固定目标时,式(10.3)所反映的序列脉冲幅度就是恒定的,因此,活动目标回波与固定目标回波的差别就明显了。

10.2.2 对消与滤波

根据相参处理输出波形特点,将该脉冲波形延迟一个重复周期时间T_r等待下一个周期的同一目标回波脉冲进行相减,即对消处理,图10.3的波形图表示了这个过程。图(a)波形为延迟一个T_r的波形;图(b)波形为两波形相减后的波形。图10.4画出了对消处理框图。

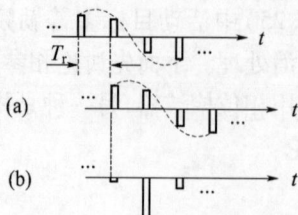

图 10.3　对消处理波形图

图 10.4　对消处理框图

由式(10.3)，对消处理输出脉冲信号为

$$\Delta u(t) = u_{mr} \cdot u_{mk} \cdot \sin(\pi f_d T_r) \cdot \sin(2\pi f_d t - 2\pi f_0 t_{R0} - \pi f_d T_r) \quad (10.4)$$

式(10.4)中包含了一项 $\sin(\pi f_d T_r)$，表明当回波反映的是固定目标时，对消处理输出脉冲信号幅度恒为 0。这正是采用对消处理的理由，即输出的回波脉冲只反映活动目标，而固定目标的回波脉冲对消掉了。

实际上，上述对消处理也可以从频域里的滤波处理来解释，即将对消处理看作一个滤波器。滤波器输入频谱为 $U_{rk}(f)$，输出频谱为 $\Delta U(f)$，则对消滤波器传递函数 $H(f)$ 的幅频为

$$|H(f)| = \left|\frac{\Delta U(f)}{U_{rk}(f)}\right| = \left|\frac{U_{rk}(f) \cdot \exp(-j2\pi f T_r) - U_{rk}(f)}{U_{rk}(f)}\right| = 2|\sin(\pi f T_r)|$$

$$(10.5)$$

图 10.5 所示为对消滤波器传递函数 $H(f)$ 的幅频特性图。图中只画出了两个重复频率范围的曲线，由于其形状，它有另一个名称为"梳状滤波器"。图中以 T_r 取 1ms 为例，从图中看出，在 $f = (1/2)(1/T_r) = 500$Hz 时幅频特性有最大值，即当输入回波脉冲信号频率 f_d 为 $(1/2 + n)(1/T_r)$ 附近 $(n = 0,1,2,\cdots)$，该滤波器提供了最佳通道且增益约为 2，输入回波脉冲信号功率增益为 2^2，同时，由于噪声的随机特性，同一距离单元 2 个噪声叠加平均功率增益为 2^2 倍(参见 4.2 节讨论)，所以，信噪比没有增加。在 $f_d = n(1/T_r)$ 附近 $(n = 0,1,2,\cdots)$，该滤波器输出接近 0，即为截止状态，可以将固定目标如地杂波滤除掉，但同时它将低速目标以及切向飞行目标也滤掉了；当 f_d 为其他频率时，该滤波器增益在 0 ~ 2 之间，对输入回波脉冲信号不同频率 f_d 提供了不同增益的通路，所以，该滤波器常称为动目标显示(MTI)滤波器，但它不能区分活动目标还是活动杂波。需要注意的是：如果目标速度对应的多普勒频率正好处于 $f_d = n(1/T_r)$ 附近 $(n = 1,2,\cdots)$，则该目标正好被滤除掉，此速度称为盲速。盲速现象出现时活动目标回波的多普勒频率与重复频率满足下式：

$$\frac{2v_r}{\lambda} = n \cdot \frac{1}{T_r}, \quad n = 1, 2, \cdots \tag{10.6}$$

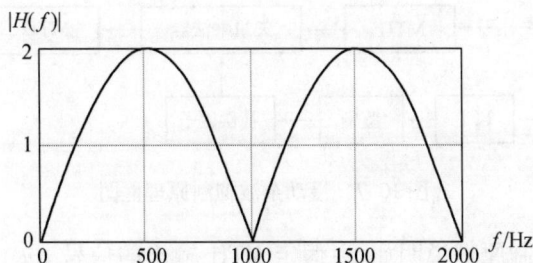

图 10.5 对消滤波器传递函数 $H(f)$ 的幅频特性图

盲速现象出现时检测不到动目标回波。空管雷达重复频率一般选择在 1kHz 左右(S 波段)和 0.3kHz 左右(L 波段)。再参见图 3.12,当飞机的最大速度接近或达到 1Ma(民航飞机)、3Ma(军用飞机)时,式(10.6)中的 n 值可达到 10(民航飞机)、30(军用飞机)。所以,实际雷达的对消滤波器需要解决盲速问题才能被采用。显然,改变工作频率或重复频率使式(10.6)不成立即可,解决盲速问题的一个有效方法就是参差改变重复频率。

从对 MTI 滤波器的讨论中可以看出其对系统的要求是:发射脉冲频率、本振信号频率、相参基准频率都应该是相位一致的,即系统是全相参的或采用同一个振荡源经过混频、倍频等措施实现。实际雷达中,全相参已经被普遍采用,它比接收相参或部分相参的系统结构的性能好。

MTI 滤波器对重复频率也要求不能在脉冲间变化。而重复频率的改变是消除盲速所需要的,所出现的冲突可以采用图 10.6 所示的结构达到兼容。图中两个延迟(ΔT_r)是受到联动开关控制参差加入到发射支路/接收支路中的,在进行 MTI 滤波之前的信号还是具有相同重复周期的。所以,MTI 滤波性能不受影响。

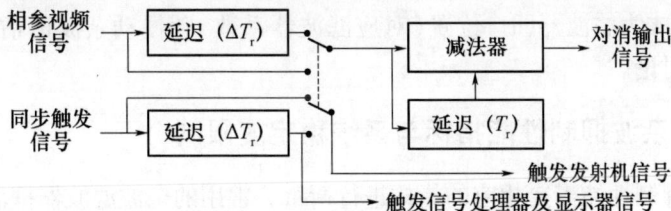

图 10.6 MTI 与重复频率参差改变相兼容

为了抑制动杂波,一种改进的方法是在该滤波器后面再增加一个抑制零点可以跟随动杂波频谱中心的 MTI 滤波器,显然,其核心是要能求出动杂波频谱中心的位置,并能使滤波器的抑制零点可以跟随控制。图 10.7 所示为慢动杂波抑制原理框图。图中的 MTI1 与 MTI2 特性一样,都是抑制地杂波的。

图 10.7　慢动杂波抑制原理框图

慢动杂波抑制原理说明如下:假定 MTI1 输出的信号 $\Delta u_1(t)$ 包含了目标回波(多普勒频率 f_d)及慢动杂波(多普勒频率 f'_d),用复数(对应 I/Q 双通道处理)表示为

$$\Delta u_1(t) = u_1(t) \cdot \exp(j2\pi f_d t) + u_2(t) \cdot \exp(j2\pi f'_d t) \tag{10.7}$$

从 FFT 单元输出的频谱中经过鉴别,找出慢动杂波的频率 f'_d。其原理是:目标是点分布的,通常只占据 1 ~ 3 个距离单元及方位单元;而慢动杂波如气象微粒是大范围分布的,通常占据很多个距离单元及方位单元。在补偿因子计算器中,根据 f'_d 计算出移相量 $2\pi f'_d t$,送矢量乘法器,乘法器输出信号为

$$\Delta u'_1(t) = \Delta u_1(t) \cdot \exp(-j2\pi f'_d t) = u_1(t) \cdot \exp[j2\pi(f_d - f'_d)t] + u_2(t)$$

$$\tag{10.8}$$

式(10.8)中第 2 项的多普勒频率为 0,相当于固定杂波,经过 MTI2 后将被滤除。式(10.8)中第 1 项的多普勒频率不为 0,能够正常输出。实际上,乘法器的作用是将其输入信号频谱平移了一个 f'_d,慢动杂波就变成了固定杂波,就能被后续的 MTI2 滤除。图 10.7 所示的结构应用比较多,又称为 AMTI 滤波器。图 10.7 所示的实现方式为基于慢动杂波谱估计的固定凹口 AMTI,另一种实现 AMTI 的方式为滤波器凹口位置(对应滤波器系数)随慢动杂波谱估计值而变,此处不再讨论。

10.2.3　杂波抑制性能指标与系统稳定度限制

杂波抑制性能需要相应的指标进行衡量。常用的杂波滤波器抑制性能指标有:改善因子(Improve Factor)、杂波中可见度(Subclutter Visibility)、信杂比改善(Signal to Clutter Ratio Improvement)等。

1. 改善因子

改善因子 I 定义为:滤波器输出端信杂比和输入端信杂比之比值。表达式

如下:

$$I = \frac{S_o/C_o}{S_i/C_i} = k_G \cdot \frac{C_i}{C_o} \qquad (10.9)$$

式中:k_G 为滤波器对信号在频域通道里的平均功率增益;C_i/C_o 可视为杂波衰减因子。因此,改善因子 I 不仅反映了对杂波的衰减程度,而且反映了对目标回波的平均增益,它是这两个因子的综合结果,它并不直接表明滤波器输出端的信杂比是否能达到检测目标所需要的数值。

2. 杂波中可见度

杂波中可见度 SCV 定义为:滤波器输出端信杂比达到检测目标所需要的数值 V_0(Detectability Factor,可见度系数)时,滤波器输入端的杂信比值。表达式如下:

$$SCV = \frac{C_i}{S_i}\bigg|_{S_o/C_o = V_0} \qquad (10.10)$$

杂波中可见度 SCV 反映了滤波器输出端信杂比必须要达到检测目标所需要的数值 V_0;还反映了在此条件下,滤波器输入端允许的杂信比值。它将滤波器输出端检测目标的信杂比要求反馈到了滤波器输入端检测目标的杂信比所允许的要求,其中包含了滤波器改善信杂比的性能。结合式(10.9)和式(10.10),可得

$$I = V_0 \cdot SCV, \text{或} \ SCV(dB) = I(dB) - V_0(dB) \qquad (10.11)$$

一般认为,当输出端回波中信号杂波电压比为 2(即 $V_0 = 6dB$)时可以从杂波中检测出目标,在此条件下,改善因子 I 和杂波中可见度 SCV 这两个指标是一致的。

3. 雷达系统稳定度限制

改善因子 I 和杂波中可见度 SCV 这两个指标正如式(10.9)和式(10.10)所定义的,是杂波滤波器抑制性能指标,但是,通常它们都是作为雷达系统指标应用的。因为,目标回波中的频率或相位包含了雷达发射、接收本振、相参等的频率和相位,还包含了天线非矩形波束扫描对脉冲幅度的调制,在相参处理所采集的雷达回波信号期间,上述的频率或相位稳定度较低时,导致各频率或相位产生附加相位使回波脉冲对消不干净而有剩余(或滤波有残留),天线扫描对幅度的调制也导致回波脉冲对消不干净而有剩余(或滤波有残留)。

产生滤波器输出对消不干净而有剩余(或滤波有残留)的主要因素是天线扫描、雷达发射、接收分系统稳定度下降及杂波内部起伏等。如果这些因素互相独立不相关,可以写出剩余杂波为

$$C_o = C_{o扫描} + C_{o系统不稳} + C_{o杂波起伏} + \cdots \tag{10.12}$$

由式(10.9),可得

$$\frac{1}{I} = \frac{C_o}{k_G C_i} = \frac{1}{k_G C_i}(C_{o扫描} + C_{o系统不稳} + C_{o杂波起伏} + \cdots) \tag{10.13}$$

得

$$\frac{1}{I} = \frac{1}{I_{扫描}} + \frac{1}{I_{系统不稳}} + \frac{1}{I_{杂波起伏}} + \cdots \tag{10.14}$$

总的改善因子 I 受到各项改善因子的限制,其数值小于其中任一项改善因子的数值。进一步分析需要将各影响因素反映在杂波上的相位或幅度量求出,再求出各项改善因子;或反过来依据各项改善因子的限制,对各分系统提出技术指标。

4. 雷达系统杂波抑制能力

雷达系统抗击杂波除了信号处理分系统中的杂波滤波器,还有其他分系统的贡献:

(1)电磁波的不同极化对回波信杂比的影响不同。在天线辐射喇叭口设置变极化器,在雨杂波环境下雷达采用圆极化可以提高回波信杂比。这种情况可以增加一个极化改善因子 $I_{极}$ 另外说明信杂比的提高。

(2)不同分辨单元尺度对回波信杂比的影响不同。在同样空域及阵地环境下,分辨单元尺度小时,则与目标所在位置分辨单元中的杂波也弱,有利于雷达对目标的检测。一般而言,回波信杂比的大小与分辨单元尺度大小成反比。

(3)高波束接收与低波束接收对回波信杂比的影响不同。高波束的波束中心指向更高仰角,回波中地杂波功率也较小,在对近距离空中目标检测时,雷达采用高波束接收通道有利于对目标的检测。这种情况可以视作雷达天线接收有效面积在不同波束接收时是不同的。

5. 信杂比改善

对于采用多普勒滤波器组的系统而言,每个滤波器的改善因子可能不同,需要对每个滤波器定义信杂比改善 I_{SCR} 为:在每个多普勒滤波器频率上的 I_{SCR} 等于该滤波器输出端信杂比和输入端信杂比之比值。它除了上述的改善因子 I 因素外,还包含了目标回波的积累(见10.3节讨论)。

10.2.4　盲相与正交双通道结构

参见图10.3(b)波形中有的脉冲可能出现幅度很小甚至为0的情况,似乎如地杂波被对消了,可是,输入回波信号的多普勒频率并不为 0。观察图 10.3(a) 波形可知,出现这种现象的原因是对消器输入端相邻两脉冲幅度相同时延迟 T_r 相遇后对消输出为 0,即相邻两脉冲的式(10.3)的值相同,按照余弦函数的相位关系,此时存在如下等式:

$$2\pi f_d t - 2\pi f_0 t_{R0} = 2\pi - [2\pi f_d(t - T_r) - 2\pi f_0 t_{R0}] \tag{10.15}$$

通常将满足式(10.15)的相位关系称为盲相,而这种盲相并不是持续存在,该现象称为点盲相。点盲相只是出现在个别脉冲位置,但会降低对目标回波的检测概率。

现代雷达普遍采用图 10.8 所示正交双通道 MTI 滤波器结构,其中增加了一个正交支路的相参—MTI 滤波器和求模单元,提供给两个通道的基准电压是正交的。在正交支路的 MTI 滤波器输出 $\Delta u_Q(t)$ 可以按照式(10.4)写出如下:

$$\Delta u_Q(t) = u_{mr} \cdot u_{mk} \cdot \sin(\pi f_d T_r) \cdot \cos(2\pi f_d t - 2\pi f_0 t_{R0} - \pi f_d T_r) \tag{10.16}$$

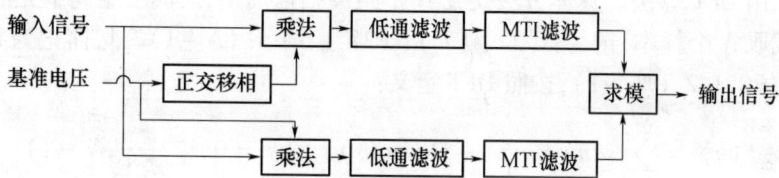

图 10.8　正交双通道 MTI 滤波器原理框图

图 10.8 中的求模运算即平方和再开方,最后输出如下:

$$\sqrt{\Delta u_I^2(t) + \Delta u_Q^2(t)} = u_{mr} \cdot u_{mk} \cdot |\sin(\pi f_d T_r)| \tag{10.17}$$

式(10.17)表明:利用正交双支路最后取出的是单支路的脉冲幅度,与单支路的脉冲相位无关,如此消除了点盲相的影响。

10.3　回波自适应动目标检测

对目标的 ADT 需要雷达很好地消除噪声、杂波和其他不期望的回波,但最初在这种 ADT 雷达中只应用了 MTI 技术,也没有其他降低杂波的方法,这种情况下 ADT 的性能极差。可以设计出一个好的跟踪系统来识别或消除不构成逻辑航迹的杂波,却要花费时间和计算机的资源,在有多目标需要跟踪的环境中这是不可调和的。所以，ADT 需要从雷达对噪声、杂波和其他不期望的回波抑制开始，这就催生了 MTD 的产生与发展。

在对目标检测过程中，需要对同一目标的所有回波进行综合处理与检测后得出，这就需要将天线扫描过程中所有回波先按时序存储起来，如表 10.1 所示为全部回波数据块。

表 10.1 全部回波数据块

	数据字($D_{15} \sim D_0$)
1	序号或标识码
2	方位数据
3	距离数据
4	幅度数据
5	接收 GPS 时间数据

10.3.1 窄带滤波器组分频道滤波

在 3.5 节已经将频域谱线画出，既然固定杂波、运动杂波、目标回波通常不在同一个频率位置，就可以设计多个频率通道，如此，对目标所在通道进行检测时就没有固定杂波、运动杂波的干扰。注意到回波信号的特点，在目标波束驻留时间内，多个重复周期里同一个目标的回波延迟时间 t_R 几乎不变，所以，处理的方法应该针对多个重复周期里同一个距离单元进行，这多个重复周期称为相参处理间隔 CPI。这与 DFT 算法具有相同的原理，所以，设计多个频率通道的方法可以采用 DFT 算法。具体方法是在 N 个距离扫描周期，对同一距离单元的输入信号截取 N 个样本，记为：$s(0)$、$s(T_r)$、$s(2T_r)$、$\cdots$、$s[(N-1)T_r]$，简记为 $s(n)$，其中 $n = 0$、1、2、$(N-1)$，按照 DFT 定义：

$$F(k) = \sum_{n=0}^{N-1} s(n) \cdot \exp(-j2\pi kn/N), \quad (k = 0, 1, 2, \cdots, N-1)$$

(10.18)

此式可以写为

$$F(k) = \sum_{n=0}^{N-1} s(n) \cdot \exp(-j2\pi k[N-1-(N-1-n)]/N)$$

$$= \sum_{n=0}^{N-1} s(n) \cdot h_k[(N-1)-n]$$

$$= s(n) \underset{N-1}{\otimes} h_k(n), \quad k = 0, 1, 2, \cdots, N-1 \qquad (10.19)$$

其中：$h_k(n)$ 为

$$h_k(n) = \exp[-j2\pi k(N-1-n)/N] \qquad (10.20)$$

式(10.19)是 $s(n)$ 和 $h_k(n)$ 关于 $(N-1)$ 的离散卷积，则可以将 $h_k(n)$ 看作一个滤波器的冲击响应，它对应的滤波器频率特性为

$$H_k(f) = \sum_{n=0}^{N-1} h_k(n) \cdot \exp(-j2\pi nfT_r)$$

$$= \exp\left[-\mathrm{j}2\pi k(N-1)/N\right] \cdot \sum_{n=0}^{N-1} \exp\left[-\mathrm{j}2\pi n(fT_r - k/N)\right]$$

$$(10.21)$$

$H_k(f)$ 的振幅特性为

$$|H_k(f)| = \left| \frac{1 - \exp\left[-\mathrm{j}2\pi N(fT_r - k/N)\right]}{1 - \exp\left[-\mathrm{j}2\pi(fT_r - k/N)\right]} \right|$$

$$= \left| \frac{\sin\left[\pi N(fT_r - k/N)\right]}{\sin\left[\pi(fT_r - k/N)\right]} \right|, \quad k = 0,1,2,\cdots,N-1 \quad (10.22)$$

可见该滤波器的振幅特性具有 $\sin(Nx)/\sin x$ 形式,且以 $f = F_r$ 为周期。以重复频率 $F_r = 1000\mathrm{Hz}$(对应不模糊测距范围约 150km)和相参总周期为 NT_r(其中 $N=8$)为例,图 10.9(a) 为单个滤波器 $|H_0(f)|$ 特性,在 $f=0$ 及 $f=F_r$ 的滤波器通带幅度为 N,滤波器通带半功率点宽度为 112Hz(对应 $0.9F_r/N$),滤波器最大副瓣幅度为 1.83(约 $-12.8\mathrm{dB}$,比 $\mathrm{sinc}(x)$ 形最大副瓣幅度略高)。图 10.9(b) 为 $N(N=8)$ 个滤波器振幅 $|H_k(f)|$ 特性,每个滤波器的通带特性一样,但通带位置分别在 $f = kF_r/N$,其中 $k=0$、1、2、$\cdots$、$N-1$,各子滤波器分别称为 0、1、2、$\cdots$、$N-1$ 号滤波器或频道。各滤波器在提供主瓣内近似 N 倍增益的同时,也在提供副瓣内最大 $-12.8\mathrm{dB}$ 增益,副瓣是无用的或有害的。若 $N=4$ 或 $N=16$,滤波器最大副瓣幅度分别为 1.09 或 3.52(约 $-11.3\mathrm{dB}$ 或 $-13.2\mathrm{dB}$)。

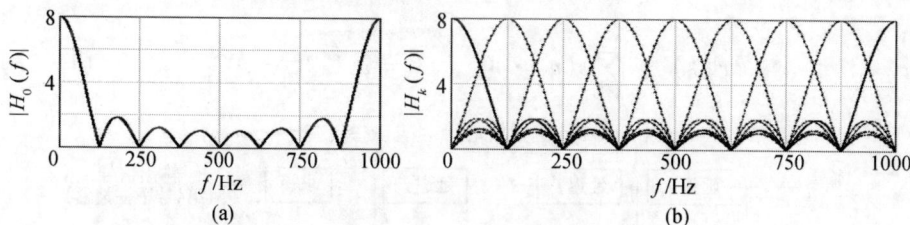

图 10.9　DFT 实现窄带滤波器组特性

由于各个滤波器频道位于不同频率上,它们对回波的滤波作用不同,结合图 3.13 回波频谱及 3.5 节的讨论来看窄带滤波器组特性的应用:

(1)对于 0 号滤波器,强地/海杂波只在它的通道内,气象杂波可能在通道内或带阻里,目标回波可能在通道内(如切向飞行)或带阻里。显然,在 0 号滤波器里目标回波被强杂波压制了而无法检测。

(2)对于 1 号滤波器和 7 号滤波器,由于它们是最靠近 0 号滤波器的,强地/海杂波的扩展频谱会延伸进入到 1 号滤波器和 7 号滤波器里,再加上气象杂波,所以,这两个滤波器里的杂波有时也较强,通过测量 0 号滤波器输出杂波强度可以对其判断,若有较强杂波,则这两个滤波器检测目标回波时需要改进:或者抬高门限电平,或者将滤波器位置向远处移动,否则,检测目标过程中将产生大量虚警。

(3)对于其他滤波器,利用各通道内信号强度建立各自的门限进行判决。若通道里仅有目标回波,目标的检测背景就是噪声。有区域位置分布型杂波的通道里可以与邻近方位/距离单元回波强度进行比较判断,目标的检测背景就是杂波。

(4)除了切向飞行,若目标频谱正好落入 0 号滤波器,或 1、7 号滤波器,这通常是由于目标的多普勒频率发生了跨重复频率后的结果,需要在改变重复频率后的下一个 CPI 里检测目标,通常改变 20% 左右重复频率可以将目标频谱移到其他滤波器里,而地/海杂波及气象杂波的频谱不会发生跨重复频率。所以,空管雷达设计都在波束驻留时间里采用改变 20% 左右重复频率的 2~3 个 CPI 进行参差工作。

以上设计多个频率通道的方法是采用 DFT 算法实现的,在频域分析窄带滤波器组特性的意义也很明显。在实际设备中常采用时域处理,即式(10.23)所表示的采用 FIR 滤波器实现,其结构如图 10.10 所示,这种结构形状滤波器常称为横向滤波器(Transversefilter)。最后的求模处理是将 I 和 Q 两路信号平方、相加、再开方。

$$F(k) = \sum_{n=0}^{N-1} s(n) \cdot W_{kn}, \quad k = 0,1,2,\cdots,N-1 \qquad (10.23)$$

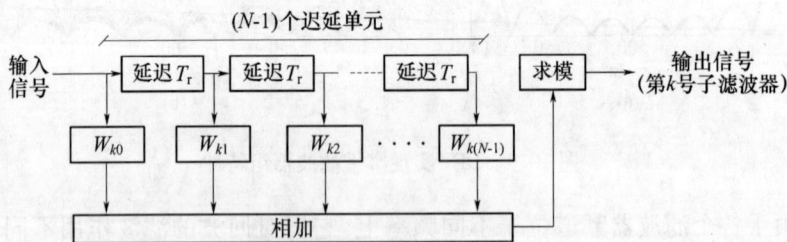

图 10.10　FIR 子滤波器结构

图 10.10 中只画出了第 k 号子滤波器结构,输出信号为对应式(10.23)中 k 取 0、1、2、$(N-1)$ 中之一的值,所有 N 个子滤波器组成整个 N 阶窄带滤波器组。

图 10.10 中的 W_{kn} 可以看作是一组对应 k 值的加权因子,当它取式(10.18)

150

中的参数即 $W_{kn} = \exp(-\mathrm{j}2\pi kn/N)$ 时,满足 DFT 运算,并且当 N 取 2 的整次幂时,DFT 可以采用 FFT 快速算法一次获得 k 的所有 N 个输出,运算速度是最快的。但是,图 10.9 中各子滤波器特性有局限性,不够好,主要原因有:

(1) 各子滤波器主瓣宽度不能与目标谱位置或杂波谱位置很好地匹配,各子滤波器主瓣在频率轴上位置均匀分布,不能与目标谱位置或杂波谱位置很好地匹配。

(2) 各子滤波器副瓣幅度太大,对杂波抑制效果差。

现代数字器件的速度已经完全突破运算速度的限制要求,所以,实际上仍然直接采用式(10.23)的算法实现窄带滤波器组。该方法的优点是可以灵活设计、选择合适的加权因子。

1. 降低副瓣幅度及调整主瓣宽度

较强的杂波会从目标频道的滤波器副瓣进入,其幅度可能比目标频道的回波强,所以,实际运用中需要将滤波器副瓣幅度压低,与脉压滤波器输出的处理方法类似,加权算法需要在时域注入,即 W_{kn} 加权因子不能是式(10.18)中的单纯相位因子,需要重新选取。图 10.11 中显示了两个特性曲线组,图中下面的曲线为采用海明加权后特性曲线组,为了比较,将没有加权的特性曲线组画在上面,并且纵坐标都用归一化的对数标注。加权的作用是副瓣幅度从 $-12.8\mathrm{dB}$ 降至约 $-32\mathrm{dB}$,但是,主瓣宽度加大了约 1.6 倍。通常,副瓣幅度及主瓣宽度是相互制约的,调整过程中需要折衷考虑。

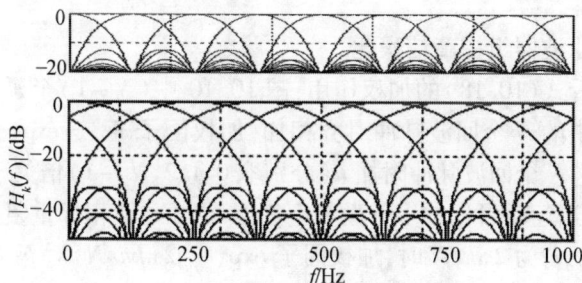

图 10.11 加权改善窄带滤波器组特性

2. 调整频道位置

窄带滤波器频道位置在 $f = (k/N)F_r$ 处。在式(10.18)中及式(10.23)中选择 k 为非整数,则滤波器频道位置可以随之变化,此时,FIR 滤波器虽不满足 DFT 的定义,却允许实时调整 W_{kn} 加权因子以适应杂波环境。实际环境中,可能强地杂波出现在某些方位/距离上,此时,通过监测 0 频道及相邻两侧频道的窄带滤波器中的杂波强度(实际监测杂噪比),设置对应于强杂波的滤波器加权系数;而在另外的方位/距离上强地杂波没出现时,设置对应于弱杂波的滤波器加权系数,构成了自适应设置滤波器加权系数。如将杂波强度划分为 3 挡:50dB 以上为强杂波区,50 ~ 20dB 为中杂波区,20dB 以下为弱杂波区,通过实时监测杂波的存在及强度,自动产生或选择预设的滤波器加权因子,以期保证对强杂波高度抑制的前提下,尽量减少信噪比损失,不降低对弱小目标的检测能力。图 10.12 为某雷达强杂波区采用的窄带滤波器组特性曲线图。注意到非 0 频道窄带滤波器的副瓣延伸到频率为 0 附近时幅度被压得更低。通常要求强地杂波改善因子达到 50dB 及以上。当滤波器副瓣压得更低后,其主瓣展得更宽,而此时在 0 频道又有强杂波,所以,邻近 0 频道两侧的滤波器位置也要远离 0 频道。在窄带滤波器频道位置重新布置后,滤波器的总数也可以设计为大于或小于 N。

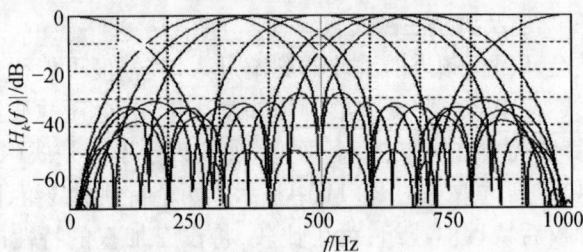

图 10.12　某雷达强杂波区采用的窄带滤波器组特性曲线图

窄带滤波器组的应用不仅能有效抑制杂波,还对目标回波有积累作用,下面详细讨论其特性。

(1) 窄带滤波器组提高信噪比。

从时域来看式(10.18)的加权作用:图 10.10 中($N-1$)个延迟单元的作用是将输入信号中的 N 个回波脉冲对齐相加,加权因子 $W_{kn} = \exp(-j2\pi kn/N)$ 的作用是分别给这 N 个回波脉冲附加 n(分别取 0、1、2、$N-1$)倍关于 k 的 $-j2\pi/N$ 相位值。因此,当运动目标的多普勒频率 f_d 为 kF_r/N,即相邻重复周期目标回波的相位变化 $2\pi f_d T_r$ 为 $2\pi k/N$ 时,加权因子 $\exp(-j2\pi kn/N)$ 对 N 个样本 $s(n)$ 分别进行相位加权,使该 N 个样本都变成归一化的 $\exp(-j0)$ 同相相加再输出,则信号幅度增加 N 倍。事实上,傅里叶变换或滤波的本质就是如此。

对某一频道 k 而言,将 NT_r 同一距离单元的 N 个目标回波信号叠加,信号幅度增益为 N,则功率增益为 N^2 倍。同时,由于噪声的随机特性,NT_r 同一距离单元 N 个噪声叠加平均功率增益约为 N^2 倍(参见式(4.12),这里视滤波器组总通带范围为 $0 \sim F_r$),噪声均匀分布在 $0 \sim F_r$ 范围,在频道 k 内噪声平均功率约为整个 $0 \sim F_r$ 范围的 $1/N$ 倍(参见图 10.9),所以,各频道信噪比增益约为 N 倍。由此,可以将窄带滤波器组处理看作是 N 个脉冲的理想积累,相当于对 N 个脉冲串的匹配滤波。需要注意的是,对 FIR 滤波器作抑制副瓣的加权时,由于频道主瓣加宽了,该频道噪声输出功率也增加了,信噪比降低。所以,FIR 滤波器的加权需要随时依据杂波强弱自适应调整,才能减少信噪比不必要降低。

(2) 窄带滤波器组提高信杂比。

当目标与杂波的多普勒频率不同时,它们主要集中在不同的滤波器频道。在目标出现的 k 号滤波器里,该滤波器的各副瓣以对应副瓣幅度值将其它频率上的杂波加入到目标频道,杂波的抑制取决于 k 号滤波器各副瓣幅度值对杂波强度的增益(也是衰减)。

窄带滤波器组改善因子适合采用信杂比改善 I_{SCR} 来分析:以图 10.9 为例,$N = 8$,对 k 号滤波器而言,主瓣增益最大值为 8,从 k 号滤波器副瓣加入频率上位于其它 $N-1$ 个频道杂波其增益最大值分别为 1.83、$\cdots$,则图 10.9 窄带滤波器组信杂比改善 $I_{SCR(k)}$ 为

$$I_{SCR(k)} = \frac{S_o \bigg/ \sum_{m=0}^{N-1} C_{(k)m}}{S_i / C_i} = \frac{N^2}{\sum_{m=0}^{N-1} C_{(k)m} \bigg/ C_i} \tag{10.24}$$

式中:$C_{(k)m}(m = 0, 1, \cdots, N-1)$ 为 k 号滤波器输出的副瓣加入的频率上位于 m 号滤波器的杂波功率。

从式(10.24)可以看出:由于近距离的 $C_{(k)0}$ 将会很强,窄带滤波器组中的 0 频道杂波需要极大抑制;而远距离无地杂波时,$C_{(k)0}$ 可忽略,窄带滤波器组中的 0 频道无需极大抑制。实际上,还要考虑不同方位上是否有强杂波,所以,FIR 滤波器系数的调整或最佳选择一般都根据杂波环境和强度自适应按方位/距离单元运作。

特别需要注意的是:窄带滤波器组对输入信号的 N 个重复周期里同一个距离单元进行截取数据,见式(10.18),这需要该 N 个发射脉冲的频率保持不变,重复频率也不能变,否则,各周期间信号相位差的剩余会附加在信号中被相参处理输出到脉冲幅度上,改变窄带滤波器组处理的效果。

10.3.2 恒虚警率处理

虽然脉压处理及窄带滤波器组处理对噪声和杂波进行了抑制,但还是会留下剩余,这些剩余仍然可能影响对目标回波脉冲信号的检测,有时甚至极大地超过目标回波的强度,使后续的点迹录取、目标跟踪中的电路模块或计算机饱和,或影响处理的性能。大量噪声和杂波超过检测门限所产生的虚警危害极大,一定要将虚警概率限制在可以承受的范围内。

在 5.1 节已经讨论过视频噪声为瑞利分布时,满足恒虚警概率 10^{-6} 的条件为 $V_T = 5.26\sigma_A$,这可以理解为对输入纯噪声采样求取均方根值 σ_A 后乘以系数 5.26 作为门限电压 V_T,称门限电压随输入噪声均方根值 σ_A 自适应。若对输入视频信号用输入纯噪声的均方根值 σ_A 归一化,则获得新的均方根值为 1,这时,可以视为输入视频信号中的噪声幅度得到稳定,则门限电压 $V_T = 5.26$ 为定值,称输入视频信号随输入噪声均方根值 σ_A 自适应。综上所述,获得恒虚警概率的两种方法就是两种自适应处理方法,即对输入视频信号用输入纯噪声均方根值 σ_A 归一化处理;或使检测门限电压随输入噪声均方根值 σ_A 自适应变化。

图 10.13 所示为对输入视频信号用输入纯噪声均方根值 σ_A 归一化处理示意图。其中,图 10.13(a) 取样脉冲控制从输入信号中雷达工作时间的休止期(无回波)采样,计算出纯噪声的均方根值 σ_A(取样平滑),使输入信号作归一化(除法)后输出,其结构是开环的。图 10.13(b) 取样脉冲控制从输出信号中雷达工作时间的休止期(无回波)采样,计算出纯噪声的均方根值 σ_A 的倒数(取样平滑),控制放大器的放大量,其结构是闭环的。图 10.13 结构没有对门限值进行控制,人工修改取样平滑算法中的参数可以起到控制虚警概率的作用。

图 10.13 对输入视频信号用输入纯噪声均方根值 σ_A 归一化处理示意图

图 10.14 所示为检测门限电压随输入噪声均方根值 σ_A 自适应变化示意图。图中取样脉冲控制从输入信号中雷达工作时间的休止期(无回波)采样,计算出随纯噪声均方根值 σ_A 变化的门限电压 V_T 控制比较器的基准电压。图 10.14 的结构中,人工修改取样平滑算法中的参数可以起到控制虚警概率的作用。

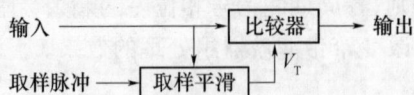

图 10.14 检测门限电压随输入噪声均方根值 σ_A 自适应变化示意图

上述讨论可以小结如下:

(1) 上述两种自适应处理方法的效果在理论上是一样的。

(2) 当输入噪声满足瑞利型概率密度函数分布时,可以确保输出虚警概率恒定。而实际环境中噪声分布难以预测时,取样平滑算法中的参数都预留给人工现场维护时修改,确保输出虚警概率限定在指定值以下。

（3）对噪声条件下讨论出的恒虚警率处理两种方法也可以推广到杂波条件下,对杂波而言,采样不是在雷达工作时间的休止期（无回波）进行,而要在杂波出现的区域里进行。

（4）需要特别指出的是:前一种方法是将输入视频信号（目标和噪声、杂波）都放大或缩小,确保超过门限后的虚警概率恒定;后一种方法是将门限提高或降低,确保超过门限后的虚警概率恒定。但是,它们都没有对信号的针对处理,换句话说是没有信噪比和信杂比的提高。

1. 慢门限恒虚警处理

抑制纯热噪声常采用慢门限恒虚警率（Slow Threshold Constant False Alarm Rate）处理方式。慢门限恒虚警率检测电路原理框图如图 10.15 所示。考虑到只有在远距离时间段视频信号才可以认为几乎是纯噪声,累加求和的输入信号取自 150km 以外的非杂波区时间段,对 256 个连续单元取样得到平均值,将其作为下一个重复周期的噪声均值,再与人工设置的虚警概率值计算出自适应门限电压。比较器输入视频信号超过门限即代表了有 EP1。由于噪声强度变化不大且缓慢,门限电压调整也相应缓慢,所以称为慢门限。它属于使检测门限电压随输入噪声均方根值 σ_A 自适应变化的处理方式。其中的"人工设置的虚警概率值"可以不是 10^{-6},如可以将该值设置得更低,以免输入视频噪声不是瑞利分布时,这种自适应所控制的结果会使虚警概率超过 10^{-6}。图 10.15 的结构没有对输入视频信号归一化处理,直接控制门限值。

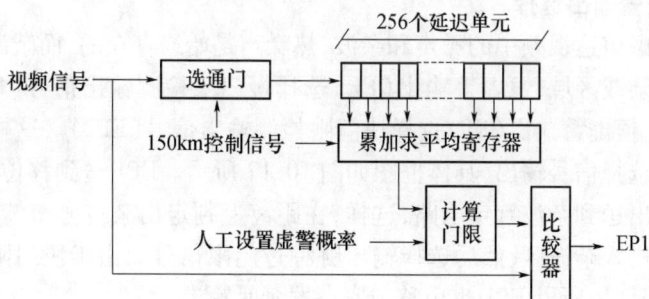

图 10.15 慢门限恒虚警率检测电路原理框图

2. 快门限恒虚警处理

由于杂波仅存在于一定距离和方位上,不同距离和方位单元的杂波幅度起伏较大又快,抑制视频信号中杂波常采用快门限处理方式。一种快门限恒虚警率（Quick Threshold Constant False Alarm Rate）检测电路原理框图如图 10.16 所示。在一个重复周期内,以被测距离单元为中心,前/后 8 个距离单元为参考单元,由参考单元求出杂波平均值,对被检测单元的输入视频信号作归一化处理降低杂波起伏幅度,再与人工输入门限值比较得到输出。比较器输入视频信号超过门限即代表了有 EP2,又称这种 CFAR 为 CA – CFAR(Cell Average – Constant False Alarm Rate,单元平均恒虚警率)。图 10.16 中采用前后两组参考单元求估值并选大者参与归一化,是为了消除杂波单元的边缘效应,又称这种 CA – CFAR 为 GO – CFAR(Greater Of – Constant False Alarm Rate,选大型恒虚警率)。因为杂波幅度起伏的概率密度函数通常不服从瑞利分布,图 10.16 的结构是依据前/后 8 个距离单元求平均,图中被测单元左、右各空一个单元不参与求平均,以免目标回波过宽时对平均值造成影响。快门限恒虚警检测的具体结构和方法有很多种,可以在设计时留出备用,参照实际环境选定。图 10.16 所示的结构直接对输入视频信号归一化处理。

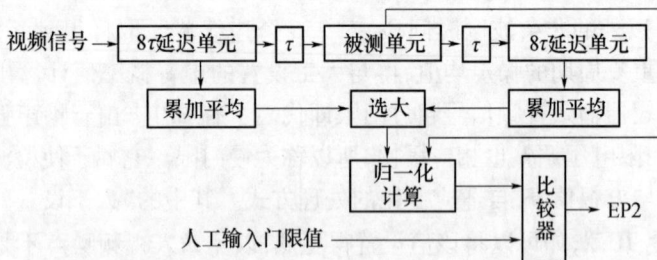

图 10.16　一种快门限恒虚警率检测电路原理框图

3. 恒虚警输出选择

综合考虑雷达视频中的噪声和杂波,热噪声是始终存在的,而杂波是区域性的,因此,无杂波区域,恒虚警输出(EP)选择慢门限检测输出信号(EP1),而在有杂波区域,恒虚警输出(EP)选择快门限检测输出信号(EP2)。这样就需要判定杂波区来选择信号输出,具体框图如图 10.17 所示。EP1 送到移位寄存器,移位寄存器输出送到杂波判定电路,这样,在距离上判定出杂波分布情况,从而确定信号是否进入杂波区,然后选择输出哪种过门限信号。由于快门限杂波处理在距离上有延时,所以 EP1 也由移位寄存器延时输出。

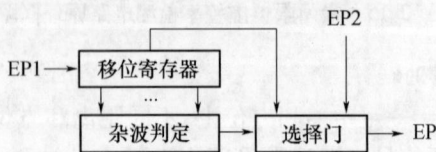

图 10.17　恒虚警输出选择电路原理框图

上述恒虚警率处理方式已经被现代雷达普遍采用,需要说明的是:

(1) 恒虚警率处理可以抑制杂波输出,降低虚警概率,但没有信噪比和信杂比的增加,还会略有降低,一般可以忽略。

(2) 在 MTD 的分频道处理中,上述的恒虚警率处理方式主要用在非零频道,但也是分频道独立处理的,各频道采用各自的自适应门限进行检测。如此,在没有杂波的频道里检测目标时不会受到其他频道里杂波的影响。

(3) 快门限恒虚警率中的人工输入门限值常设计成按方位/距离分段设置,以适应不同方位/距离上杂波的不同强度,类似于自适应门限图。

(4) 上述恒虚警率处理方式将检测的虚警概率恒定在一定值。但是,当实际噪声或环境杂波不是瑞利分布型时就不能或难保持虚警概率恒定。人工输入门限值的设置改变了虚警概率,实际上是设置了虚警概率的上限,避免在不确定的检测背景中虚警概率超出指标,在这样的设置操作中就会有一定的发现概率损失。

10.3.3　剩余杂波图处理

1. 杂波图原理

将雷达所要监视的空域按方位/距离划分为若干个细小单元,在天线扫描过程中把从这些单元接收到的回波(主要是杂波)强度存储在对应单元的存储器里。存储器里这些值就对应了雷达所要探测空域杂波强度的分布,常称为雷达杂波图,存储器的存储单元又称为杂波单元。信号处理中所谓自适应处理的方法主要就是根据杂波干扰的实时强度采取有针对性的算法和措施。根据杂波图的不同用途,杂波单元划分方法和杂波图存储、更新方法也是不同的。

杂波单元划分通常与雷达分辨单元大小对应,以便与雷达天线波束驻留扫描相对应。但有时考虑到简化存储电路以及杂波的成片分布特性,将杂波单元大于雷达分辨单元。杂波图的建立与更新方法之一是采用所谓单极点反馈积累法,其结构框图如图 10.18 所示。天线扫描过程中将某杂波单元本帧的输入杂波数据和杂波存储器中该单元杂波数据(过去帧存入的杂波平均数据)进行反馈积累加权,输出再存入存储器该单元更新。加权系数 K 可按经验取 7/8,也可

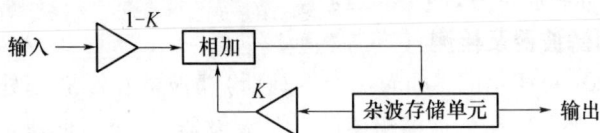

图 10.18　单极点反馈积累法结构框图

由人工现场更改。这种更新方法可以消除非固定杂波信号的影响。

2. 剩余杂波图检测

从窄带滤波器组输出的杂波剩余可以采用杂波图控制下的比较器判决：有目标时，当前输入数据会明显大于同单元存储器中杂波数据，比较器有输出；否则，没有输出。图 10.19 所示表示了杂波图检测的结构，通过人工现场更改图 10.18 中加权系数 K，可以控制该杂波图检测的虚警概率，这种杂波图常称剩余杂波图。有的杂波图检测结构与此不同，杂波图从输出端采集若干次扫描过门限的虚警个数自适应调整比较器的控制门限，所以，又称为自适应门限图。

图 10.19　杂波图检测结构框图

图 10.19 所示的剩余杂波图又有快响应图和慢响应图两种，分别针对地杂波/气象杂波、仙波。地杂波/气象杂波剩余在天线扫描期间相关性强，杂波图的更新调整一次一般只需几帧，杂波单元大小的选取为：距离上 16 个距离分辨单元，方位上 1~2 个波束半功率点宽度。仙波剩余在天线扫描期间相关性弱，杂波图的更新调整一次一般需要几十帧，以便消除仙波的干扰。慢响应图杂波单元大小的选取通常按照等面积单元方式：先将雷达探测距离范围等分成若干段，而在方位上随着距离的增加而增加单元数。如：距离上先分为 16 段，每段 64 个距离单元，方位上在第一个距离段划分为 4 个方位单元，以后，每增加一个距离段，方位上单元数增加 8。快响应图和慢响应图的运用一般在现场由人工通过 RAG 进行设定。

10.3.4　零频道处理

在窄带滤波器组分频道处理中，由于地杂波始终占据着窄带滤波器中的零频道，当目标切向飞行（多普勒速度很低）时也会落在该频道，即使雷达改变工作频率和重复频率也无济于事。因此，需要另外设计独立通道来专门处理径向速度很低的目标回波信号，即零频道。

1. 深凹口滤波器及检测

如图 10.20(a) 所示的 Kalmus（卡尔马斯）滤波器在零频率处有极深、窄的凹口，可以用来替代窄带滤波器组中的 0 号滤波器，适合对低速目标的滤波，除非目标作严格的切向飞行（至少不会长时间严格切向飞行）。Kalmus 滤波器的实现方法是：在窄带滤波器组中，将 0 号滤波器与 $N-1$ 号滤波器幅频相减并取模,如图 10.20(b)中虚线所示,再将它频移 $1/(2NT_r)$ 后即可。

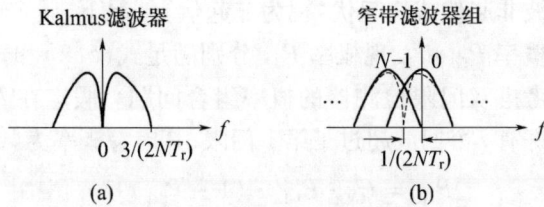

图 10.20 Kalmus 滤波器的形成

从 Kalmus 滤波器输出的杂波剩余可以采用杂波图控制下的比较器判决,如图 10.19 所示。原理也是一样的,但这里主要针对地杂波处理,有时称其为精细杂波图。

2. 超杂波检测

空管雷达在零频道更多直接采用杂波图对目标过滤:有目标时,当前输入数据会明显大于同单元存储器中杂波数据,正常输出作为目标;否则,没有输出。因为在目标相对于雷达作圆周运动时,目标雷达截面积正好处于最大时,目标回波叠加在杂波上比只有杂波时的信号要强。由于它能将作严格切向飞行的目标检测出来,称其为超杂波检测(对应检测因子常称超杂波可见度,Super - Clutter Visibility)。其原理图如图 10.19 所示。另外,在 MTD 处理中,杂波图中的数据还用来自适应选择 FIR 非零频道滤波器系数。

10.3.5 二进制积累检测及跨周期回波滤除

图 10.21 所示为二进制积累检测器原理框图。该检测器若应用在其他监视雷达中时,输入数据是原始视频脉冲信号。首先它与预先设置的第 1 门限电压 V_T 比较,如果信号超过 V_T,比较器 1 输出"1",否则输出"0"。移位存储器将方位上连续 N 个周期中同距离单元的比较器 1 输出同时送求和器,在比较器 2 中将求和器输出"1"的个数与预先设置的第 2 门限 M 值比较,如果"1"的个数超过 M,比较器 2 输出"1",否则不输出。求和器的作用是求"1"的个数即二进制积累。

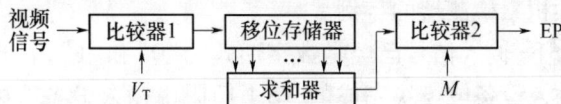

图 10.21 二进制积累检测器原理框图

显然,图 10.21 所示又是一个双门限检测器,检测性能与第 1 门限、第 2 门限值的选取均有关系,若第 1 门限电压 V_T 选取较高,弱信号就很难被检测到;若第 1 门限电压 V_T 选取较低,会出现较大虚警概率。第 2 门限 M 值选取也有类似影响。在目标回波非起伏或快起伏(视为非起伏)情况下,假定单个回波超过第 1 门限 V_T 的虚警概率 P_{fa1} 和发现概率 P_{d1} 分别满足式(5.2)和式(5.3),接下来的分析需要仔细考虑双门限检测器的概率组合问题。假定在 N 个周期中同距离单元的回波刚好有 j 个回波超过了第 1 门限,其虚警概率为

$$P_{faj} = C_N^j \cdot P_{fa1}{}^j \cdot (1 - P_{fa1})^{N-j} \tag{10.25}$$

式中:$P_{fa1}{}^j$ 为 j 次超过第 1 门限的虚警概率;$(1 - P_{fa1})^{N-j}$ 为 $N-j$ 次不超过第 1 门限的概率;C_N^j 为 N 中任意不同 j 的组合数,表达式如下:

$$C_N^j = \frac{P_{fa1\,N}^j}{P_{fa1\,j}^j} = \frac{N \cdot (N-1) \cdots [N-(j-1)]}{j!} = \frac{N!}{j! \cdot (N-j)!} \tag{10.26}$$

至少有 M 个回波超过了第 1 门限的虚警概率,即 $j \geq M$ 的虚警概率为

$$P_{fa} = P_{faj}(j \geq M) = \sum_{j=M}^{N} C_N^j \cdot P_{fa1}{}^j \cdot (1 - P_{fa1})^{N-j} \tag{10.27}$$

同样的分析过程,可得至少有 M 个回波超过了第 1 门限(即 $j \geq M$)的发现概率为

$$P_d = P_{dj}(j \geq M) = \sum_{j=M}^{N} C_N^j \cdot P_{d1}{}^j \cdot (1 - P_{d1})^{N-j} \tag{10.28}$$

式(10.27)和式(10.28)都很复杂,给应用带来不便。按照 Neyman - Pearson 准则,恒定虚警概率时应使发现概率最大。进一步的分析思路是:当 N 一定时,由式(10.27)中虚警概率恒定,则 V_T 与 M 有对应关系;再由式(10.28)中使发现概率最大,寻找 V_T 与 M 最佳组合。许瓦兹(Schwarz)已经证明最后的结果是:

$$M_{opt} = 1.5\sqrt{N} \tag{10.29}$$

即 M 的最佳值为 N 开平方后的 1.5 倍。在此条件下,双门限检测器性能非常接近 Neyman - Pearson 准则下视频积累检测器的特性;或者,可以近似将二进制积累检测视作视频积累检测器的特例。

在有些场合下,输入信号已经是数字形式的"0"和"1",相当于图 10.21 中比较器 1 是由输入设备或模块完成的,第 1 门限由输入设备或模块确定了。将图 10.21 所示二进制积累检测器应用在 MTD 处理的窄带滤波器组之后时,波束驻留时间内 CPI 之间设计为参差变重复周期,在波束驻留时间内同方位/同距离单元一般有 3 个 CPI 输出,则 N 为 3,所以,常取 M 为 2,即在波束驻留时间同方位/同距离单元内 3 个 CPI 输出中只要有 2 个 CPI 判决出了 EP 则确认为输出确

有 EP。对于那些在 2 个 CPI 之间不相关的 EP,确认为异步干扰,无输出,如此也可以将跨周期回波滤除。若 N 为 4,则取 M 为 3。

跨周期回波的视在距离值与当前工作的重复周期值密切相关。参见图 2.6(b),跨周期回波的视在延迟时间值与目标的真实延迟时间值差了一个重复周期值。在相邻的 CPI 里,随着重复周期的变化,跨周期的同一目标回波的距离位置一定会同步变化。利用这个特点,在波束驻留时间内,通过对各相邻 CPI 里的回波在视在延迟时间值及重复周期值的相关性检查分析,可以发现哪些回波是跨周期回波。所以,对跨周期回波也可以如此滤除或作上标记,作上标记的回波在后续处理中再进一步滤除。需要注意的是,有时出现的距离模糊回波可能是跨了几个重复周期,尤其是在同一 CPI 里仅发射短脉冲用于近距离探测的情况。

10.3.6　回波信息数据提取

检测出 EP 后,需要将 EP 所对应的原回波信息进行提取。即获得 EP 的方位/距离/幅度等数据,以及窄带滤波器组检测出 EP 的频道号、重复周期值、雷达工作方式和回波接收 GPS 时间,以便后续进行点迹处理。

图 10.22 所示为 MTD 处理的方位/距离单元划分。方位上尺度一般为波束半功率点宽度 $\beta_{0.5}$,而有的雷达则稍宽,其中又分为几个 CPI(一般分为 3 个 CPI);距离上尺度一般为距离分辨力 ΔR,而远距离段稍宽。图 10.23 所示为方位/距离单元的 CPI/频道单元划分。将一个 CPI 内 N 个重复周期 T_r 里时间段 ΔR 里的回波进行 FIR 滤波,在频域里形成 N 个频道,采用 FFT 方法实现 FIR 滤波时频道宽度约为 $1/NT_r$,每一个频道又分别对 EP 进行了检测。上述的二进制积累检测将 3 个 CPI 综合检测结果作为图 10.22 所示方位/距离单元的检测结果,该检测结果的含义表明该空域位置有目标(EP)或无目标。但是,有目标情况下,目标的方位/距离参数还需要仔细估算,目标的个数还需要仔细分辨。

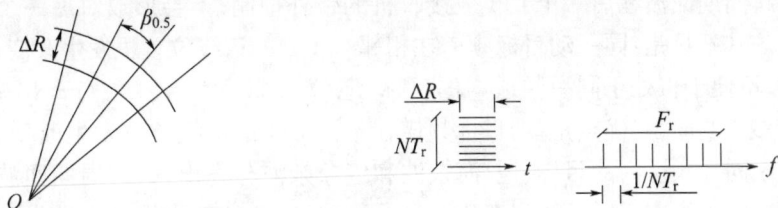

图 10.22　MTD 处理的方位/距离单元划分　图 10.23　方位/距离单元的 CPI/频道单元划分

方位编码器送出的实时更新数据代表了天线波束指向的方位数据,雷达接收到的回波在送窄带滤波器组输入端的同时就将天线波束指向的实时方位数据附在一起。距离计数器送出的实时更新数据代表了回波到达时间数据，雷达接收到的回波在送窄带滤波器组输入端的同时就将距离计数器的实时距离数据附在一起。脉冲压缩处理单元送出的实时更新数据代表了回波脉冲的幅度数据，在送窄带滤波器组输入端的同时就将回波脉冲的幅度数据附在一起。获得了方位/距离单元的检测结果后，有 EP 情况下，将窄带滤波器组输入端存储器里的回波信息(方位/距离/幅度/回波接收 GPS 时间等数据)提取出来，再加上窄带滤波器组检测出目标的频道号、重复周期值，形成目标回波数据块(或原始报告)，送后续进行点迹处理。即从表 10.1 中采集数据，将满足 EP 情况的方位/距离单元中所有回波

表 10.2　EP 对应的方位/距离单元回波数据块

	数据字($D_{15} \sim D_0$)
1	序号或标识码
2	方位数据
3	距离数据
4	幅度数据
5	接收 GPS 时间数据
6	窄带滤波器组频道号、重复周期值

数据采集,形成如表 10.2 所列的回波数据块。有的雷达中将幅度数据用 EP 对应的输出幅度替换。

10.3.7　脉组参差变频及参差变周

天线波束驻留时间内同一目标多个回波是形成目标点迹所能获取信息的所有来源,将该驻留时间内脉冲序列合理分配 CPI 对点迹信息质量起着决定作用。需要考虑的主要因素有:

(1) 采用 AMTD 处理检测运动目标的方式要求 CPI 内不能变频及变周。窄带滤波器组处理是对 N 个相邻重复周期进行相参处理的,因而它要求天线波束对同一运动目标的驻留时间不小于 NT_r,并且这 N 个发射脉冲的频率不能改变、重复频率也不能变。

(2) CPI 间可参差变频,其优点是:可改变或提高 CPI 间信杂比;前一个 CPI 的跨周期回波在后一个 CPI 被接收机的带外抑制,不会形成对后一个 CPI 的干扰。其不足是:同一动目标频谱在相邻 CPI 中的谱线位置虽发生改变,但变化不大,不便于将处于同一频道内的目标、地/海杂波和气象杂波分离出来。CPI 间可参差变周,其优点是:动目标频谱在不同 CPI 的谱线位置发生改变,有利于将处于同一频道内的目标、地/海杂波和气象杂波分离出来;跨周期回波在接收时间上的位置在不同 CPI 间变化明显,可以在后续处理中视作为异步回波对其进行抑制;可以反盲速。其不足是:仅改变重复周期时,前一个 CPI 的跨周期回波会形成对后一个 CPI 的干扰。

事实上,空管雷达天线水平波束半功率点宽度内可以安排约 3 组 CPI 的脉

冲串,各组内均满足工作频率不改变、重复频率也不改变的要求,而组间改变工作频率、重复频率,或改变脉冲宽度等,将 3 组检测到的同一个目标再进行组间综合处理。CPI 间参差变频及参差变周,使动目标频谱在不同 CPI 的谱线位置发生改变,避免了不同 CPI 内目标、地/海杂波和气象杂波始终占用同一频道,容易检测目标,并可以反盲速。

(3) CPI 内频率分集也可改变或提高 CPI 内信杂比,使动目标频谱在各窄带滤波器组里位置发生改变,避免了各窄带滤波器组内目标、地/海杂波和气象杂波始终占用同一频道,容易检测目标,并可以反盲速。但是,这需要增加频率分集的接收和处理通道。

(4) 在短/长脉冲间或 CPI 间同频回波跨周期能被接收机正常接收处理,这种跨周期回波将进一步在信号处理器输出端形成 EP,影响点迹凝聚。解决的办法是:在短/长脉冲间或 CPI 间的脉冲内调制相位特性取反,则采用同一滤波器过滤时,跨周期回波将不被压缩且幅度下降(参见 6.6 节分析),其不利影响可以忽略不计;或设计短/长脉冲间或 CPI 间的发射频率改变。

在 CPI 内远距离回波跨周期被接收的现象也常见,应设法判断出跨周期回波(如在方位/距离各单元建立和更新一个滤波器组选择图),若发现了跨周期回波就需要丢弃第一个周期回波,仅留下后续 $N-1$ 个周期回波进行 MTD 处理,即 FIR 滤波器阶数降低到 $N-1$ 阶,然后在二进制积累检测中,跨周期回波变成为异步干扰被滤除。同理,在仅短脉冲组成的 CPI 内部,由于对应的重复周期也较小,可能需要丢弃连续前几个周期的回波。

(5) 早期的 MTD 在同一个方位/距离单元曾采用 2 个 CPI 重复覆盖。而现代 MTD 一般采用 3 个或 4 个 CPI 重复覆盖,便于采用二进制积累检测器滤除跨周期回波。若 3 组 CPI 所需时间超过了按半功率点波束宽度对应的驻留时间,似乎没有足够的脉冲数可用于 AMTD 处理,如在 L 波段中脉冲数较少。事实上,半功率点波束宽度之外的回波也是有效的,只要有足够的脉冲功率冗余量即可。

例 10.1：S 波段空管雷达波束驻留时间内相参脉冲组对应时间的计算:雷达天线转速为 12r/min,波束半功率点宽度为 1.45°,按照雷达最大作用距离 150km 选定的重复周期为 1000μs 左右,则波束驻留时间内的脉冲数有 20 个,允许并安排 3 组 CPI 是适宜的。

10.4　点迹处理

经过了 AMTD 后,检出了大量的 EP 及所附的回波信息并形成了目标回波数据块。空中的一个目标可能多次在相邻近几个方位/距离单元产生 EP,或者说需要判断出到底有哪些 EP 是属于同一个目标的,即进行点迹凝聚处理——求目标回波质心值,并确认目标的真实及精确的方位/距离值。通过审查回波信息中脉冲串幅度规律,对于确定目标回波质心值具有决定意义,目标位置的精度和分辨率也是非常重要的。

空中的一个目标在天线波束驻留时间内返回了一系列回波,图 10.24 所示为某雷达显示器上回波视频照片,从中可以看出一个目标的航迹由均匀分布的点迹组成,而每个点迹实际上又包含若干个回波,图中在方位上散开明显、距离上散开不明显。但是,一个目标只应该有一个确定的方位/距离位置参数,使数据处理器的相关和跟踪处理更准确,它同时也大大压缩了数据相关的数据量。若目标处在杂波中,则过门限的 EP 将更多,目标观测质心值的求解将是复杂的过程。最终要达到的目的如图 10.25 所示,它是某雷达数据处理后显示器上二次信息照片(其中的小三角形标志是没有能够形成航迹的虚警点迹)。经过点迹凝聚后,目标点迹数据块将如表 10.3 所列。

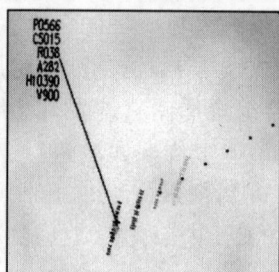

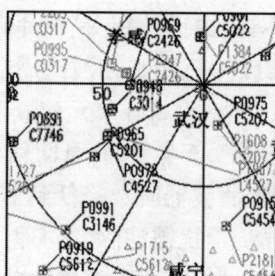

图 10.24　某雷达显示器上回波视频照片　　图 10.25　某雷达显示器上二次信息照片

表 10.3　目标点迹数据块

	数据字($D_{15} \sim D_0$)		数据字($D_{15} \sim D_0$)
1	序号或标识码	5	到达时间数据
2	方位数据	6	窄带滤波器组频道号、重复周期值
3	距离数据	7	打分(EP 数)
4	幅度数据		

10.4.1　预点迹数据归并与分辨

为了使目标点迹凝聚过程获得的方位/距离参数值更加精确,有必要先对大量的 EP 进行审查,与标准的单个目标回波脉冲串数量、幅度规律进行对比。审查过程通常按方位扇区依次进行,以避免将目标点迹分裂。

164

首先找出各 EP 群中的主峰值回波,再以该回波向距离、方位扩展,鉴别相邻近的 EP 是否满足该回波距离上脉压副瓣、方位上波束副瓣特征。由于 MTD 处理方式将空域按照方位/距离划分为多个单元,通常一个目标还会出现在相邻近的几个单元,以及在 FIR 滤波器中占据相邻近的频道。但是,超出标准规律的 EP 就要标上点迹质量不可信的标志,如在距离上低于回波主峰值以下脉压副瓣幅度的、在方位上超出回波主波束 3dB 宽度以外的、在 FIR 滤波器中连续占据大多数频道的。

天线波束形状还可以用来预分辨出目标的个数。首先将天线旋转扫过某目标所产生回波幅度包络进行归一化并存储后作为"标准回波幅度包络"。当 EP 分布在多个方位相邻单元时,采用"标准回波幅度包络"进行匹配运算,以找出两个以上主峰值点。

图 10.26 给出了预点迹数据归并与分辨过程示意图,图 10.26(a)中每个小长方形为 EP 群的方位/距离单元,经过上述处理,归并与分辨出 3 个预点迹,如图 10.26(b)中虚线框中所示。如此,将 EP 群转化为预点迹群。

EP 群中 FIR 滤波器频道号及对应的重复周期值也可以用来分辨目标的个数。每个方位/距离单元中各 CPI 间的发射频率、重复频率都是对应相关的,因而,同一目标的 FIR 滤波器频道号及对应的重复周期值也应该对应相关,由此,可以将频道号及对应的重复周期值不对应相关的 EP 群作为不同目标对待。

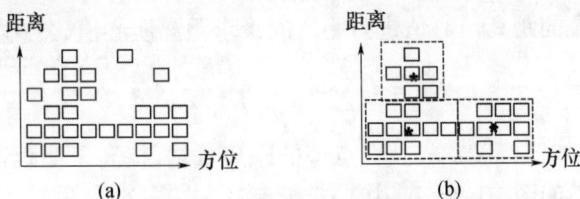

图 10.26　预点迹数据归并与分辨过程示意图

10.4.2　点迹凝聚

一般监视雷达采用滑窗式非相参积累,直接将输出 EP 作为点迹,接下来用 EP 控制点迹回波方位/距离信息的录取。即从"目标开始"时就读取方位编码器数据和距离编码器数据,在"目标结束"时停止读取,从读取数据中估算出目标点迹的方位/距离质心值。而空管雷达普遍采用 CPI 进行相参积累检测目标,检测出来的 EP 就是属于某个方位/距离单元的,即方位/距离数据已经具备,接下来需要对预点迹群估算出目标点迹的方位/距离质心值,就如求物体"质心",它是一个预点迹到点迹的凝聚过程或方位/距离估值过程。由于距离精度比方位精度高,凝聚过程先距离、后方位。

1. 同方位的距离凝聚

先将同一预点迹群中同方位求距离质心值,公式如下:

$$R_{0j} = \left(\sum_{i=1}^{n} R_{ij} \cdot u_{ij} \right) \Big/ \sum_{i=1}^{n} u_{ij} \qquad (10.30)$$

$$U_j = \frac{1}{n} \cdot \sum_{i=1}^{n} u_{ij} \qquad (10.31)$$

式中:R_{0j}为预点迹群中同方位j的距离质心值;n为预点迹群中同方位j的回波个数;R_{ij}和u_{ij}分别为第i个回波距离及其幅度值,该式按照各回波幅度加权获取预点迹的距离数据,提高了凝聚精度;U_j为预点迹群中同方位j的回波幅度平均值。

2. 方位估值

将不同方位的距离质心值进行方位凝聚求方位质心值,公式如下:

$$\beta_0 = \left(\sum_{j=1}^{k} \beta_j \cdot U_j \right) \Big/ \sum_{j=1}^{k} U_j \qquad (10.32)$$

式中:k为预点迹群的方位序列总数;β_j为方位j处角度。

式(10.32)按照幅度加权获取点迹的方位数据,提高了测角精度。

3. 距离估值

将不同方位的距离质心值进行距离凝聚求距离质心值,公式如下:

$$R_0 = \left(\sum_{j=1}^{k} R_{0j} \cdot U_j \right) \Big/ \sum_{j=1}^{k} U_j \qquad (10.33)$$

式(10.33)按照幅度加权获取点迹的距离数据,提高了测距精度。如此,求出了点迹的质心如图10.26(b)中"＊"所示。

10.4.3 人工指定区域点迹过滤

虽然前面的信号处理对噪声和各种杂波进行了有效抑制,并获得了点迹的精确位置参数,但是,还会有遗漏,在某些位置上出现虚假点迹,在目标跟踪时可能出现错误。注意到点迹凝聚处理后,所有点迹都有了确定的位置参数,这就有可能从区域位置特性中判断出容易出现虚假的那些点迹:一方面,在雷达 P 显上,可以凭借经验观察到干扰区域、固定回波区域、点迹数量集中的区域等,根据数据地图可以观察到周围高速公路、桥梁的区域;另一方面,数据处理器的目标跟踪过程中可以提供航迹预测位置及"跟踪门"尺度大小。

有的雷达中,在送点迹数据到数据处理器之前设置了有效的点迹过滤专用程序,其方法是:从数据处理器传送过来现有航迹预测位置的"跟踪门",若点迹出现在这些门内将作为"真点迹"直接送数据处理器用于航迹处理,避免这些"真点迹"被任何处理过滤掉而降低目标跟踪效率。

不在"跟踪门"内的点迹需要进行点迹过滤处理,滤除满足"干扰区域、固定回波区域、地面车辆区域、点迹门限区域"条件的点迹,以降低虚警概率,也减少了传送给数据处理器的数据量。由人工设置区域位置和尺度大小的做法可以减轻计算机的处理负担。

1. 干扰区域

在雷达终端上设置"干扰区域"(Interference Area)方位/距离坐标窗口,主要依据对雷达阵地电磁环境的观察,将出现假目标干扰点迹(如同类雷达异步回波)的区域标示出来,作为滤除干扰点迹的依据,雷达信号处理器将强行滤出这些点迹。

2. 固定回波区域

在雷达终端上设置"固定回波区域"(Fixed Echoes Area)直角坐标窗口,主要依据对雷达阵地强地杂波环境的观察,将出现强地杂波的区域标示出来,避免数据处理器对其航迹起批。附加设置条件是:EP 数量门限(打分)、原始幅度门限、方位扩展。即使在预测跟踪门内也可以设置为强行滤除区。

3. 地面车辆区域

在雷达终端上设置"地面车辆区域"(Ground Vehicle Area)直角坐标窗口,主要依据对雷达阵地地形环境的观察,将周围高速公路、桥梁的区域标示出来,作为滤除地面车辆回波的区域,避免数据处理器对其航迹起批。附加设置条件是:EP 数量门限(打分)、原始幅度门限、方位扩展。该功能需要"点迹门限区域"设置在该区有效。

4. 点迹门限区域

在雷达终端上设置"点迹门限区域"(Plot Threshold Area)直角坐标窗口,主要限制该区域内送数据处理器的点迹数量。在标示的区域内点迹数量超过时,低质量的点迹将被滤除。

10.5　信号处理典型框图

10.5.1　第一代 MTD

文献[1]介绍了最初的三代 MTD。第一代 MTD 组成方框图如图 10.27 所示,它是由美国麻省理工学院的林肯实验室研制出来的。MTD 的引入代表了雷达在杂波背景中检测飞机的一个革新和重大进步。它最初为 FAA 的机场监视雷达 ASR-8 设计,该雷达的相关参数是:作用距离 60nmile,工作频率在 S 频段(2700～2900MHz),脉冲宽度为0.6μs,水平波束宽度为1.35°,天线转速为12.8r/min,平均重复频率为1040Hz,平均功率为875W,该雷达使用4个参差的重复频率,但重复频率的参差与MTD并不同时使用。

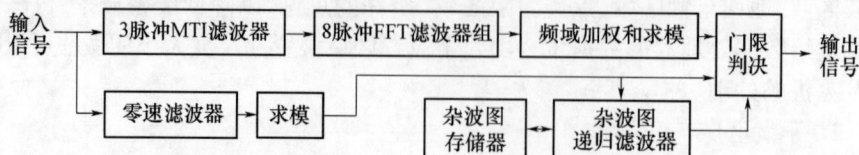

图10.27 第一代MTD组成方框图

图10.27中,3脉冲MTI滤波器首先对零速杂波充分抑制,降低了后续8脉冲FFT滤波器组所需的动态范围。FFT滤波器组对运动目标和气象杂波实现分频道滤波处理。8脉冲FFT滤波器组中每个滤波器的副瓣太高,后续的频域加权方法是:将每个滤波器的输出减去相邻两个滤波器和的1/4,可降低副瓣。各频道求模输出再作各频道自适应门限判决,其中,第2～6号滤波器的判决门限采用杂波恒虚警确定;因为第1、第7号滤波器与0号滤波器相邻,选取上述杂波恒虚警门限和下述杂波图幅度的最大值。8个滤波器组共需要8个脉冲,加上前面的MTI滤波器需要3个脉冲,其中,滤波器输出第一、第二个脉冲被丢弃,它们的作用是"填充"滤波器,该MTD共需要10个CPI。

相对于雷达站作切向飞行的目标,由于回波中多普勒频率为零,在3脉冲MTI滤波器输出端被滤除了,另增加一路零速滤波器输出多普勒频率为零的分量,采用超杂波门限判决,其判决门限(存储在杂波图中的杂波幅度)用杂波图递归滤波器建立。

该MTD距离量化为0.0625 nmile间隔,近似等于脉冲的距离分辨力;方位量化为0.75°间隔,近似等于波束宽度的0.5倍。MTD处理覆盖距离范围为47.5nmile,则雷达MTD处理覆盖范围内共有365000个方位—距离分辨单元。10个一组的CPI(恒定重复频率)产生8个滤波器,对应一个方位—距离量化单元。MTD处理覆盖范围内共2920000个方位—距离—多普勒频率分辨单元,其中的每一个单元都有各自的自适应门限。下一组CPI的重复频率改变,以消除盲速和使动目标频谱在不同CPI的谱线位置发生改变,还可消除跨周期杂波。所以,扫过空中一个点位置的波束驻留时间共有两组CPI回波进行处理,处理结果放在两个方位—距离量化单元里。方位—距离量化单元与CPI示意图如图10.28所示。

第一代MTD在机场监视雷达上测得的改善因子约为45dB,MTD被证实是一个重要的从零速和运动杂波背景中检测运动目标的雷达设计模型。

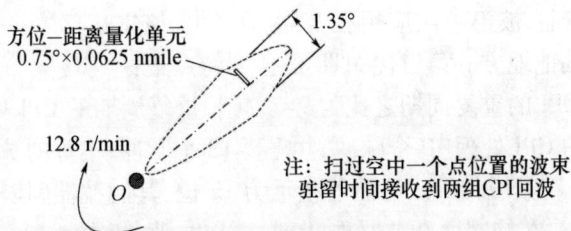

图 10.28 第一代 MTD 中方位—距离量化单元与 CPI 关系示意图

10.5.2 第二代 MTD

美国麻省理工学院林肯实验室的第二代 MTD 是对第一代 MTD 的改进,将硬件处理器用并行微编程处理器(Parallel Microprogrammed Processor,PMP)替代,可以对整个 60nmile 作用距离进行 MTD 处理。第二代 MTD 的主要特点是:

(1)分频道滤波处理方式用 FIR 替换 FFT,使滤波器设计更灵活、合理且副瓣减小。

(2)用 2 脉冲 MTI 滤波器替换 3 脉冲 MTI 滤波器,一组 CPI 只需要 8 个脉冲,第一组 CPI 中的重复周期为 900μs,另一组 CPI 中的重复周期为 1100μs,8 脉冲 FIR 滤波器只需要一个"填充"脉冲,减少"填充"脉冲有利于 MTD 性能的提高。

(3)零速滤波器也采用 FIR 结构,以改善其特性。

(4)杂波图中的单元对应于每个方位—距离单元,而不是对应于每组 CPI–距离单元。

(5)非零速滤波器基于 DeLong 和 Hoffstetter 的方法,副瓣比原 MTD 方法低 10dB。

(6)相关和插值算法把方位、距离和多普勒频率的过门限信号聚集在一起,以便在一个报告内提供雷达可观察的单个目标的最好值,目标回波强度、方位、距离和多普勒频率都是可观察值。

(7)天线扫描间的相关器是一个自动跟踪器,过滤掉运动特性不像飞机的目标。

第二代 MTD 被安装在 ASR – 7 上检验,PMP 在每个扫描中,由雷达覆盖距离范围的大约 3000000 个单元产生 500 ~ 600 次方位—距离—多普勒频率过门限信号,每个飞机目标过门限典型值有 5 ~ 15 次。

10.5.3 第三代 MTD

MTD 的进一步改进应用在美国西屋公司(后来称格鲁曼公司)为 FAA 研制

的 ASR-9 雷达上,被第一次应用在实际 ATC 中,该雷达部署在美国的主要机场和全世界的其他地方。第三代 MTD 的主要特点是:

(1) 两组 CPI 的重复周期之比为 9∶7,较长重复周期的 CPI 处理 8 个脉冲,较短重复周期的 CPI 处理 10 个脉冲,共需要 18 个脉冲,不等的脉冲数允许两组 CPI 覆盖的多普勒频域相等。滤波器权重为 12 位,其滤波器副瓣在抑制雨杂波时能达到 -40dB,在抑制地杂波时能达到 -44dB(强杂波滤波器),在抑制山区杂波时能达到 -52dB(另一种杂波滤波器,减少了对雨杂波的抑制),采用 STC 来减小超过系统动态范围的大杂波。

(2) 与早期的 MTD 相比,方位/距离分辨力得到改善。ASR-9 雷达 MTD 中的 CFAR 算法通过对距离靠近的两个目标的干扰估计,忽略掉最强的一组抽样,以防止回波强度差不多的相邻目标抬高门限而丢掉了其中的一个目标。检测到的目标在方位上超过两个波束宽度时,方位上的响应形状将与单个目标的期望响应形状比较,存在较大差别时,说明扩展的方位特征是由两个目标引起的。

(3) 关于 MTD 的精度。在 ASR-9 雷达 MTD 中,一架典型的飞机可能在目标回波强度、方位、距离和多普勒频率上产生 35 次单个的门限超越(称为原始报告),一架大飞机将产生 100 次单个的门限超越。对这些报告求质心产生关于目标回波强度、方位、距离和多普勒频率的一个报告。该 MTD 提供了方位的精确测量用于分辨两个邻近的目标,改进了算法用于分辨在方位上间隔小于两个波束宽度、距离上间隔小于两个距离单元(0.125nmile)的大小不等两个目标。因为大目标可能影响 5 个距离单元,该 MTD 中的距离分辨采用脉冲形状匹配的简单方法。方位的分辨和估计主要依据数据在方位上的扩展,选用四个算法中的一个。当目标原始报告在具有相同重复频率的 3 个或更多组 CPI 中获得时,采用波束形状匹配的算法最精细。该方法要求目标原始报告的典型数多于 30 个,方位精度均方根值据说大约为波束宽度的 0.04 倍。

上述三代 MTD 都是在 S 波段机场监视雷达基础上研制出来的,并且,已经改进采用了固态发射机。尽管构成 MTD 的单项技术对其他监视雷达或其他频段雷达也可应用,但要将上述的整个 MTD 结构照搬并获得同样性能是困难的,对于军用监视雷达可能会受到电子对抗的攻击。

10.5.4 ASR-10SS 雷达 MTD 处理

ASR-10SS 是一种应用 MTD 的 S 波段空管一次雷达,MTD 结构如图 10.29 所示,FIR 滤波器组输出是多频道的,从零频道输出产生杂波图,CFAR 门限组在零速通道杂波图控制下自适应调整各频道门限。该雷达的相关参数是:作用距离 60nmile,工作频率在 S 频段(2700~2900MHz),信号形式有 1μs 脉冲和 100μs 非线性调频脉冲(压缩后 1μs),水平波束宽度为 1.45°,天线转速为 15r/min,平均重复频率为 850Hz,FIR 滤波为 4 点/8 点(即 4 脉冲 CPI/8 脉冲 CPI),天线转速 15r/min 时采用 4 点 FIR 滤波。

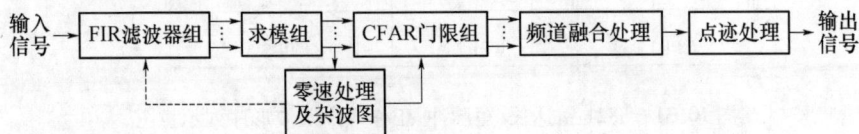

图 10.29　ASR-10SS 雷达 MTD 处理组成方框图

该雷达的长/短脉冲工作于不同的频率,采用单通道频率分集,系统共有 4 个频率点,其中两两相差 1MHz。杂波图方位量化为 1.4°间隔,距离上前 32nmile 量化以 τ 为单位步长,32nmile 后量化以 8τ 为单位步长,多普勒频道需要融合处理。

在 ASR-11 雷达中,5 脉冲 FIR 滤波器组在零速通道杂波图控制下自适应选择(图 10.29 中虚线所示去选择 FIR 滤波器组),MTD 是自适应的,天线转速为 12.5r/min,方位测量精度为 0.16°。

10.5.5　3821 雷达 MTD 处理

3821 型是一种应用 AMTD 的 S 波段空管一次雷达,MTD 结构如图 10.30 所示,从零速通道输出产生自适应杂波图,杂波图输出(根据杂波强度为强、中或弱)控制 FIR 滤波器组选择,并采用超杂波检测,CFAR 分频道处理,再经自适应门限图,最后作点迹处理。该雷达的相关参数是:作用距离 150km,工作频率在 S 频段(2700~2900MHz),信号形式有 1μs 脉冲和 100μs 非线性调频脉冲(压缩后 0.5μs),水平波束宽度为 1.45°,天线转速为 6r/min、12r/min,分别对应 FIR 滤波为 8 点、5 点。

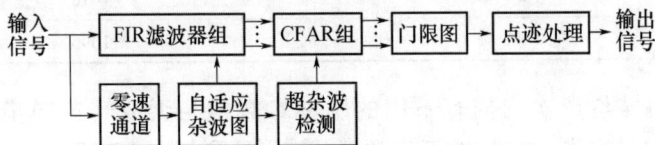

图 10.30　3821 雷达 MTD 处理组成方框图

杂波图方位量化为 1.4°间隔,距离上前 60km 量化以 2τ 为单位步长,60km 后量化以 16τ 为单位步长,每个杂波图单元都接收零速通道的输出。FIR 采用 3 组 CPI 变 T_r 处理,FIR 系数根据杂波强度(强、中、弱)自适应选择。在 CPI 1、

CPI 2、CPI 3 中的长/短脉冲、工作频率及波形序列如图 10.31 所示,平均重复频率为 770Hz。方位测量精度为 0.16°。

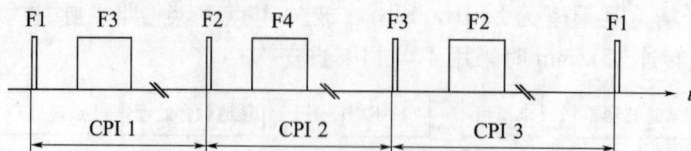

图 10.31　3821 雷达长/短脉冲、工作频率及波形序列示意图

10.5.6　STAR – 2000 雷达 MTD 处理

STAR – 2000 是一种应用 AMTD 的 S 波段空管一次雷达,AMTD 结构如图 10.32 所示,FIR 滤波器组输出是多频道的,从零频道输出产生杂波图,滤波器组选择受到杂波图和跨周期回波出现的自适应控制;CFAR 门限组在杂波图控制下自适应调整各频道门限。该雷达的相关参数是:作用距离 80nmile/12r/min,工作频率在 S 频段(2700 ~ 2900MHz),信号形式有 1μs 脉冲和 98μs 非线性调频脉冲(压缩后 1μs),水平波束宽度为 1.4°,重复周期、CPI 中奇/偶次扫描重复周期的关系如表 10.4 所列。

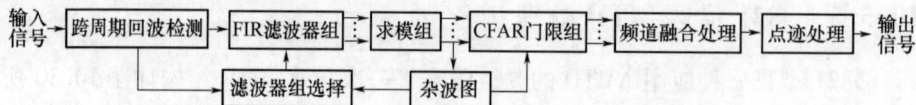

图 10.32　STAR – 2000 雷达 MTD 处理组成方框图

表 10.4　STAR – 2000 雷达 CPI 中奇/偶次扫描重复周期的关系

CPI	奇次扫描重复周期/μs	偶次扫描重复周期/μs
1	122	116
2	1389	1616
3	1155	1096

偶次扫描与奇次扫描有不同的脉冲参数但与天线转速同步,在 CPI 1、CPI 2、CPI 3 中的长/短脉冲、工作频率及波形序列如图 10.33 所示。

CPI 1 有 16 个短脉冲,频率是 F2;CPI 2 有 8 对短/长脉冲,频率分别是 F1、F2;CPI 3 有 8 个长脉冲,频率是 F1。该雷达的长/短脉冲、工作频率是参差的,长脉冲用于探测远距离目标,短脉冲用于近距离补盲,参差的工作频率可以避免或减少跨周期回波的影响。CPI 1 的回波采用高杂波抑制能力的预置滤波器组处理,CPI 2、CPI 3 的回波均采用 4 个不同杂波抑制特性之一的滤波器组,根据

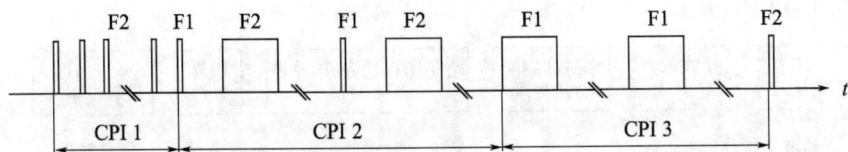

图 10.33　STAR − 2000 雷达长/短脉冲、工作频率及波形序列示意图

地杂波与噪声的比值(极强、强、中、弱)自适应选定。方位测量精度为 0.15°。

10.5.7　ASR − 23SS 雷达 MTD 处理

ASR − 23SS 是一种应用 AMTD 的 L 波段空管一次雷达,AMTD 结构如图 10.34 所示,FIR 滤波器组输出是多频道的,从零频道输出产生杂波图,滤波器组系数选择由人工设置,滤波器组距离轮廓由杂波图自适应控制(FIR 距离覆盖 160nmile);CFAR 门限组在杂波图控制下自适应调整各频道门限。该雷达的相关参数是:作用距离 220nmile,工作频率在 L 频段(1250 ~ 1350MHz),信号形式有 1μs 脉冲和 100μs 非线性调频脉冲(压缩后 1μs),天线转速 5r/min,水平波束宽度为 1.2°低波束(1.25°高波束)。

该雷达的长/短脉冲工作于不同的频率,采用单通道频率分集,系统共有 4 个频率点,其中两两相差 1MHz。杂波图方位量化为 1.4° 间隔,距离上前 8.5nmile 量化以 0.0625nmile 为单位步长,8.5nmile 后量化以 0.5nmile 为单位步长,每个杂波图单元都接收零速通道的输出。FIR 采用 4 组 CPI 的 T_r 比值为 13:17:14:19,T_r 平均值为 2.9ms,FIR 距离轮廓切换根据杂波强度(强、弱)自适应选择。方位测量精度为 0.5°。

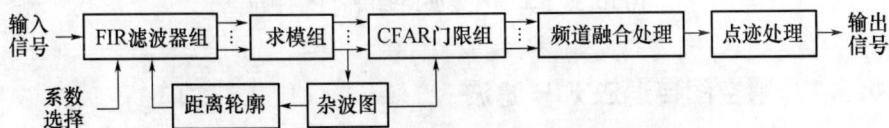

图 10.34　ASR − 23SS 雷达 MTD 处理组成方框图

10.6　气象通道处理

气象通道处理典型组成方框图如图 10.35 所示。其中,两个虚线框不属于该信号处理,波束开关在接收信号过程中在高波束与低波束之间(为不同重复周期间)快速转换,其为探测飞机目标所限,接收放大及 STC 也是按照探测飞机目标要求所设置。另外,在线极化方式,该信号处理从目标接收机接收回波;在圆极化方式,该信号处理从气象接收机接收回波。

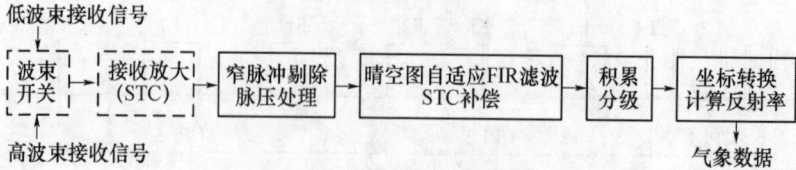

图 10.35　气象通道处理典型组成方框图

图 10.35 中,窄脉冲剔除功能比较简单,即检查输入数据在时间上回波的连续性,若达不到标准脉冲宽度就认为是窄脉冲,将其剔除,替换为回波的平均值,避免其在后续的脉冲压缩处理中被展宽,干扰了相邻单元气象回波的检测。图 10.35 中,脉冲压缩是对宽脉冲的匹配处理,与飞机目标回波处理中的完全一样。图 10.36 为典型气象处理输出的 P 显画面。

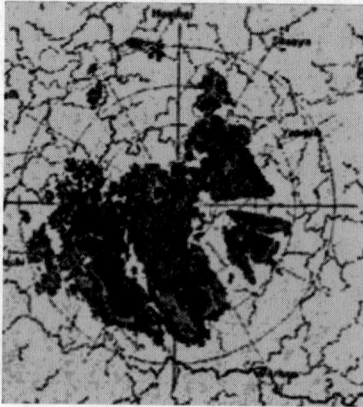

图 10.36　典型气象处理输出的 P 显画面

10.6.1　晴空图自适应 FIR 滤波

由于回波中主要有飞机回波、地/海杂波、气象回波等,为了对气象回波正确检测,并精确量化为 6 级分层,必须滤除飞机回波、地/海杂波。考虑到它们在多普勒频率上是有差别的,处理方式与目标通道处理方式相同,即抑制地杂波采用 FIR 滤波方式来满足 – 40dB 的抑制度。晴空图(Clear Day Map, CDM)自适应 FIR 滤波方框图如图 10.37 所示。

图 10.38 所示为 4 个 FIR 滤波器典型特性曲线图。4 个 FIR 滤波器分别为 FIR 1(平坦型)~ FIR 4(钟型)型,它们为并行的 4 路实时处理。后 3 个 FIR 滤波器分别对地杂波进行了弱、中、强等级滤波。为了避免 FIR 滤波时对气象回波造成的损失,可以采取在晴天时建立晴空图(地杂波图)来选择合适的 FIR 滤波

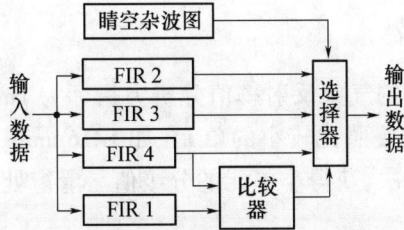

图 10.37　晴空图自适应 FIR 滤波方框图

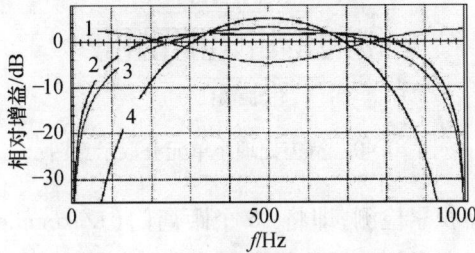

图 10.38　4 个 FIR 滤波器典型特性曲线图

系数,即晴空图作为选择信号选取 FIR 2 ~ FIR 4 型之一输出数据,来达到自适应的滤波效果。晴空图的分辨力为 1 个 CPI × 8 个距离门,在双路、两种极化方式下均要建立。另外,FIR 1 输出与 FIR 4 输出比较,用于测试回波中地杂波谱扩展的偶然变化,作为选择信号的修正依据。

10.6.2　STC 补偿

STC 补偿需要按照实际接收机中设置的 STC 值进行,同时,还要考虑输入信号经过了低或高波束、线或圆极化、来自于短脉冲或长脉冲等不同工作状态下的路径,计算出每个方位/距离单元所需的补偿数据,在应用中快速提供补偿。STC 补偿原理框图如图 10.39 所示。有时也称 STC 补偿为回波幅度的校准。

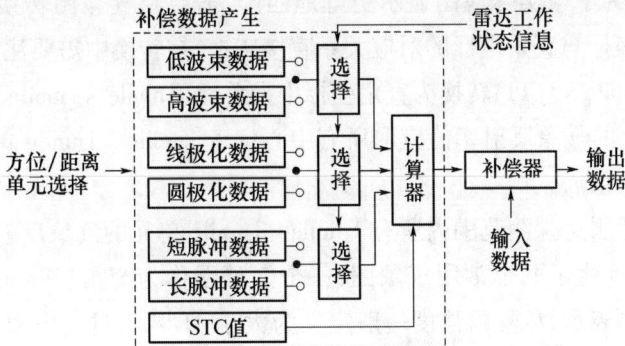

图 10.39　STC 补偿原理框图

10.6.3 积累及分级

空管要求雷达提供的气象反射率值分辨力指标为 $1nmile \times 1nmile$ 单元,而回波接收及 FIR 滤波时按照比较小的单元(如 $1/16nmile \times 1CPI$)进行,可以先采用滑窗处理及积累判决,获得小单元的分级值。滑窗处理小单元分取示意图如图 10.40 所示。

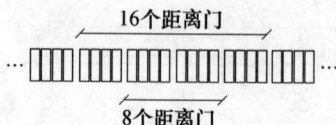

图 10.40 滑窗处理小单元分取示意图

这很类似于滑窗积累检测,即将 16 个距离门($1/16nmile$)的滑窗距离积累后比较,当滑窗内 16 个视频电平的值中有 K(可预设的)个距离门超过了 L 等级的反射率门限,就判为 L 等级的反射率,作为中间 8 个距离门小单元的平均值,前后多选取 4 个距离门以获得更好平均,减弱雨区边缘效应。从图 10.40 还可以看到,由于飞机及点杂波占据距离不会超过 $2\mu s$,可以先逐个单元($2\mu s$)检查一遍,消除飞机、异常传播点杂波等干扰,也使气象数据分级更精确。这里的检查也是相关性检查或判断。然后,将获得的反射率 L 等级在几个扫描(典型值为 6)中再平均累计以便消除飞机目标和异步干扰。

10.6.4 气象图确定

上述的处理在极坐标里进行,得到的气象图在雷达站近距离空域划分的间隔比较密集,为了与实际地图显示更好地匹配,需要将气象图转换到直角坐标里。按照极坐标与直角坐标的对应关系直接转换,在转换中需要注意:将极坐标中小单元($1nmile \times 1CPI$)转换为直角坐标中大单元($1nmile \times 1nmile$)时,$1nmile \times 1nmile$ 单元上的气象反射率值应取所有中心位于 $1nmile \times 1nmile$ 单元的极坐标单元中的最大值。

一旦整个雷达探测范围内所有 $1nmile \times 1nmile$ 单元的气象反射率等级都标注完后,随即产生了两个常用气象图:一个气象图称为警报(Warning),其等级只用两个级别表示,危险雨强度一般定义为大于 41dBZ(对应中雨、3 级);另一个气象图称为告警(Alarm),其等级用到全部 6 个级别。

10.7 本章小结

信号处理器对信噪比/信杂比的贡献：

（1）脉冲压缩技术的采用使信噪比获得了极大提高，非线性调频方式使脉冲压缩后的时间副瓣幅度降到最低。脉冲压缩技术同时使分辨单元降低，一般情况下，分辨单元内杂波能量的减小即提高了信杂比。尤其是探测近距离目标的短脉冲也可采用脉冲压缩技术，对高仰角目标回波能量可以提高，对低仰角杂波分辨单元可以降低。

（2）信号处理器采用 AMTD，将频率范围 $0 \sim F_r$ 细分为多个窄带频道，实现地杂波、气象杂波和运动目标分开后检测，使运动目标频道获得信噪比和信杂比提高。在非零频道采用各频道独立的恒虚警门限检测目标，后续又接剩余杂波图检测来降低虚警概率。在零频道采用杂波图自适应平滑处理降低虚警，没有其他频道的噪声和杂波干扰，使零频道获得信噪比和信杂比提高。

AMTD 处理属于相参处理，因此，在 CPI 内部发射信号不能变频及变周，即发射信号应相参，而 CPI 间参差变频及参差变周。

恒虚警处理是值得注意的特殊处理，从原理上讲，该处理方法没有改变信噪比/信杂比，或至少没有提高信噪比/信杂比。但是，它自适应于输入端信号的强度值（不论是噪声还是杂波），可以认为恒虚警处理输出端对目标检测概率与输入端该信号强度值无直接关系，只与信噪比值/信杂比值有关，或进一步证明了在目标检测中信噪比/信杂比的主线意义。

MTD 处理后，需要获取 MTD 处理前的回波信息数据用于点迹凝聚，并有利于距离测量精度和分辨力的提高。

需要注意的是，空管雷达 AMTD 处理中跨周期回波经常会出现，解决的方法是：改变短/长脉冲间或 CPI 间的发射频率；或短/长脉冲间或 CPI 间的脉冲内调制相位特性取反；或先丢弃第一个周期回波，使 FIR 滤波算法降阶处理，然后在二进制积累检测中，跨周期回波变成为异步干扰被滤除。

对回波气象信息的处理与对回波飞机信息的处理有许多类似的地方，主要是经过 A/D 采样、脉压、短/长脉冲（近/远距离）拼接、相参、FIR 滤波（抑制地杂波）、求模、STC 补偿、过门限、积累判决、分级图坐标变换等。

思考题与习题

1*. 试从时域和频域分别说明 MTI 抑制杂波和提取动目标的原理。

2*. 试结合时域和频域说明 MTD 抑制杂波和提取动目标的原理,并说明 CPI 内不能变频及变周的原因。

3. 有了 EP 是否说明发现了飞机目标? 为什么?

4. 采用 FFT 方法实现 MTD 时,信噪比和信杂比最大提高分别能达到多少?

5. 采用 FIR 方法实现 MTD 比采用 FFT 方法实现 MTD 能有哪些性能上的改进?

6*. 为什么说 CFAR 没有信噪比和信杂比提高?

7. 从表 10.1、表 10.2、表 10.3 三个表的数据内容变化中可以说明什么?

8*. 在点迹凝聚处理之前为什么要预点迹数据归并与分辨处理?

9. 试分别说明四种人工指定区域点迹过滤的含义?

10*. 试分别说明 ASR – 10SS、3821、STAR – 2000、ASR – 23SS 型雷达信号时序的特点及对雷达系统结构带来的限制。

11. 气象处理通道中晴空图采集应在何时进行? 为什么?

12*. 若雷达 A 采用 N 个重复周期 T_r 的 N 阶 FIR 方法实现 MTD,雷达 B 采用如下图的幅度检波视频积累,雷达 C 没有积累。其他条件相同,试比较该三部雷达在检测相同目标时的回波信噪比的大小关系。

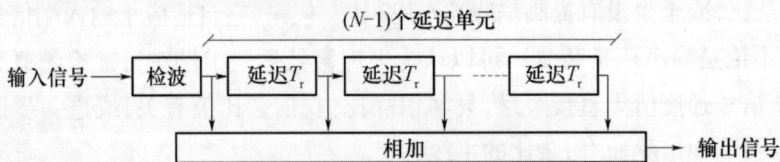

13*. 条件同上题,试比较三部雷达在检测相同目标时的回波信杂比的大小关系。

14*. 试说明空管雷达应用脉组频率捷变的必要性。

15*. 试说明空管雷达应用频率分集的优越性。

第 11 章　数　据　处　理

信号处理器对目标进行了自动检测，ADT 还需要雷达对目标进行自动航迹起始、航迹维持、航迹终止等。所以，数据处理有时也称为航迹处理或跟踪处理。对雷达目标处理的层次而言，信号处理被视作对雷达探测信息的一次处理，数据处理被视作对雷达探测信息的二次处理。数据处理器接收信号处理器输出的点迹数据，通过点迹与航迹相关，形成稳定航迹数据送终端显示设备进行显示处理，同时，数据处理器经过通信接口向 ATC 上报航迹、气象轮廓数据，满足雷达用户最后的情报应用需求。通常一次雷达数据处理器还要将目标数据与同站的二次雷达目标数据进行配对处理。现代空管雷达中的数据处理通常还包括设备工作状态监测和控制命令数据分发。如此众多的功能归功于现代雷达数据处理器直接采用了计算机工作站或 PC 机，这种直接可以从货架采购的产品功能强、设计灵活，雷达设计师只需要完成应用软件编制工作。雷达航迹处理原理、算法及实现的详细内容等请参见有关数据处理方面的书籍，本章只讨论数据处理方法及对雷达探测性能的影响，包括：一次雷达的航迹处理，与二次雷达目标数据进行配对处理，向 ATC 上报处理。对雷达全机工作过程的监测与控制功能将在第 13 章讨论。

在航迹处理过程中，所有点迹都来自于信号处理器而不再有新的点迹产生，航迹处理过程要将真点迹形成航迹、虚假点迹滤除以免产生虚警，并避免真点迹分裂形成虚假目标，其主线就是"目标跟踪与虚警控制"。点迹处理是航迹处理的第一步，由于空管雷达采用 MTD 信号处理方式，点迹处理就必须采取相应方法进行，所以，在信号处理器中进行了点迹确认和凝聚。对民用飞机而言，航迹处理需要解决航路上飞机紧急避让、机场起降等情况下的稳定跟踪；对军用飞机而言，航迹处理需要解决飞机交叉、规避、密集飞行、突变机动等情况下的跟踪能力，并伴随丢点和干扰环境下的自动正确跟踪问题。航迹处理中的两个基本问题是：目标跟踪滤波，点迹与航迹相关。前者涉及目标跟踪模型和滤波算法选用，后者涉及点迹相关范围确定。

11.1　主要技术指标规范要求

数据处理器技术指标规范要求已经在表 1.1 中规定。通常数据处理器由商用计算机作为硬件平台,软件由设计师编程完成。

11.2　目标跟踪过程

经过点迹凝聚后的点迹位置数据是孤立的,可能有虚警和漏警,不能直接得出目标航迹和判明目标运动规律,接下来处理过程要充分利用目标飞行速度、航向与天线扫描间隔之间的关联性对点迹信息作进一步相关处理,剔除虚警,补充漏警并将其连成航线,空管一次雷达采用 MTD 处理方式后,回波幅度、检测频道号、打分值等也是可以利用的关联信息。再对每条航迹给出目标运动参数,如速度、航向等,最后上报,同时在本地显示器上显示出来。

图 11.1 所示为航迹滤波与预测原理示意图。图中的 $X_{k-1/k-1}$ 点(实心点)为已建立航迹上的当前扫描目标的滤波点,则目标在下次扫描的位置 $X_{k/k-1}$ 点可以利用其当前位置、速度和航向的估计值建立目标运动特性模型来预测,并设置以 $X_{k/k-1}$ 点为中心的一个 $(\Delta x/\Delta y)$ 虚线矩形框作为相关窗口或跟踪窗口,也称预测门或跟踪门,在下次扫描中获得的同一目标点迹位置观测值为 Z_k 点,如果它落入这个门内就认为点迹与航迹是相关的。接下来,按照一定的准则对 $X_{k/k-1}$ 点和 Z_k 点进行滤波计算,得出更新的滤波点 $X_{k/k}$(实心点),它就是航迹上扫描目标的新滤波点,然后再预测下一点 $X_{k+1/k}$,……。这个循环过程称为目标跟踪,实际输出和显示的目标航迹为实心点 $X_{k-1/k-1}$、$X_{k/k}$、$X_{k+1/k+1}$ 等组成的连线。所以,目标跟踪就是对目标航迹预测和滤波的循环过程。图 11.1 中的 $(\Delta x/\Delta y)$ 虚线框跟踪门也可以是椭圆窗口,以便与所跟踪的目标点迹位置更好地匹配,减少非跟踪的目标点迹落入跟踪门内。

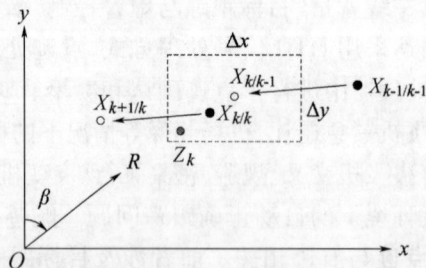

图 11.1　航迹滤波与预测原理示意图

针对图 11.1 中的跟踪门 $(\Delta x/\Delta y)$,需要考虑的问题是:①跟踪门的尺度大小要与目标点迹观测过程中可能存在的误差相适应,以便使观测点迹能落入跟踪门内;②有两个目标的交叉飞行时需要分辨出与航迹对应的点迹;③若在跟踪门内出现目标观测值 Z_2 点有两个或多于两个,需要分辨出与航迹对应的真点迹。以上问题称为点迹与航迹相关。满足图 11.1 航迹滤波与预测原理的航迹处理流程图如图 11.2 所示。

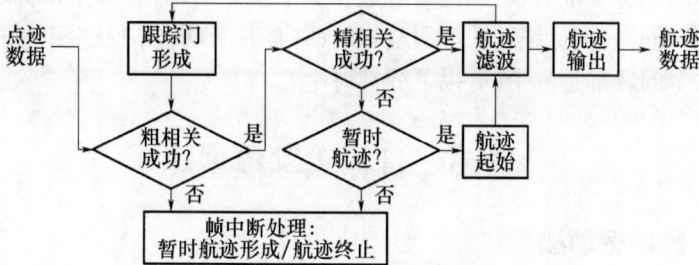

图 11.2 航迹处理流程图

一般情况下,计算机存储了两类航迹报告:确认航迹报告和暂时航迹报告。第一次观测到的点迹由于没有跟踪门可用,在帧中断处理中作为暂时航迹报告存储,并且只能按照目标可能的速度范围形成一个环形跟踪门;在此环形跟踪门内第二次观测到的点迹也只能在帧中断处理中作为暂时航迹报告存储,这时可以按照目标速度和可能的加速度范围形成一个跟踪门;在此跟踪门内第三次观测到的点迹可以作为确认航迹报告存储,此称为"3 点起批"准则。

图 11.2 中的跟踪门用来粗略确定点迹/航迹配对是否成功,即点迹是否落入跟踪门内。继而运用多种技术和判决规则确定最合理点迹与航迹精确配对(精相关或关联)。如果配对成功,则该点迹观测值可用于对航迹参数进行滤波以获得合理的目标航迹位置更新,并形成一个新的跟踪门。而在跟踪门内与确认航迹不相关的点迹再与暂时航迹进行相关判断,如果相关成功则用于航迹起始,相关不上则作为暂时航迹报告存储。在帧中断处理中对没能与新的点迹相关上或已消失的航迹目标,由航迹终止逻辑消除目标航迹报告。

从图 11.2 中可以大致认为航迹处理只与输入的点迹质量有关,而与信号处理方式及前级的处理方式无关,或许就是这个原因,许多讨论数据处理或航迹处理的书籍通常都不涉及信号处理方式及前级的处理方式;而讨论雷达目标探测的书籍中对信号处理方式及前级的处理方式讨论之后也不涉及数据处理或航迹处理。事实上,ADT 雷达对信号处理提供的点迹质量要求很高,空管雷达中的信号处理器都采用了 AMTD 处理方式,充分抑制噪声、杂波,提高发现概率、降低虚警概率,减少了虚假点迹数据量;同时,点迹参数中还附带有回波幅度、检测频道号及重复周期值、打分值等,有利于提高航迹处理质量;而航迹处理中产生的跟踪门尺度大小又可作为参数去屏蔽信号处理器中人工指定区域对已有航迹的新点迹的过滤,如此对确保航迹的连续性有利,也对提高弱小目标的检测概率有利。

目标跟踪滤波问题,点迹与航迹相关问题,两者在目标跟踪过程中反复交替,而两者间还有一定关联:点迹与航迹相关质量好的话,有利于目标跟踪滤波有好的质量;同样,目标跟踪滤波质量好的话,有利于点迹与航迹相关好的质量。但是,这两个问题都是复杂的,以下分别讨论之。

11.3　目标跟踪模型

11.3.1　目标运动模型

为了描述目标跟踪滤波算法,需要建立目标运动的数学模型。空管雷达常见目标主要是空中各种飞机,这些飞机的速度、加速度及转弯速度典型值如表 11.1 所列。其中,加速度有纵向和横向之分,纵向加速度改变速度,而横向加速度改变方向。军用飞机机动性强,更易出现后者,典型值很难估计。

表 11.1　飞机的速度、加速度及转弯速度典型值

典型值	直升机	民用飞机	军用飞机
速度	$0 \sim 80 \mathrm{m/s}$	$50 \sim 300 \mathrm{m/s}$	$50 \sim 1000 \mathrm{m/s}$
加速度或转弯速度	达 $10 \mathrm{m/s}^2$	达 $1.5 \sim 3^\circ/\mathrm{s}$	达 $50 \sim 80 \mathrm{m/s}^2$

通常将目标的运动全过程按其各个阶段分别建立数学模型以简化模型和算法。先在连续时间域中建立方程,然后在离散间隔 $t - t_0 = T$（T 为采样间隔）的条件下建立离散状态方程。

常速度（Constant Velocity,CV）和常加速度（Constant Acceleration,CA）是常见的两个典型情况,又是最基本的两个情况,对应的两个模型分别称为常速度模型和常加速度模型。空中目标的运动航迹可以在直角坐标系的 (x,y,z) 三维中分解,为了简化推导,推导过程以 x 维为例。设 $x(t)$ 为 x 轴上的位移,$\dot{x}(t) = \mathrm{d}x(t)/\mathrm{d}t$ 为速度,$\ddot{x}(t) = \mathrm{d}\dot{x}(t)/\mathrm{d}t$ 为加速度,记系统的状态变量为

$$\boldsymbol{X}(t) = \begin{bmatrix} x(t) & \dot{x}(t) & \ddot{x}(t) \end{bmatrix}^{\mathrm{T}} \tag{11.1}$$

可以建立对应的矩阵微分方程组为

$$\dot{\boldsymbol{X}}(t) = \boldsymbol{A}(t)\boldsymbol{X}(t) + \boldsymbol{G}(t)v(t) \tag{11.2}$$

式中:$v(t)$ 为考虑到状态扰动而增加的随机分量,其向量中的各元素分别对应于速度、加速度、加加速度等的随机分量,并假定

$$E[v(t)] = 0; E[v(t)v(\tau)] = q \cdot \delta(t - \tau) \tag{11.3}$$

式中: $q > 0$ 为 $v(t)$ 的方差, 其均方根值反映随机扰动的均方幅度。

式(11.3)表明当 $t \neq \tau$ 时 $v(t)$ 与 $v(\tau)$ 是不相关的, 即 $v(t)$ 为白噪声。

在常加速度模型时, 式(11.2)为常系数微分方程组, 矩阵 $\boldsymbol{A}(t)$ 和 $\boldsymbol{G}(t)$ 分别具有如下形式:

$$\boldsymbol{A}(t) = \boldsymbol{A} = \begin{bmatrix} 0 & 1 & 0 \\ 0 & 0 & 1 \\ 0 & 0 & 0 \end{bmatrix} \tag{11.4}$$

$$\boldsymbol{G}(t) = \boldsymbol{G} = \begin{bmatrix} 0 & 0 & 1 \end{bmatrix}^{\mathrm{T}} \tag{11.5}$$

利用拉普拉斯变换的方法求解常系数矩阵微分方程, 即先对式(11.2)求拉普拉斯变换, 整理后求其拉普拉斯反变换, 得出其解如下:

$$\boldsymbol{X}(t) = \boldsymbol{F}(t, t_0)\boldsymbol{X}(t_0) + \int_{t_0}^{t} \boldsymbol{F}(t, \tau)\boldsymbol{G}v(\tau)\mathrm{d}\tau \tag{11.6}$$

其中

$$\boldsymbol{F}(t, t_0) = \mathrm{e}^{A(t - t_0)} = \boldsymbol{I} + \boldsymbol{A} \cdot (t - t_0) + (1/2)\boldsymbol{A}^2 \cdot (t - t_0)^2$$

$$= \begin{bmatrix} 1 & t - t_0 & (t - t_0)^2/2 \\ 0 & 1 & t - t_0 \\ 0 & 0 & 1 \end{bmatrix} \tag{11.7}$$

假定离散时间 $t_0 = kT$ (T 为采样间隔) 及 $t = (k + 1)T$, 则离散状态方程如下:

$$\boldsymbol{X}_{k+1} = \boldsymbol{F}\boldsymbol{X}_k + \boldsymbol{V}_k \tag{11.8}$$

式中

$$\boldsymbol{F} = \mathrm{e}^{AT} = \begin{bmatrix} 1 & T & T^2/2 \\ 0 & 1 & T \\ 0 & 0 & 1 \end{bmatrix} \tag{11.9}$$

及

$$\boldsymbol{V}_k = \int_{kT}^{(k+1)T} \begin{bmatrix} (kT + T - \tau)^2/2 & (k+1)T - \tau & 1 \end{bmatrix}^{\mathrm{T}} v(\tau)\mathrm{d}\tau \tag{11.10}$$

可得

$$E[\boldsymbol{V}_k] = 0, \ E[\boldsymbol{V}_k \boldsymbol{V}_j^{\mathrm{T}}] = 0, \quad (k \neq j) \tag{11.11}$$

及

$$E[\boldsymbol{V}_k \boldsymbol{V}_k^{\mathrm{T}}] = q \cdot \begin{bmatrix} T^5/20 & T^4/8 & T^3/6 \\ T^4/8 & T^3/3 & T^2/2 \\ T^3/6 & T^2/2 & T \end{bmatrix} \tag{11.12}$$

式(11.11)表明当 $k \neq j$ 时 $\boldsymbol{V}_k$ 与 $\boldsymbol{V}_j$ 是不相关的,即 $\boldsymbol{V}_k$ 为白噪声。

从式(11.4)~式(11.12)是针对常加速度情况推导的模型及特性。对于常速度的情况与此类似,不同的列出如下:

$$\boldsymbol{A}(t) = \boldsymbol{A} = \begin{bmatrix} 0 & 1 \\ 0 & 0 \end{bmatrix} \tag{11.13}$$

$$\boldsymbol{G}(t) = \boldsymbol{G} = \begin{bmatrix} 0 & 1 \end{bmatrix}^{\mathrm{T}} \tag{11.14}$$

$$\boldsymbol{F}(t, t_0) = \mathrm{e}^{A(t-t_0)} = \boldsymbol{I} + \boldsymbol{A} \cdot (t - t_0) = \begin{bmatrix} 1 & t - t_0 \\ 0 & 1 \end{bmatrix} \tag{11.15}$$

$$\boldsymbol{F} = \mathrm{e}^{AT} = \begin{bmatrix} 1 & T \\ 0 & 1 \end{bmatrix} \tag{11.16}$$

$$\boldsymbol{V}_k = \int_{kT}^{(k+1)T} \begin{bmatrix} (k+1)T + \tau & 1 \end{bmatrix}^{\mathrm{T}} v(\tau) \mathrm{d}\tau \tag{11.17}$$

$$E[\boldsymbol{V}_k \boldsymbol{V}_k^{\mathrm{T}}] = q \cdot \begin{bmatrix} T^3/3 & T^2/2 \\ T^2/2 & T \end{bmatrix} \tag{11.18}$$

目标运动模型的建立是目标跟踪的基础,常速度和常加速度模型分别仅适用于目标速度不变和加速度不变的简单运动航迹,在实际目标航迹中也只能分段适用,否则会带来跟踪位置误差。在多目标环境的局部空域,当多目标航迹有接近或交叉时,跟踪误差又会引起跟踪错误。所以,人们对于目标运动模型进行了深入研究,如1970年Singer提出了相关噪声模型(称为Singer模型);1983年周宏仁提出了当前统计(Current Statistical, CS)模型等。已发表了许多研究文章,几乎所有文章都认为在某些条件下,他们所提出的算法在目标跟踪的性能上优于其他方法,其应用或模拟结果也验证了他们的观点。但是,还没有一种统一的对所有应用普遍适用的方法,如针对机动目标的最优模型在目标的非机动状态下就不是最优。

例11.1:假设一架飞机朝雷达站在斜距上匀速运动,即运动方程为 $\mathrm{d}R/\mathrm{d}t = 1$,其中,$R$ 为飞机离雷达的距离,其他条件后续给出。匀速运动可以按照常速度 v 建模,在假定离散间隔 $t - t_0 = T = 1$ 的条件下,由式(11.8),离散状态方程可以写出如下:

$$\boldsymbol{X}_{k+1} = \begin{bmatrix} 1 & 1 \\ 0 & 1 \end{bmatrix} \boldsymbol{X}_k + \boldsymbol{V}_k, \quad k = 0, 1, 2, \cdots \tag{11.19}$$

假定噪声 $\boldsymbol{V}_k$ 满足零均值和高斯分布。式(11.19)表明：在 $k+1$ 时刻的状态值可以由 k 时刻的状态值递推导出，这是理论值。

11.3.2 目标观测模型

为了描述目标跟踪滤波算法，还需要建立目标观测（或称量测）的数学模型。空管雷达测量到目标位置值主要是方位和距离，暂不考虑高度值。假定离散时间 $t_0 = kT$ 及 $t = (k+1)T$，离散观测方程可以视作为

$$\boldsymbol{Z}_k = \boldsymbol{H}\,\boldsymbol{X}_k + \boldsymbol{W}_k \tag{11.20}$$

式中：$\boldsymbol{Z}_k$ 为观测向量，等效于雷达信号处理器输出的点迹（观测数据）；$\boldsymbol{H}$ 为观测矩阵；$\boldsymbol{W}_k$ 为观测噪声向量，其特性与 $\boldsymbol{V}_k$ 一样为白噪声。

由于方位和距离是按极坐标给出的，为了与式(11.8)所表示的坐标系一致，需要将极坐标的点迹位置转换为直角坐标的点迹位置。将 y 轴指向正北，则它们之间的转换关系如下：

$$\begin{cases} x = R \cdot \sin\beta \\ y = R \cdot \cos\beta \end{cases}，及 \begin{cases} R = \sqrt{x^2 + y^2} \\ \beta = \arctan(x/y) \end{cases} \tag{11.21}$$

如此，可以将式(11.20)中的观测向量 $\boldsymbol{Z}_k$ 用直角坐标中的分量带入。

在例 11.1 中，由式(11.20)，假设飞机仅在 x 轴上运动，离散观测方程可以简写出如下：

$$\boldsymbol{Z}_k = \begin{bmatrix} 1 & 0 \end{bmatrix} \boldsymbol{X}_k + \boldsymbol{W}_k, \quad k = 0,1,2,\cdots \tag{11.22}$$

假定噪声 $\boldsymbol{W}_k$ 满足零均值和高斯分布。式(11.22)表明：在 k 时刻的观测值可以由 k 时刻的状态值递推导出，这是理论值。

11.4 目标跟踪滤波

目标跟踪滤波是对目标预测位置（图11.2中的 $X_{k/k-1}$ 点）与其相关的新点迹观测位置（Z_k 点）之间的合理选取或插值（$X_{k/k}$ 点）。因为，新点迹的观测位置包含了观测误差，而预测位置没有新的运动变化信息包含了预测误差，两者都是备选值。经典目标跟踪滤波方法是采用 $\alpha - \beta$ 滤波或卡尔曼（Kalman）滤波等，以消除上述误差的影响。

11.4.1 $\alpha - \beta$ 滤波

$\alpha - \beta$ 滤波算法适用于目标运动为等速直线型，且在直角坐标系 (x,y) 里两个坐标轴上的算法方程为线性，计算量较小。以 x 坐标轴上为例，$\alpha - \beta$ 滤波算

法方程包括位置滤波值 x_k 和速度滤波值 v_k，可以分别表示如下：

$$x_k = x_{qk} + \alpha \cdot (z_k - x_{qk}) \tag{11.23}$$

$$v_k = v_{k-1} + \beta \cdot (z_k - x_{qk})/T \tag{11.24}$$

下一次扫描的位置预测值 $x_{q(k+1)}$：

$$x_{q(k+1)} = x_k + v_k \cdot T \tag{11.25}$$

式中：x_{qk} 为第 k 次（$k \geqslant 2$）扫描的点迹位置预测值；z_k 为第 k 次扫描的点迹位置观测值；α 为位置滤波参数；β 为速度滤波参数；T 为观察时间间隔。α 和 β 满足

$$\alpha = \frac{2(2k-1)}{k(k+1)} \tag{11.26}$$

$$\beta = \frac{6}{k(k+1)} \tag{11.27}$$

上述式中，航迹开始时，k 较小，使 α 和 β 较大，说明位置和速度的估计值是不可靠的，则 x_k 和 v_k 更取决于 $z_k - x_{qk}$；而当 k 较大，使 α 和 β 较小，说明位置和速度的估计值是可靠的，则 x_k 和 v_k 更取决于 x_{qk} 和 v_{k-1}。考虑到实际航迹的非绝对线性，$k \geqslant K$（如 K 为 7）时就取到 K 为止。

当航迹为机动或转向时，仍采用上述 $\alpha - \beta$ 滤波算法，但是在下一次扫描的位置预测值上放大（如 $3 \sim 5$ 倍），形成一个大的波门，两波门对点迹与航迹相关处理在下一节讨论。

实际上，$\alpha - \beta$ 滤波算法是卡尔曼滤波算法的简化，对机动目标跟踪和跟踪精度要求较高的系统往往直接采用卡尔曼滤波算法以及改进的滤波算法，这使计算量突增。

还有一种简便的辅助方法是采用人工修正航迹，方法是：航迹处理软件支持下，操作员操作光标提供正确的跟踪位置，处理算法程序可使跟踪回到正确的航迹上。人工辅助修正航迹还适用于杂波剩余较多、真目标点迹丢失等容易引起误跟踪或使跟踪发散的情况。

11.4.2　卡尔曼滤波

1960 年前后，卡尔曼（Kalman）和布西（Bucy）等人从时间域的状态变量法出发提出了最优递推滤波算法，常称卡尔曼滤波，也称卡尔曼滤波器。卡尔曼滤波方法已成功应用到许多领域，在雷达技术领域引入该方法用于实现雷达单个目标或多个目标的跟踪，它是现代雷达数据处理中的核心算法。

卡尔曼滤波采用状态空间的概念，将信号过程视为在白噪声作用下的线性系统，用矩阵形式的状态方程来描述其输入/输出关系；其次，卡尔曼滤波应用了

概率论与数理统计领域中的成果,导出了一种崭新的线性递推算法,这种算法只要根据新的观测数据和前一时刻的估计数据,推算出新的估计数据,因此,该算法特别适合于实时处理。实际上,该算法前一时刻的估计数据包含有以前若干次观测数据的信息,根据预测值和观测值之间的误差自动调整滤波参数,提高估值的准确性。由于卡尔曼递推算法建立在线性系统条件下,适合于处理直角坐标中运动规律的航迹;估计数据和观测数据附加的扰动随机项(常称其为噪声)需要满足零均值的高斯分布。当实际情况与这些限制条件不符时,该递推算法会使跟踪出现错误和航迹发散,需要采用后来改进的自适应卡尔曼滤波等方法。

从 k 时刻估计 $k+1$ 时刻的值属于预测(或递推),从 k 时刻估计 k 时刻的新值属于滤波,从 k 时刻估计 $k-1$ 时刻的值属于平滑。预测的应用领域很多,如:在最后一个可利用的观测值之后,在防撞系统应用中,需要提前预测出运动目标在一定时间后运动到什么地方;在空中交通管制系统中,需要检测出航迹之间任何可能出现的混淆;在雷达目标跟踪中,预测用于从 k 时刻的估计值 $X_{k/k}$ 估计出 $k+1$ 时刻的估计值 $X_{k+1/k}$。滤波用于在 $k+1$ 时刻估计值 $X_{k+1/k}$ 和 $k+1$ 时刻观测值 Z_{k+1} 之间估计出替代(更新)值 $X_{k+1/k+1}$。常称的卡尔曼滤波包含滤波和预测。

1. 卡尔曼滤波递推算法推导

卡尔曼滤波方法详细推导及性质详见有关参考书。本章只给出一种初等数学推导法,虽然不那么严格但通俗易理解。

假定离散线性系统的状态(又称动态)方程和观测(又称输出)方程分别为

$$X_{k+1} = F_k X_k + V_k \tag{11.28}$$

$$Z_k = H_k X_k + W_k \tag{11.29}$$

式中:X_k 为状态向量,Z_k 为观测向量;F_k 为状态转移矩阵;H_k 为观测矩阵;V_k 为随机扰动噪声向量;W_k 为观测噪声向量,下标 k 及 $k+1$ 表示时刻。对应式(11.28)和式(11.29)的离散线性系统示意框图如图 11.3 所示。图 11.3 中,输入为噪声 V_k 和 W_{k+1},输出为向量 Z_{k+1},Z_{k+1} 等效于雷达信号处理器输出的点迹(观测数据)。而滤波则是在估计值 $X_{k+1/k}$ 和观测值 Z_{k+1} 之间估计出替代值 $X_{k+1/k+1}$。

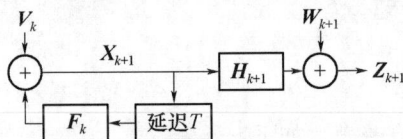

图 11.3 离散线性系统示意框图

在状态方程中,V_k 可以视为改变目标运动的扰动,如驾驶员操纵飞机、气象环境变化等造成飞机运动状态出现波动。

在观测方程中，W_k 可以视为观测系统的测量误差，如天线波束调制及畸变、回波中噪声及杂波的干扰、STC 衰减特性、脉压副瓣幅度影响等造成飞机运动观测数据出现波动。当目标距离雷达站较远时方位测量误差将增加。

为了导出卡尔曼滤波方法即递推公式，需要如下前提条件：噪声 V_k 和 W_k 满足零均值和高斯分布；初始状态 X_0 满足高斯分布，均值为 $\overline{X}_0$，方差为 P_{x0}；而且，V_k、W_k 和 X_0 互不相关。即

$$E[V_k] = 0, \ E[W_k] = 0, \ E[X_0] = \overline{X}_0 \tag{11.30}$$

$$E[V_k \ W_j^{\mathrm{T}}] = 0 \tag{11.31}$$

$$E[V_k \ V_j^{\mathrm{T}}] = Q_k \delta_{kj},$$

$$E[W_k \ W_j^{\mathrm{T}}] = R_k \delta_{kj}, \ E[(X_0 - \overline{X}_0)(X_0 - \overline{X}_0)^{\mathrm{T}}] = P_{x0} \tag{11.32}$$

式中：δ_{kj} 为 Delta 函数，说明不同时刻（$k \neq j$）的噪声也是相互独立的；Q_k 为对称非负定阵；R_k 为对称非负定阵。

卡尔曼递推算法推导过程分为如下 6 步进行：

（1）首先假定在最小均方误差条件下，k 时刻的状态估计值 $\hat{X}_{k/k}$ 已经是最优的，估计误差方差矩阵为 $P_{xk/k}$。以下先求预测 $k+1$ 时刻的状态估计值 $\hat{X}_{k+1/k}$。

在已有观测序列 Z^k 条件下，对式（11.28）求均值，有

$$E[X_{k+1}/Z^k] = E[(F_k X_k + V_k)/Z^k] = F_k E[X_k/Z^k] + E[V_k/Z^k] \tag{11.33}$$

由式（11.30），上式右端第二项为 0。由于观测序列 Z^k 条件下状态 X_k 的均方意义的最优估计就是条件均值[40]，上式可以改写为

$$\hat{X}_{k+1/k} = F_k \hat{X}_{k/k} \tag{11.34}$$

此为状态预测值一步递推式。

（2）$\hat{X}_{k+1/k}$ 的预测误差为

$$X_{k+1} - \hat{X}_{k+1/k} \tag{11.35}$$

$\hat{X}_{k+1/k}$ 的预测误差方差表示如下：

$$P_{x \ k+1/k} = E[(X_{k+1} - \hat{X}_{k+1/k})(X_{k+1} - \hat{X}_{k+1/k})^{\mathrm{T}}] \tag{11.36}$$

代入式（11.28）和式（11.34）后，以及由式（11.30）及式（11.32），有

$$P_{x \ k+1/k} = F_k P_{x \ k/k} F_k^{\mathrm{T}} + Q_k \tag{11.37}$$

此为状态误差方差一步递推式。

（3）同理,对式(11.29)求均值,可以得到

$$\hat{Z}_{k+1/k} = H_{k+1} \hat{X}_{k+1/k} \qquad (11.38)$$

此为观测预测值一步递推式。

$\hat{Z}_{k+1/k}$ 的预测误差方差表示如下：

$$P_{z\ k+1/k} = E[(Z_{k+1} - \hat{Z}_{k+1/k})(Z_{k+1} - \hat{Z}_{k+1/k})^{\mathrm{T}}] \qquad (11.39)$$

式中：Z_{k+1} 为新获得的观测值；$Z_{k+1} - \hat{Z}_{k+1/k}$ 称为观测残差或新息,代入式(11.29),以及由式(11.30)~式(11.32),有

$$P_{z\ k+1/k} = H_{k+1} P_{x\ k+1/k} H_{k+1}^{\mathrm{T}} + R_{k+1} \qquad (11.40)$$

此为观测误差方差一步递推式。

（4）状态与观测之间的协方差可以表示如下：

$$P_{xz\ k+1/k} = E[(X_{k+1} - \hat{X}_{k+1/k})(Z_{k+1} - \hat{Z}_{k+1/k})^{\mathrm{T}}] = P_{x\ k+1/k} H_{k+1}^{\mathrm{T}} \quad (11.41)$$

则 $k+1$ 时刻的状态更新估计值 $\hat{X}_{k+1/k+1}$ 可以表示为 $k+1$ 时刻的状态预测估计值 $\hat{X}_{k+1/k}$ 附加观测残差的适当修正,表示如下：

$$\hat{X}_{k+1/k+1} = \hat{X}_{k+1/k} + K_{k+1}(Z_{k+1} - \hat{Z}_{k+1/k}) = \hat{X}_{k+1/k} + K_{k+1}(Z_{k+1} - H_{k+1}\hat{X}_{k+1/k})$$
$$(11.42)$$

（5）式(11.42)中 K_{k+1} 称为卡尔曼增益,由下式确定：

$$K_{k+1} = P_{xz\ k+1/k} P_{z\ k+1/k}^{-1} = P_{x\ k+1/k} H_{k+1}^{\mathrm{T}} (H_{k+1} P_{x\ k+1/k} H_{k+1}^{\mathrm{T}} + R_{k+1})^{-1}$$
$$(11.43)$$

（6）状态误差方差一步递推式的更新式 $P_{x\ k+1/k+1}$ 可以表示如下：

$$P_{x\ k+1/k+1} = E[(X_{k+1} - \hat{X}_{k+1/k+1})(X_{k+1} - \hat{X}_{k+1/k+1})^{\mathrm{T}}] \qquad (11.44)$$

由上述诸式,得到

$$P_{x\ k+1/k+1} = P_{x\ k+1/k} - K_{k+1} H_{k+1} P_{x\ k+1/k} \qquad (11.45)$$

此为状态误差方差一步更新式。

2. 卡尔曼滤波的性质与特点

由上面的推导,卡尔曼滤波的递推算法由 5 个公式组成,如表 11.2 所示。

卡尔曼滤波的递推过程如图 11.4 所示,其中,初值 $\hat{X}_{0/0}$ 即 $\overline{X}_0$,$P_{x0/0}$ 即 P_{x0}。

表 11.2　卡尔曼滤波的递推算法

名称	递推公式
状态预测误差方差	$P_{xk+1/k} = F_k P_{xk/k} F_k^{\mathrm{T}} + Q_k$
卡尔曼增益	$K_{k+1} = P_{xk+1/k} H_{k+1}^{\mathrm{T}} (H_{k+1} P_{xk+1/k} H_{k+1}^{\mathrm{T}} + R_{k+1})^{-1}$
状态误差方差更新式	$P_{xk+1/k+1} = P_{xk+1/k} - K_{k+1} H_{k+1} P_{xk+1/k}$
状态预测值	$\hat{X}_{k+1/k} = F_k \hat{X}_{k/k}$
状态更新估计值	$\hat{X}_{k+1/k+1} = \hat{X}_{k+1/k} + K_{k+1}(Z_{k+1} - H_{k+1}\hat{X}_{k+1/k})$
初始值和观测值:$\overline{X}_0$、P_{x0}、Z_{k+1}	

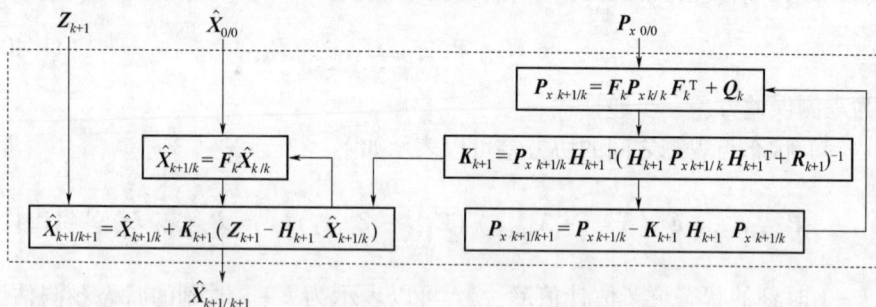

图 11.4　卡尔曼滤波的递推算法示意框图

常将第一个点迹值作为初值 $\overline{X}_0$。初值 P_{x0} 通常需在第二点迹值获取之后才能递推获取。

卡尔曼滤波的性质与特点如下:

(1) 卡尔曼滤波的 5 个递推算法公式是建立在已知的状态方程、观测方程和一些假定之上,如果实际情况偏离了这些假定,递推算法可能会使目标跟踪发散,航迹偏离目标的运动轨迹,导致的结果是航迹丢失或终止。将卡尔曼滤波方法应用于实际问题时,主要的工作是建立目标跟踪模型(见 11.3 节的例 11.1)和寻求适用的自适应滤波算法。

(2) 状态预测值 $\hat{X}_{k+1/k}$ 是从 k 时刻向 $k+1$ 时刻的预测,也称外推;状态估计值 $\hat{X}_{k+1/k+1}$ 是对 $k+1$ 时刻的状态预测值和观测值的滤波,也称加权。加权系数即卡尔曼增益 K_{k+1},它是状态与观测之间的协方差 $P_{xzk+1/k}$ 与观测预测误差方差 $P_{zk+1/k}$ 之比。需要注意的是:$P_{xk+1/k}$ 为对称阵,可用来衡量状态预测的不确定性,$P_{xk+1/k}$ 越小则状态预测越精确;$P_{zk+1/k}$ 为对称阵,可用来衡量观测预测的不确定性,$P_{zk+1/k}$ 越小则观测预测越精确。

（3）可以看出图 11.4 中的递推公式有两个计算回路：滤波计算回路和增益计算回路。增益计算回路的递推计算与滤波计算回路无关，而滤波计算回路的递推计算需要增益计算回路中的卡尔曼增益及输入的观测数据。当状态方程和观测方程的系数为常系数的情况下，F、H、Q、R 通常与 k 无关，可以预先计算或并行计算增益回路以减少递推回路计算量，提高计算速度。

（4）状态方程中的 V_k 为随机扰动向量，主要与状态的运动误差有关；观测方程中的 W_k 为随机观测误差向量，主要与测量误差有关。

3. 卡尔曼滤波的递推算法举例

在例 11.1 中，假定离散线性系统中状态的初始值为 $\overline{X}_0 = [100, 0]^T$，先验统计特性为

$$E[X_0] = \begin{bmatrix} 95 \\ 1 \end{bmatrix}, \quad P_{x0} = \begin{bmatrix} 10 & 0 \\ 0 & 1 \end{bmatrix} \tag{11.46}$$

再假定 $Q_k = 1$，$R_k = 1$，从 $t = 1s$ 开始观测，观测数据如表 11.3 所列。

表 11.3　观测数据

k	1	2	3	4	5	6
Z_k	100	97.9	94.4	92.7	87.3	82.1

卡尔曼递推过程如下：

状态预测值　　　　　$\hat{X}_{1/0} = \begin{bmatrix} 1 & 1 \\ 0 & 1 \end{bmatrix} \begin{bmatrix} 95 \\ 1 \end{bmatrix} = \begin{bmatrix} 96 \\ 1 \end{bmatrix}$

状态预测误差方差　　$P_{x1/0} = \begin{bmatrix} 1 & 1 \\ 0 & 1 \end{bmatrix} \begin{bmatrix} 10 & 0 \\ 0 & 1 \end{bmatrix} \begin{bmatrix} 1 & 1 \\ 0 & 1 \end{bmatrix}^T + 1 = \begin{bmatrix} 12 & 2 \\ 2 & 2 \end{bmatrix}$

卡尔曼增益

$$K_1 = \begin{bmatrix} 11 & 1 \\ 1 & 1 \end{bmatrix} [1 \ 0]^T \left\{ [1 \ 0] \begin{bmatrix} 11 & 1 \\ 1 & 1 \end{bmatrix} [1 \ 0]^T + 1 \right\}^{-1} = \begin{bmatrix} 0.92 \\ 0.15 \end{bmatrix}$$

状态更新估计值　$\hat{X}_{1/1} = \begin{bmatrix} 96 \\ 1 \end{bmatrix} + \begin{bmatrix} 0.92 \\ 0.15 \end{bmatrix} \left\{ 100 - [1 \ 0] \begin{bmatrix} 96 \\ 1 \end{bmatrix} \right\} = \begin{bmatrix} 99.7 \\ 1.6 \end{bmatrix}$

状态误差方差更新式

$$P_{x1/1} = \begin{bmatrix} 12 & 2 \\ 2 & 2 \end{bmatrix} - \begin{bmatrix} 0.92 \\ 0.15 \end{bmatrix} [1 \ 0] \begin{bmatrix} 12 & 2 \\ 2 & 2 \end{bmatrix} = \begin{bmatrix} 0.96 & 0.16 \\ 0.2 & 1.7 \end{bmatrix}$$

继续递推后的数据如表 11.4 所列，其中 $\hat{x}$ 表示 x 轴上距离 R 估计值；$\hat{\dot{x}}$ 表示 x 轴上速度 v 估计值；$P_{xk/k}(1)$ 和 $P_{xk/k}(2)$ 分别表示状态误差方差主对角线元素，即距离和速度误差方差值。将表 11.3 和表 11.4 的数据画在同一图中，如

图 11.5 所示。图 11.5(a)的曲线表示目标距离,图 11.5(b)的曲线表示目标速度。

表 11.4 估计数据

k	0	1	2	3	4	5	6
Z_k		100	97.9	94.4	92.7	87.3	82.1
$\hat{x}$	95	99.7	98.6	95.2	92.7	88	82.6
$\hat{\dot{x}}$	1	1.6	-0.37	-2.31	-2.41	-3.76	-4.75
$P_{xk/k}(1)$	10	0.96	0.8	0.81	0.78	0.75	0.76
$P_{xk/k}(2)$	1	1.7	1.04	0.68	0.38	0.53	0.6

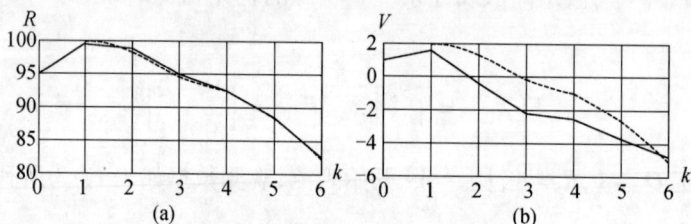

图 11.5 例 11.1 的估计曲线

4. 改进的卡尔曼滤波

1) 扩展卡尔曼滤波

在线性系统中,上述采用卡尔曼滤波是可行的状态估计滤波;而当系统不是线性时,状态方程和输出方程的表达式可以写为

$$X_{k+1} = f[k, X_k] + V_k \tag{11.47}$$

$$Z_k = h[k, X_k] + W_k \tag{11.48}$$

与线性系统不同的是:X_{k+1} 为 X_k 的非线性函数,Z_k 为 X_k 的非线性函数。在非线性系统也可以获得类似卡尔曼滤波的递推式,方法是将非线性函数线性化,即将 f 和 h 在估计值 $\hat{X}_{k/k}$ 处展开为泰勒级数,取一次项而忽略高次项。本章不作推导而直接给出扩展卡尔曼滤波的递推算法,该算法也由 5 个公式组成如表 11.5 所列。

表 11.5 扩展卡尔曼滤波的递推算法

名称	递推公式
状态预测误差方差	$P_{xk+1/k} = F_{xk} P_{xk/k} F_{xk}^T + Q_k$
卡尔曼增益	$K_{k+1} = P_{xk+1/k} H_{xk+1}^T (H_{xk+1} P_{xk+1/k} H_{xk+1}^T + R_{k+1})^{-1}$
状态误差方差更新式	$P_{xk+1/k+1} = P_{xk+1/k} - K_{k+1} H_{xk+1} P_{xk+1/k}$

（续）

名称	递推公式
状态预测值	$\hat{X}_{k+1/k} = F_{xk} \hat{X}_{k/k}$
状态更新估计值	$\hat{X}_{k+1/k+1} = \hat{X}_{k+1/k} + K_{k+1}(Z_{k+1} - H_{xk+1}\hat{X}_{k+1/k})$
初始值和观测值：$\overline{X}_0$、P_{x0}、Z_{k+1}	

表 11.5 中

$$F_{x\ k} = \frac{\partial f[k,X_k]}{\partial X_k}\bigg|_{X_k = \hat{X}_{k/k}} \tag{11.49}$$

$$H_{x\ k+1} = \frac{\partial h[k+1,X_{k+1}]}{\partial X_{k+1}}\bigg|_{X_{k+1} = \hat{X}_{k+1/k}} \tag{11.50}$$

扩展卡尔曼滤波的实质是将非线性函数展开，这使计算量突增，在多目标环境中，实时处理受到一定限制；其次，在仅取泰勒级数一次项而忽略高次项的情况下，又将带来一些估计误差。

2）卡尔曼滤波中的机动检测及修正

考虑到实际环境中目标总是会有机动的，在卡尔曼滤波中引入目标的机动检测，然后使用跟踪算法进行相应的修正，此称为自适应卡尔曼滤波。

在运用卡尔曼滤波递推式过程中，监测观测残差 $Z_{k+1} - \hat{Z}_{k+1/k}$，就能够监测出目标的机动情况。因为，非机动目标的观测残差是均值为零的高斯序列。将观测残差的平方值与观测误差方差值比较，若前者以一定概率超过后者，说明目标开始机动。当发生目标机动时，其修正方法是：适当放大观测误差方差值代替式（11.40）的结果，其缺陷是降低了目标的跟踪精度。另外，由式（11.42）可知，增加加权系数值 K_{k+1}，也可以使目标的跟踪位置更加靠近 Z_{k+1}。

另一种修正方法是增加状态/观测模型的维数。例如，在监测观测残差 $Z_{k+1} - \hat{Z}_{k+1/k}$ 中，若发现目标运动在原来的匀速运动中有速度变化，就在匀速运动模型中增加加速度量，构成新的状态/观测模型，在后续的递推算法过程中继续监测观测残差 $Z_{k+1} - \hat{Z}_{k+1/k}$。若目标运动机动减小回到匀速运动，这时再减少状态/观测模型的维数。减少维数可以减少计算量，以便在目标运动无速度变化时更少占用计算机的资源。

11.4.3　交互式多模型滤波

上述卡尔曼滤波的机动检测及修正方法中，在两个模型间按照对观测残差

193

监测所进行的切换方法使用了模型切换(变维)思想,是多模型方法的原型,但如果观测无法提供足够的信息用于观测残差的监测,则会产生误判。因此,又出现了一些适应于多种运动模式的算法,即多模型(Multiple Model,MM)算法,此称为多模型滤波。多模型算法中各滤波器基于不同模型独立、并行地计算,而不考虑模型之间的跳变,目标状态估计为各滤波器状态估计的加权。为了达到好的跟踪性能,必须使用一个大的模型集合。然而,增加模型将会大大提高计算的复杂程度而性能未必提高。事实上,由于多模型间的竞争,反而会使跟踪性能下降。

交互式多模型(Interacting MM,IMM)滤波在1984年首先由Blom提出,其基本思想是采用不同运动模型来匹配目标不同运动状态,各种运动模型间的转换概率则使用马尔可夫链,通过交互作用来跟踪一个目标的各种运动。图11.6所示为交互式多模型滤波示意图,图中$j=1,2,\cdots,r$为模型数。它是以多模型运算为基础,对各模型输出进行混合(加权和)估计,在初始化过程中也具有交互作用。交互式多模型算法应用起来相对简单,且能够处理复杂的运动,故得到普遍应用,并在此基础上派生出许多改进的滤波方法。

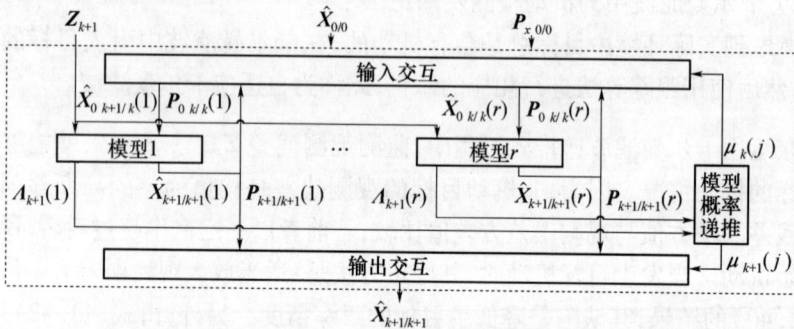

图11.6 交互式多模型滤波示意图

交互式多模型滤波算法原理详见有关参考书,本章只给出交互式多模型滤波算法步骤。假定交互式多模型算法中的模型共有r个,各模型的状态方程和观测方程均如式(11.28)和式(11.29),且均满足式(11.30)~式(11.32)的条件。马尔可夫转换概率矩阵记为

$$\boldsymbol{P} = \begin{bmatrix} p_{11} & \cdots & p_{1j} \\ \vdots & \ddots & \vdots \\ p_{i1} & \cdots & p_{ij} \end{bmatrix} \tag{11.51}$$

式中:p_{ii}为在没有外来观测信息时模式不变的概率,一般取值较大;p_{ij}为在没有外来观测信息时模型i转移到模型j的转移概率,一般取值较小。

引入马尔可夫转移概率矩阵后,在假设下一时刻观测到来之前各模型正确概率已知的条件下,可由式(11.51)计算模型概率,进而用式(11.52)和式(11.53)再初始化各滤波器输入,这无疑会提高滤波器的估计性能。交互式多模型算法的每一个循环由如下的 3 大步组成,每个模型内部的步骤同图 11.4。

(1) 输入交互后送模型 j 的 k 时刻初值:

$$\hat{X}_{0k/k}(j) = \sum_{n=1}^{r} \hat{X}_{k/k}(n)\mu_{k/k}(nj), \ j = 1,2,\cdots,r \tag{11.52}$$

及

$$P_{0k/k}(j) = \sum_{n=1}^{r} \mu_{k/k}(nj) \cdot$$

$$\left\{ P_{k/k}(n) + \left[\hat{X}_{k/k}(n) - \hat{X}_{0k/k}(j) \right]\left[\hat{X}_{k/k}(n) - \hat{X}_{0k/k}(j) \right]^{T} \right\} \tag{11.53}$$

其中,模型切换概率为如下的加权式:

$$\mu_{k/k}(ij) = p_{ij}\mu_k(i) \Big/ \sum_{n=1}^{r} p_{nj}\mu_k(n) \tag{11.54}$$

(2) 各模型内部卡尔曼滤波(略)。

模型概率递推:

$$\mu_{k+1}(j) = \Lambda_{k+1}(j)\sum_{n=1}^{r} p_{nj}\mu_k(n) \Big/ \sum_{i=1}^{r}\Lambda_{k+1}(i)\sum_{n=1}^{r} p_{ni}\mu_k(n) \tag{11.55}$$

其中,$\Lambda_{k+1}(j)$ 为模型的似然函数:

$$\Lambda_{k+1}(j) = \left[2\pi \left| H_{k+1}(j)P_{xk+1/k}(j)H_{k+1}(j)^{T} + R_{k+1} \right| \right]^{-1/2} \cdot$$

$$\exp\left\{ -\frac{1}{2}\left[Z_{k+1}(j) - H_{k+1}(j)\hat{X}_{k+1/k}(j) \right]^{T} \right.$$

$$\left[H_{k+1}(j)P_{xk+1/k}(j)H_{k+1}(j)^{T} + R_{k+1} \right]^{-1} \cdot$$

$$\left. \left[Z_{k+1}(j) - H_{k+1}(j)\hat{X}_{k+1/k}(j) \right] \right\} \tag{11.56}$$

(3) 输出交互。

在计算出各个模型的概率之后,就可以通过对各模型正确时的状态估计概率加权求和给出最终的目标估计:

$$\hat{X}_{k+1/k+1} = \sum_{j=1}^{r} \hat{X}_{k+1/k+1}(j)\mu_{k+1}(j) \tag{11.57}$$

及

$$P_{k+1/k+1} = \sum_{j=1}^{r} \mu_{k+1/k+1}(j) \cdot$$

$$\left\{ \boldsymbol{P}_{k+1/k+1}(j) + \left[\hat{\boldsymbol{X}}_{k+1/k+1}(j) - \hat{\boldsymbol{X}}_{k+1/k+1} \right] \right.$$
$$\left. \left[\hat{\boldsymbol{X}}_{k+1/k+1}(j) - \hat{\boldsymbol{X}}_{k+1/k+1} \right]^{\mathrm{T}} \right\} \tag{11.58}$$

交互式多模型算法在满足先验假设的条件下,其估计是均方误差意义下的最优估计。

11.5　点迹与航迹相关处理

通常所探测的目标数量不止一个,多目标情况下的跟踪问题还包括在跟踪门内点迹与航迹配对,它是数据关联问题。最近邻数据关联(Nearest Neighbor Data Association,NNDA)算法是提出最早也是最简单的数据关联方法,该算法把落在跟踪门内并与被跟踪目标预测位置"最近邻"的观测点迹视作相关点迹,而将跟踪门内其他观测点迹视作与被跟踪目标预测位置不相关。这里的"最近邻"是指观测点迹在统计意义上离被跟踪目标的预测位置最近。最近邻数据关联主要适用于跟踪空域中存在单目标或目标数较少的情况,或者说只适用于对稀疏目标环境的目标跟踪。

1972 年 Shalom 提出了概率数据关联(Probability DA,PDA)算法,该方法对落入跟踪门内的所有观测值进行加权计算其来自被跟踪目标的概率,满足概率最大的观测值视作相关点迹,而将跟踪门内其他观测点迹视作与被跟踪目标预测位置不相关。该方法的优点是可减小在对杂波环境下单目标跟踪时误跟和丢失目标的概率。缺点是仅适用于单目标和分散孤立的多目标环境,没考虑航迹起始与终止机理。1974 年 Shalom 又提出了联合概率数据关联(Joint PDA,JP-DA)算法,该方法定义了联合事件,引入了"聚"的概念,通过计算联合事件的概率,计算观测点迹与被跟踪目标之间关联的边缘概率。上述方法适合工程实现,比其他方法应用更普遍,被认为是解决多目标数据关联问题的有效算法。

11.5.1　跟踪门形成

跟踪门是用来确定航迹的新点迹可能出现的一个区域范围,它实际上具有门限的特性,即落入该门内的点迹将作为与已知航迹相关的候选点迹,而不在该门内的点迹就不与已知航迹进行相关处理。确定跟踪门的尺度大小是困难的:当多目标拥挤、出现邻近虚假点迹或两条以上航迹靠得较近或交叉时,需要跟踪门的尺度较小,以减少航迹与候选点的相关运算量和提高跟踪的正确概率;而当跟踪的目标出现转弯机动、先前一次扫描出现丢点时,需要跟踪门的尺度较大,以避免航迹的新点迹落到跟踪门外和提高航迹的连续性。跟踪门是由已知航迹预测出来的,表明在跟踪门内出现已知航迹新的点迹可能性很大,为了避免在信号处理器的人工指定区域点迹过滤中误将此跟踪门内的点迹过滤掉,有的雷达中跟踪门就作为参数去屏蔽人工指定区域对点迹的过滤。

跟踪门尺度大小应依据正确包含已知航迹新的点迹概率来确定。跟踪门规则可以采用如下判断式:

$$|Z_{k+1} - \hat{Z}_{k+1/k}| \leqslant K \cdot \sqrt{\sigma_{zi}^2 + \sigma_{xi}^2} \tag{11.59}$$

式中:σ_{zi}^2 为观测误差方差矩阵第 i 个对角线元素;σ_{xi}^2 为预测误差方差矩阵的第 i 个对角线元素。对所有的 i 有相同的跟踪门常数 K,式(11.59)右边为跟踪门尺度。即在卡尔曼滤波中观测残差 $Z_{k+1} - \hat{Z}_{k+1/k}$,满足式(11.59)则认为已知航迹新的点迹落入了跟踪门。根据经验,跟踪门尺度一般取值较大,$K \geqslant 3.5$。

如上述,跟踪门尺度的抉择有两难,所以,跟踪门通常会设置有小的和放大的两个:小的跟踪门尺度通常依据航迹预测误差协方差确定,若小的跟踪门能对点迹和航迹相关成功就表明目标航迹稳定,相关可信度高。跟踪门放大尺度以人工设置的加速度最大值 a_{max} 范围计算获得,有的雷达中由小的跟踪门尺度扩大 3~5 倍获得。若只能在放大尺度后的跟踪门对点迹和航迹相关成功就表明目标具有较大机动性,或表明相关可信度差如航迹与邻近其他目标点迹进行了相关,可信度参数可作为后续扫描中相关处理的重要参考。在仅放大尺度后的跟踪门对点迹和航迹相关成功的情况下,还要考虑目标仍位于小的跟踪门内但由于雷达截面积弱小而没有被检测到出现丢点所至,所以,可以在小的跟踪门内留一条航迹(或称新的原始航迹),待后续天线扫描所产生的新点迹与航迹相关时再作取舍。

11.5.2　航迹起始

航迹起始或起批是指点迹成为航迹的起点。在一般情况下,对于跟踪起始算法要求其快速性和可靠性,即能够在较短的天线扫描次数内,准确地判断空域中有多少目标以及哪个目标属于哪个航迹。原理上,可以在跟踪门内等待下一次扫描出现该目标新的点迹,在进一步的点迹与航迹相关中判断该航迹的真伪。但是,当信号处理器提供的点迹包含有虚假点迹,或跟踪门内出现的点迹包含有多个点迹时,这样的航迹起批会出现虚警。另外,还要避免可靠航迹对应的新点迹被用来形成新的航迹或暂时航迹。高可靠即低虚警地对真实目标航迹起批需要足够的信息积累,所以,实际上都不采用首点起批方式。除非当目标本身散射能力差很难被发现或处于杂波区很难被发现,这种情况下允许人工设置"首点起批区",数据处理器在该区域中自动执行航迹首点起批程序,即将图 11.2 中的暂时航迹作为确认航迹。

在发现第一个点迹后将其作为暂时航迹,建立一个以该点迹为圆心的环形区域(圆环半径分别以目标可能的最小速度和最大速度算出边界)作为预测跟踪门,等待第二点迹落在此跟踪门内,经过相关后的第二点迹也作为暂时航迹,再由第三点迹落在前两点预测的跟踪门内形成航迹初始点,"3 点起批"是常用准则。其原理一般为 M/N 检测准则:暂时航迹需要作 N 点滤波与预测,如果有 M 次观测点迹落入跟踪门内,则认为这条航迹被确定,将其确定为航迹初始点。"3 点起批"即为 2/3 检测准则。

比起 ADT 的其他方面,航迹起批可能花费更多计算机时间和处理资源。在 10.4 节介绍过对固定回波的点迹过滤方法,还可以采用杂波图技术,将位置不随时间而变的点迹作为剩余杂波存储其位置值,在对目标起批时作为参照,避免从杂波点位置起批。

11.5.3　点迹与航迹配对

在目标跟踪过程中,如果只有一个观测值落入目标的跟踪门内,则此观测值可直接用于该目标的滤波与预测,对目标的航迹进行更新。如果多于一个以上的观测值落在跟踪门内,在跟踪门内有可能发生多个点迹与航迹相关的情况,以及同一点迹与多条航迹相关的情况,所以,实际的点迹与航迹相关配对需要应用更高级的数据关联技术或点迹与航迹相关配对逻辑,以最终确定用于目标滤波的最佳观测值。

1. 最近邻数据关联

如果在跟踪门内落入多个观测值,最近邻数据关联方法是选取离跟踪门中心位置统计距离最近的观测值作为候选点迹。参见 11.4 节中观测残差或新息 $Z_{k+1} - \hat{Z}_{k+1/k}$,及 $\hat{Z}_{k+1/k}$ 的预测误差方差式(11.40),则新息的范数为

$$g_{k+1} = (Z_{k+1} - \hat{Z}_{k+1/k})^{\mathrm{T}} (H_{k+1} P_{x\,k+1/k} H_{k+1}^{\mathrm{T}} + R_{k+1})^{-1} (Z_{k+1} - \hat{Z}_{k+1/k})$$

$$(11.60)$$

上述统计距离最近即该范数最小,达到最小时的观测值用于卡尔曼滤波器中,对状态进行更新。该方法优点是计算简单;缺点是在多目标或交叉航迹时,离跟踪门中心位置统计距离最小的观测值并不一定是航迹的新点迹,有可能出现误跟和丢失目标的现象。

2. 概率数据关联

针对最近邻数据关联方法有可能出现误跟和丢失目标的现象,概率数据关

联方法考虑落入跟踪门内的所有观测值,根据不同的相关情况计算出各观测值来自目标的概率,然后利用这些概率进行加权,各个候选观测值加权和作为等效观测值用于卡尔曼滤波器中,对状态进行更新。概率数据关联方法属于全邻算法,该方法适用于单目标环境时落入跟踪门内的观测值多于一个的情况。该方法优点是误跟和丢失目标的概率较小,而且计算量相对较小。

3. 联合概率数据关联

跟踪门内落入的观测值多于一个、且为多目标环境时,实际是观测值落入不同目标跟踪门的重叠区域内,需要综合考虑各个观测值的目标来源情况,将多个观测值拆分为多个单目标环境下观测值多于一个的情况,再采用概率数据关联方法。

点迹与航迹配对过程通常分 3 个步骤:

(1) 对每条航迹产生一个配对表,该表包括全部可能的点迹—航迹配对数据。

(2) 分别计算配对表中点迹与航迹的统计间隔等参数,并使每个航迹与点迹构成暂时关联,通过检查去掉那些重复使用的点迹。所谓统计间隔是指考虑观测误差、预测误差和目标机动等因素对观测残差的修正,更具有合理性。

(3) 获得单个点迹与单条航迹的配对后,更新目标位置和速度等航迹信息。按照统计意义,最靠近航迹预测位置中心的那个点迹与该航迹相关成功的概率最大,此为最近邻数据关联算法,但在密集点迹环境中会发生较大概率的误跟踪。在信号处理输出的剩余杂波较多、多目标、目标机动飞行及交叉飞行等复杂环境下,还需要运用到一些特殊算法,如概率数据关联滤波、航迹分歧、航迹交叉、模糊关联滤波、多因子综合关联滤波、航迹修正等。

进一步还需要利用航迹的运动特性参数作关联处理,可以利用的运动特性参数有位置、速度、航向、加速度、属性、航线等。可以利用的点迹其他特性参数还有幅度、频道号及对应的重复周期值、打分数等信息。

在跟踪门内,点迹与航迹的配对还需要附加如下条件:

(1) 测量的扫描间点迹速度值在人工设置的最小值 Δv_{min} 和最大值 Δv_{man} 之间。

(2) 测量的扫描间点迹加速度绝对值在人工设置的最大值 a_{max} 范围内,如果不止一个点迹,通常取加速度绝对值最小的那个点迹与航迹相关。

(3) 测量的扫描间点迹方位角度变化值在人工设置的最大值 β_{max} 范围内。

经过点迹与航迹相关处理后,没有相关上的点迹为孤立点,将它们预存为暂时航迹。若暂时航迹后续不能起批即为虚假点迹将被丢弃。

11.5.4 航迹终止

如果同一目标的观测数据在相继的一些扫描中都丢失了,航迹就应该终止。与航迹起始需要足够的信息积累一样,航迹终止也需要足够的信息积累。一般情况下,连续 3 次扫描丢失数据就终止航迹。但在雷达顶空附近有盲区,飞机飞过顶空就会再现,为避免目标分裂,可以允许连续 6 次扫描丢失数据再终止航迹,有的雷达设计为人工选择设置航迹 3 点终止或航迹 6 点终止。

11.6 人工指定区域航迹限制

虽然前面进行了完善的航迹处理,以及在 10.4 节讨论的点迹过滤处理,将点迹过滤后与已有航迹进行了相关处理,在更新航迹之前,还需要仔细检查航迹处理结果,将目标跟踪出错概率降到最低。同时,注意到更新航迹后就再也没有机会修改错误了。有的雷达中,在更新航迹之前进行了有效的指定区域过滤专用程序,其方法是:设置"禁止起批区域""屏蔽区域""机场区域",分别禁止起批、禁止起批和更新、禁止虚假更新等。由人工设置区域位置和尺度大小的依据是:在雷达 P 显上,可以观察到雷达阵地电磁环境恶劣或复杂的区域,根据数据地图可以观察到周围机场的区域。由人工设置区域位置和尺度大小的做法可以引入使用人员的经验,又可以减轻计算机的处理负担。

1. 禁止起批区域

在雷达终端上设置"禁止起批区域"(Non Initialization Area)直角坐标窗口,主要依据对雷达阵地电磁环境的观察,将需要禁止航迹起批的区域标示出来,在该区域航迹处理器只能进行航迹更新而不能航迹起批。若有二次雷达点迹综合时,还可以进一步将区域设置限制在高度分层内。

2. 屏蔽区域

在雷达终端上设置"屏蔽区域"(Blanking Area)直角坐标窗口,主要依据对雷达阵地电磁环境的观察,将需要屏蔽的区域标示出来,在该区域航迹处理器不能进行航迹更新也不能航迹起批。若有二次雷达点迹综合时,还可以进一步将区域设置限制在高度分层内。

3. 机场区域

在雷达终端上设置"机场区域"(Airport Area)直角坐标窗口,主要依据对雷达阵地地形环境的观察,将周围机场的区域标示出来,附加设置条件是:如果这个点迹与航迹相关,结果出现一个航向偏差大于"一次雷达航向变化最大"设置值。在该区域满足附加设置条件时,航迹处理器不能将一次雷达点迹用于更新一个航迹。机场区域设置的目的是防止在机场区域用一个虚假点迹更新一个航迹。

11.7 与二次雷达目标数据配对处理

一次雷达和二次雷达相互独立运行,配对综合的主要目的是向雷达用户提供一个唯一的组合点迹/航迹。

可以通过人工修改位置偏差值,来消除一次雷达和二次雷达点迹之间的固定误差。

方位/距离尺度的窗口可以通过人工设置为4个点迹相关限制的准则,分别是:

(1) 一次雷达检测和二次雷达检测;

(2) 一次雷达检测和二次雷达外推;

(3) 一次雷达外推和二次雷达检测;

(4) 一次雷达外推和二次雷达外推。

另外再附加一个速度矢量限制尺度准则。

一次雷达和二次雷达点迹相关结果的位置坐标采用方位/距离两个坐标的加权平均进行计算。加权因子由人工用方位/距离分量调整。由于二次雷达检测目标的精度更好,最佳的调整将把更大的权给二次雷达坐标。

最终航迹被分类为:

(1) 没有关联的一次雷达航迹;

(2) 没有关联的二次雷达航迹;

(3) 一次雷达航迹关联到二次雷达航迹;

(4) 二次雷达航迹关联到一次雷达航迹。

航迹数据输出时将这4类综合为:

(1) 组合航迹(一次雷达检测和二次雷达检测,测量和平滑位置可用);

(2) 单一次雷达检测航迹(测量和平滑位置可用);

(3) 单二次雷达检测航迹(测量和平滑位置可用);

(4) 惯性平滑航迹(无检测,只有外推位置可用)。

11.8 向 ATC 上报处理

空管雷达采用数据处理技术和通用通信接口,实现了自动上报功能。向空管中心传送的数据有:航迹、气象轮廓数据;空管雷达工作状态信息;检查地面通信线路是否正常的数据。输出格式有各种应用格式可以选择。

11.9 本章小结

航迹处理是建立在点迹基础之上的。目标跟踪过程是将第 $k+1$ 次天线扫描所获得的目标点迹信息与前 k 次天线扫描所获得的目标航迹信息相关处理的循环过程。其主线就是目标跟踪。而由于目标点迹中存在虚假信息、相关处理算法也会产生与目标真实航迹偏离情况、跟踪门内有多个点迹或多条航迹相互干扰等各种原因,所以,在目标跟踪过程中也要对虚警进行控制。

卡尔曼滤波是雷达目标跟踪过程中应用的核心。首先,需要建立直角坐标中线性状态方程(即运动方程),它与观测方程一起构成了卡尔曼滤波的基础,实际的跟踪过程是从初始值和观测值条件下运算递推公式(图 11.4)。状态方程反映的是目标运动过程,其描述误差作为随机扰动噪声(机动扰动),目标新的运动变化依赖于观测数据修正;观测方程反映的是雷达观测过程,其描述误差作为观测噪声(测量误差、杂波、相邻目标等),目标的观测变化依赖于预测数据修正。将观测数据与预测数据互相修正即是卡尔曼滤波的本质。当目标运动过程与状态方程一致时,预测数据更精确;当雷达测量过程与观测方程一致时,观测数据更精确。值得注意的是:随机扰动噪声和观测噪声指点迹位置偏差,而在回波信号中的噪声指电压幅度偏差,两者具有完全不同的意义。

在预测点位置建立跟踪门,该门的尺度控制是目标跟踪的一个关键因素,通常会按照预测误差协方差确定,并同时设置一个放大的跟踪门,以适应目标较大的机动性。当跟踪门内多于一个以上的观测值时,或同一点迹与多条航迹相关的情况,就要用到各种数据关联算法,包括最近邻数据关联、概率数据关联、联合概率数据关联等。除此之外,还要用到航迹的运动特性参数、点迹其他特性参数,以及速度限制值、加速度限制值、方位角度变化限制值等附加条件。因此,在数据处理中的"虚警控制"可以归结为:滤除虚假点迹,避免真点迹分裂。在目标跟踪处理的最后,还要结合人工设置的指定区域对航迹加以限制,将虚警概率控制在指标范围内。

考虑到航迹处理在鉴别真点迹与假点迹方面的有效性,可以适当降低信号处理器中的检测门限,有利于保留弱小目标点迹和为目标跟踪提供更好备选点迹。但是,需要注意的是:信号处理器中的检测门限降低过多,也会出现太多 EP 和虚假点迹,反而使目标跟踪出现错误;在多目标环境中,过多的 EP 和真/假点迹数据还会使数据处理器饱和。

思考题与习题

1. 目标跟踪过程是怎样的?

2. 跟踪门通常会采用小的和放大的两个,为什么?

3. 在常速度和常加速度模型中,离散状态方程分别是怎样的?

4*. 在卡尔曼滤波中,5 个公式递推顺序是怎样的?

5*. 什么是交互式多模型滤波?

6. 点迹与航迹相关处理一般包含哪三部分?

7. 试分别说明三种人工指定区域航迹限制的含义。

8. 二次雷达检测目标的精度更好,这对一次雷达和二次雷达航迹配对有什么用处?

第 12 章　监控与显示

现代空管雷达把整机的监测与控制、雷达探测目标的信息显示合成在一起或相邻光栅上,因为它们的共性都是人机交互设备,人工在操作中需要显示器能监视操作的内容与状态。由于整机监控和探测信息两者可以分时操作与显示,所以,有的雷达将两者设计为一体化设备,显示界面采用切换进行。

整机监测与控制采用现代通信、标准总线、计算机技术等使雷达各分系统和模块的工作状态在显示器上直观显示,并能将故障隔离定位到可更换单元;而监测模块采用分布在各分系统中的类似发射机中的多功能检测盒(见 8.3 节),利用各多功能检测盒中的 CPU 将状态信息和故障信息通过总线或网线传送到终端主机中,同时,对雷达工作方式的控制、运行参数的设置等控制信号也通过这些总线或网线传送到各分系统中的控制单元电路,由后者执行命令。另外,有的雷达还提供了在线性能测试的人机接口,利用预先设计在雷达设备中的测试信号及分析程序实现有关性能参数的测试。

雷达探测目标的信息显示能在同一屏幕上,包括原始回波、二次信息、气象、地图背景、显示操作命令等。有的雷达将人工录取的操作命令也显示在上面。

监控与显示功能在现代空管雷达中有两种结构:一种是独立的两个分系统,监测与控制分系统有自己的计算机主机和显示器,人工操作完成后可以将控制计算机退出或关机,只留下显示器随时用于监测。这种结构的优点是两个分系统相互独立,可靠性更高,显示模块的程序更简洁,各席位可以同时操作。另一种是两种功能集中在一起,这种结构的优点是节省了硬件设备,而且,两种功能通常不需要同时操作。

监控与显示的软件包括雷达终端机柜软件、雷达监控台软件。雷达终端机柜软件采用 VxWorks 嵌入式操作系统,该系统内核稳定,实时性强,抗毁能力强,且不会被病毒干扰入侵,可靠性高。雷达监控台软件采用 SunSolaris 操作系统,该系统性能稳定可靠,抗病毒能力强,多媒体功能强,人机交互性好。

12.1　主要技术指标规范要求

《MHT 4017—2004 空中交通管制 S 波段一次监视雷达设备技术规范》中关

于监控维护席位的技术规范要求摘录如下：

（1）监控维护席位应由国际通用工业控制机和高分辨率大屏幕彩色显示器、串行接口、远程 I/O 控制板、打印机等组成。

（2）监控维护席位应具有良好人工界面，能发出整机控制信息，能观察整机各子系统运行状态和故障信息。

（3）监控维护席位应对系统主要技术参数进行数据采集、数据分析，对系统正常和故障状态作出正确判决，并在监视设备上直观显示，监控维护席位应能在线监测到 LRU 级。

（4）当被监视部分出现故障时应输出故障告警信息，同时控制相应故障部件或分机改变配置或切断电源。

（5）监控维护席位应具备自动和手动、本控和遥控功能。

（6）监控维护席位应能对监视器所显示内容进行自动存储和打印。

（7）监控维护席位应配置维护显示器，用于监视一次雷达系统工作状态及设备的维修和调整。

（8）维护显示器应按照正确比例显示用户要求的地图背景，具备显示一次雷达和二次雷达原始视频的能力，具备显示雷达气象信息的能力，并满足"气象通道应有 6 级气象回波强度选择，并在显示设备通过本控和遥控方法显示至少 2 级气象轮廓"的要求，能在线工作，完成对雷达一般性能测试，具备记录和回放点迹的功能。

12.2　工作状态监测与控制

可靠性分析基于设备或模块的结构，最基本结构是串联和并联两种。

串联结构的平均故障间隔时间为

$$\mathrm{MTBF}(串) = 1 \Big/ \sum_{i=0}^{n-1} \lambda_i \tag{12.1}$$

式中：λ_i 为第 i 个单元的失效率；n 为单元总数。当有两路串联时，$n = 2$，$\mathrm{MTBF}(串) = 1/(\lambda_0 + \lambda_1)$。

并联结构的平均故障间隔时间为

$$\mathrm{MTBF}(并) = \frac{1}{\lambda_0} \cdot \sum_{i=0}^{n-1} \frac{1}{n-i} \tag{12.2}$$

式（12.2）中：λ_0 为每个单元的失效率；n 为单元总数。当有两路并联时，$\mathrm{MTBF}（并）= 1.5/\lambda_0$。

显然，并联结构的平均故障间隔时间大于串联结构的平均故障间隔时间。

若每个单元的失效率都为 λ_0，则两路结构而言，MTBF（并）= $3 \times$ MTBF（串）。

当并联结构双机冗余热备份时，若其中一路出现故障，系统的 BITE 控制故障电路模块处于维护状态，可以由人工断电后更换，然后使其再通电处于冗余热备份工作状态，如此，整个系统任务工作状态没有中断。只要并联两路不会同一时间出现故障，整个系统任务工作状态就不会中断，就能确保空管雷达每天 24h、每年 365 天不停机。直到两路并联结构都处于故障时，整个系统任务工作状态被中断，导致整个系统故障。

雷达的发射机末端放大器为模块合成式，除天线旋转部分为一套结构外，雷达的其他部分结构都是按照双机冗余热备份设计。可靠性分析的另一种指标为平均任务（致命）故障间隔时间（MTBCF），与 MTBF 的区别是强调整个系统出现故障，空管雷达的 MTBCF 指标为大于 30000h。

如图 12.1 所示为典型状态监测与控制工作原理框图。其中，PLC 监测设备（单套）组成框图如图 12.2 所示。监控工作站接收人工操作，通过网络交换机完成对各分系统的遥控操作；并通过交换机接收各分系统的故障信息及工作、诊断、维护数据，通过中央 BIT 软件分析处理后进行显示；通过 GPS 接收机和通信服务器接收当前雷达架设的经/纬度信息和当前 GPS 时间，并进行时区修正后显示，提供 GPS 秒脉冲给信号处理器，提供时间信息给数据处理器作为雷达时间基准。接收数据处理器组织的上报报文数据，并通过通信服务器、网络交换机上报。监控工作站通过网络同步接收点迹、航迹、气象、设备状态参数等显示并记录，通过网络完成对各分系统遥控功能，通过网络监控雷达的操作并记录。

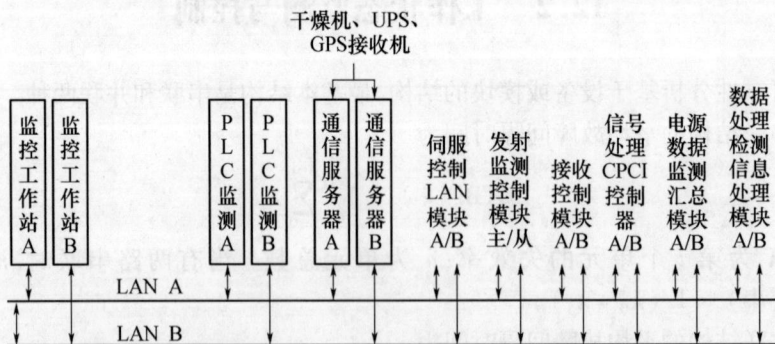

图 12.1 典型状态监测与控制工作原理框图

中央 BIT 软件运行在监控工作站上。各分系统功能单元电路中 BIT 电路的数据和信息从网络传到监控工作站，中央 BIT 软件对各分系统报来的 BIT 数据和信息进行处理、显示。

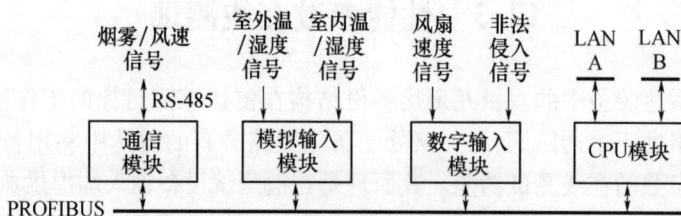

图 12.2　PLC 监测设备(单套)组成框图

PLC 监测设备将其他形式的各模块单元数据集中起来,数据被转换成为网络数据再送监控工作站。各模块单元数据分别是:

(1)模拟输入模块提供 8 路普通的模拟量输入和 4 路用于电阻测量的模拟量输入。由于温度和湿度传感器输出 5 ~ 20mA 的电流信号,因此,模拟输入模块被设置成电流输入类型。

(2)数字输入模块提供 8 路数字信号输入和 8 路数字信号输出,输入和输出电压都为 24V。模块的输入信号有非法侵入信号、接收机柜的风扇速度等。

(3)RS - 485 串口接收烟雾、风速等数据。

如图 12.3 所示为某雷达发射机监控界面示意图。界面用彩色标识,红色表示有故障,绿色表示工作正常,黄色表示维护状态。并且,各模块的位置与实际结构完全对应,如此便于对号入座式更换模块。

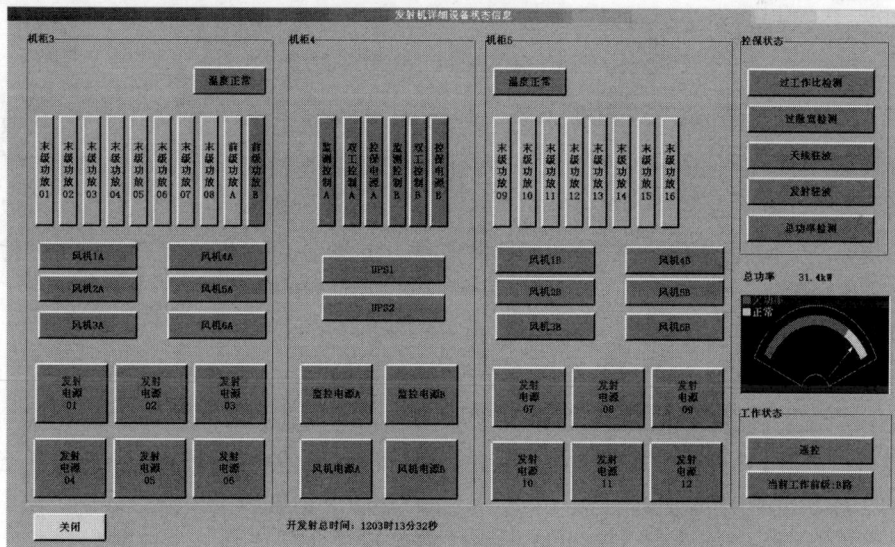

图 12.3　某雷达发射机监控界面示意图

12.3　性能参数在线测试

空管雷达装备中的双机冗余热备份结构在雷达探测目标的工作过程中,只有其中一路处于主通路,而另一路处于备用通路。有的雷达中利用备用通路设计了性能参数的在线测试功能。其原理是在被测试设备输入端提供典型或标准信号,将输出端信号显示在监控台的显示器上共使用/维护人员观察,如图 12.4 所示为某雷达人工参数测试界面。

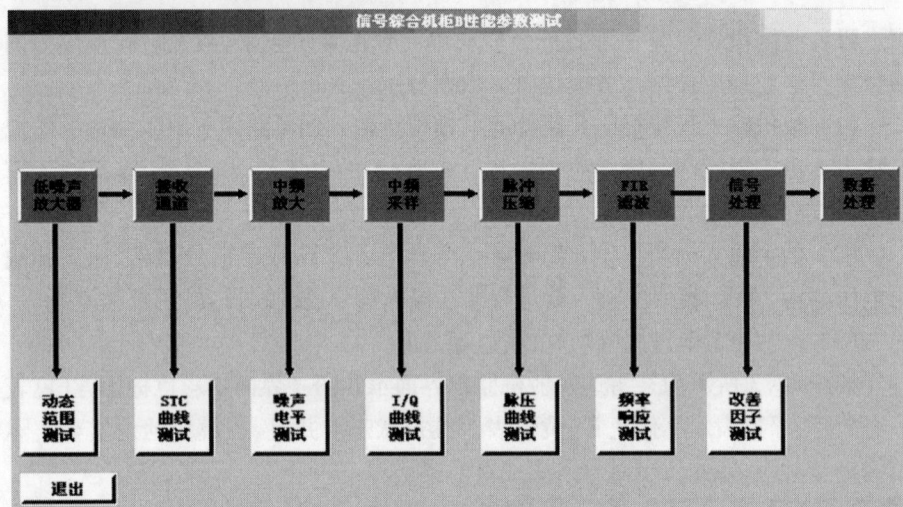

图 12.4　某雷达人工参数测试界面

该界面表明可测试的参数和曲线主要有:接收机动态范围、STC 曲线、接收机噪声电平、正交双通道 I/Q 曲线、脉压曲线、FIR 滤波器频率响应、改善因子等。使用/维护人员只需在监控台上操作,再观察测试数据、曲线等结果,即可以较精确地获得雷达接收、处理回波的性能是否正常,从而可以确定有关设备的性能是否下降。这种方式比监测设备是否存在硬故障更进了一步,同时也避免了雷达站无相应测试仪器/仪表所带来的不便。

为了监测主通路的工作状态及接收、处理性能,在重复周期中的休止期(即下一个发射脉冲信号之前),将模拟射频信号送主通路接收机低噪声放大器输入端,在信号处理输出端检测该信号并与其标准输出信号对比,从而判断主通路的工作状态及接收、处理性能。

另一种形式的雷达探测目标性能监视是对雷达站周围固定回波的实时监视。原理是:使用人员在 P 显上设置原始视频下几个不同方位/距离位置的可见固定回波作为"永久回波"（Permanent Echo,PE），该 PE 通常取自 FIR 滤波器组零频道输出的固定杂波数据,监视程序对此几个位置的 PE 进行实时监视,一旦监视不到该 PE,就提示错误信息于显示器上。PE 被视作为雷达信标,如此,可以监视到雷达系统中的性能包括了天线波束、发射信号流程、接收信号流程等分系统性能,也在一定程度上指示了接收回波信号的灵敏度。

12.4　目标探测信息显示

图 12.5 为基于通用计算机的雷达终端显示设备组成示意图,它的高分辨率通用图形显示加速卡完全可以满足雷达终端显示器的要求,高速数据采集卡完全可以满足雷达模拟信号 A/D 转换的要求。另外,以计算机为平台具有了更灵活的软件开发环境,不仅提高了研制效率也丰富了显示功能;利用计算机强大的多任务处理能力,还可以同时兼任雷达的数据处理和整机监控工作。

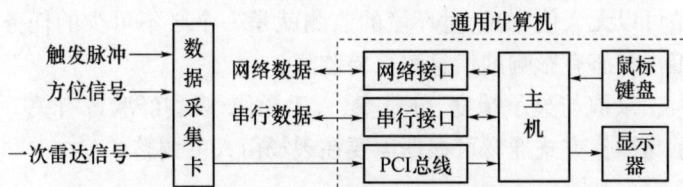

图 12.5　基于通用计算机的雷达终端显示设备组成示意图

基于通用计算机的雷达终端显示设备可以实现的功能:

（1）显示一次信息,一次雷达的模拟回波。

（2）显示二次信息,包括一次雷达、二次雷达的点迹参数及航迹。

（3）地图背景,将其他方式得到的数字地图叠加到显示画面上,这有利于确定目标在空中的区域位置。

（4）数字 A 显和三维显示,模拟传统 A 显画面有利于使用者分析回波的细节和特性,三维显示有利于对目标回波包络进行分析,达到人工分辨和判性的目的。

（5）通常兼任整机监控,利用串口或网络数据传送,可以将雷达前端各分系统采集的工作状态参数和故障信息显示在终端显示器上,同时,将控制命令传送到雷达前端各分系统,由后者具体执行,减少雷达终端设备数量。

（6）有些情况下兼任数据处理,利用串口或网络数据传送,将不同设备对目标的探测点迹数据集中进行数据配对和航迹处理,减少雷达终端设备数量。

（7）有些情况下兼任目标情报上报或输出,利用串口或网络数据传送,将目标情报上报到空管中心或将目标情报输出到遥控终端。

12.5 本章小结

空管对雷达情报的要求是正确、连续不中断,空管雷达技术在可靠性设计中除了要求模块的可靠性高外,主要是设计了 A/B 双路冗余热备份结构。在运行中还需要 BITE 能监测工作状态,并能控制设备实时切换和报警,以及采用"永久回波"设置和"模拟射频信号"对雷达探测目标灵敏度进行实时监视。

故障检测板的检测方式分为上电检测、在线检测和离线检测三种。上电或在线或根据雷达监控台的相关指令,向各可更换单元注入相关测试信号,并对各可更换单元输出信号作检测,根据信号检测结果判断各可更换单元工作正常与否,最后按照约定格式,将各可更换单元检测结果编码后通过以太网,发送给监控台。雷达站的主要任务是维护和换件,换下来的故障单元或模块送到生产厂家维修。

雷达站可以无人值守时,对环境的监测就是一个必不可少的任务。一切对雷达设备工作状态有影响的信息都需要监测。

由于人工录取与显示精度、分辨率、人工操作/观测经验等有关,所以,人工录取的显示与操作方式通常可根据需要在现场由人工调整。

思考题与习题

1. 无人值守雷达站的环境监测包括哪些信息? 是如何进行监测的?

2. 通用计算机作为雷达终端显示设备可以显示哪些信息? 哪些信息直接显示受到一定限制?

第 13 章 设备性能仪表测试

空管对雷达的要求和依赖非常高,每天 24h、每年 365 天都不能间断情报上报。雷达还设计了双机冗余热备份设备。另外,对雷达设备的性能仪表测试是指标确认和性能验收的重要保证。按照合同方案设计生产出来的雷达设备,在出厂前对其性能一般要进行工厂验收测试(Factory Acceptance Test,FAT);雷达设备在选定的阵地上架设后也需要对其性能进行测试。这些测试主要使用测试仪表测试设备的技术性能。

在着手测试之前,要了解和学会在本地监控终端上使用所安装的监控软件,能进行雷达的工作参数设置、查看雷达的工作状态指示等操作。对测试中所用到的仪器和仪表也要确保能适合测试参数的范围,并能熟悉仪器和仪表的正确使用方法。

值得注意的是:空管雷达具有热备份的双路设备,在测试过程中需要多次变换连接电缆和重复测试每一路信号才能完成。以下测试过程及参数值以某典型 S 波段雷达为例,L 波段雷达测试过程相同。

13.1　天　线　测　试

天线测试通常采用远场波瓣测量方法进行。天线波瓣测试设施如图 13.1 所示。

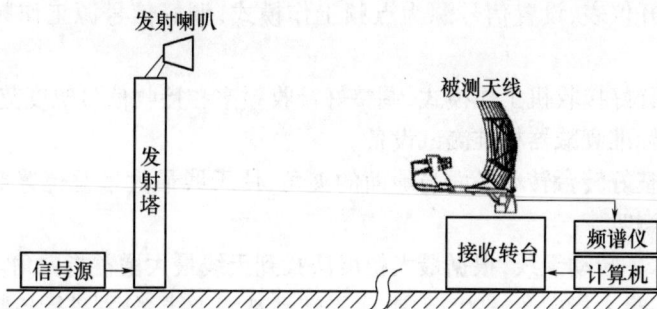

图 13.1　远场天线波瓣测试设施示意图

1. 测试设备

测试设备及要求见表13.1所列。

表 13.1　测试设备及要求

序号	名　称	技术要求	建议型号	数量
1	稳压电源	AC220V 电压稳定度优于 1×10^{-2}		2
2	PC 机	合格	586 以上	1
3	频谱仪	合格	E4440A	1
4	天线分析仪	合格		1
5	信号源	功率大于 18dBm,频率 2700 ~ 2900MHz,频率稳定度小于 10^{-9}	E83620B	1
6	发射天线	波束较窄,副瓣较低	S 波段标准喇叭	1
7	标准增益喇叭		S 波段	1

所有测试仪表都必须经过鉴定,并在有效使用期内。为了保证测试顺利进行还需要辅助设备:通信设备、交通工具,以及一套完整的数据记录软件和传输及分析计算软件。

2. 水平波束测试

水平波束测试的步骤如下:

(1)选取合适的测试场地。

(2)要求测试场地平整开阔,尽可能减小受周围环境的影响。

(3)测试距离应大于450m,考虑到地面影响,要求发射点在100m 高度范围内可以上下移动,转台的转动平面和地面的夹角必须大于4°。

(4)将被测天线水平放置在转台上,控制天线为线极化状态。

(5)按测试示意图13.1所示连接好仪表线路,保证仪表接地良好。

(6)打开仪表,设置信号源为点频工作模式,调好信号源工作频率和发射功率。

(7)设置好接收机工作模式,调整好接收频率和接收信号幅度范围。

(8)用标准衰减器校准测试设备。

(9)调整好转台转动平面与地面的夹角,使天线最大增益位置对准发射塔顶部的发射喇叭。

(10)水平转动天线,根据最大幅度法找到天线最大增益指向角。

(11)在最大指向角 ±90°范围,水平转动被测天线,分别进行各频率点的水平波瓣测试,打印或绘制出波瓣图和主要参数,并将测试数据存盘。

(12)该测试步骤适用于天线高、低波束水平波瓣测试。

3. 垂直波束测试

垂直波束测试的步骤如下：

（1）将被测天线旋转90°后放置在转台上，使垂直波瓣处于水平面上。

（2）重复上述"水平波束测试"的步骤（6）～（11）过程。

（3）在最大指向角±45°范围水平转动被测天线，分别进行各频率点的垂直波瓣测试，打印或绘制出波瓣图和主要参数，并将测试数据存盘。

4. 极化方式测试

控制天线到圆极化状态，重复"水平波束测试"的步骤（6）～（11）的测试过程。

5. 天线耐功率测试

在全功率发射状态，天线应没有打火现象。

6. 测试数据处理

采用专用软件进行分析计算，可分别得出各频率点天线高、低波束水平第一副瓣电平和平均副瓣电平。对各频率点水平第一副瓣电平进行平均，可求得水平平均第一副瓣电平。

天线增益值估算采用对比法，适用于天线高、低波束。选择标准增益喇叭，测出它在各个频率点电平 G_1，再测出被测天线在相应频率点的电平 G_2，标准增益喇叭在该频率点的增益已知为 G_0，则被测天线在该频率点的增益值 G 可用分贝表示：

$$G = G_0 + (G_2 - G_1) \tag{13.1}$$

13.2　馈　线　测　试

1. 测试设备

（1）矢量网络分析仪：Agilent E8362B。

（2）连接波导：口径为 BJ32 口径的波导，驻波小于 1.15。

2. 测试方法步骤

（1）将网络分析仪校准。

（2）测试连接波导的损耗值，并记录下来。

（3）用连接波导将铰链上方的高、低波束支路连接起来，测试从高功率环行器发射端输入，低波束支路波导开关输出的损耗值，并记录下来。

（4）上面两个数据的差值就是所要求测试的馈线损耗值。

3. 驻波测试

在上述测试方法之后，拆开发射输出给四端环行器的波导，将网络分析仪接到四端环行器的输入口进行测试,可以得到包括天线在内的驻波。

4. 承受功率测试

在整机联调阶段完成,全功率发射,在显控界面控制雷达射频从最低频率到最高频率按 10MHz 步进转换,馈线应没有打火现象。

5. 损耗测试

馈线损耗是低波束发射加高波束接收一起测试,总损耗:≤4.8dB(含环行器、双程 40m 波导、双程七路铰链、变极化器、正交模耦合器)。发射 VSWR:≤1.7(含天线)。

馈线损耗测试连接方式如图 13.2 所示。

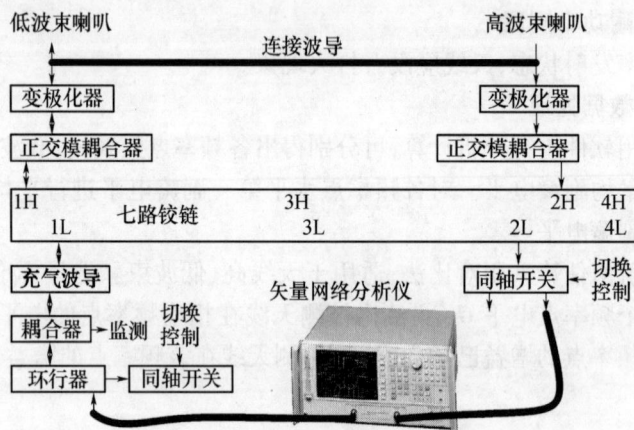

图 13.2　馈线损耗测试示意框图

6. 限幅器测试

在整机联调阶段完成,在全功率发射状态,各种方式下所有频率点轮流工作,整机回波幅度和接收机噪声正常。

7. 变极化器测试

将信号从线极化切换到圆极化,再从圆极化切换到线极化,确认变极化器有信号返回;在阴天或下雨天从线极化切换到圆极化,云雨杂波的回波强度会减弱。

13.3　发射机测试

1. 测试设备

(1)频谱仪:E4440A 或类似频谱仪。

(2)功率计:8651A 或类似功率计。

214

（3）示波器：TDS – 3054B。

所有仪表及测试附件必需经过检定，并在有效期之内使用。可用精度等级相当或更高的同类仪表替代使用。

2. 输出功率测试

（1）发射机输出功率测试连接图如图 13.3 所示连接：用射频电缆将发射机输出连接的耦合器端口与功率计相连，再用视频电缆将功率计视频输出与示波器测试端相连。

图 13.3　发射机输出功率和信号包络测试连接图

（2）雷达开机。

（3）设定雷达频率为最低频率。

（4）在峰值功率计上读出输出功率值 $P_{指示}$（kW）。

（5）根据下式计算出发射机输出峰值功率 $P_\circ$（kW）：

$$P_\circ = P_{指示} \times 10^{(C-C_0)/10} \qquad (13.2)$$

式中：C 为定向耦合器耦合度（dB）；C_0 为功率计设定衰减值（dB）。

（6）在显控界面上以 20MHz 间隔，分别记录最低到最高 10 个频率点的功率计读数，并计算实际输出峰值功率。

3. 信号包络测试

（1）发射机输出信号包络测试连接图按如图 13.3 所示连接。

（2）雷达开机，默认 12r/min 状态。

（3）在显控界面设为最低工作频率点。

（4）在示波器上观察发射输出信号包络。

（5）在显控界面上按从低到高顺序检查所有频率点的发射信号包络。

（6）将雷达工作方式选为 6r/min，任意选取一个工作频率检查雷达发射信号包络。

（7）将雷达工作方式选为 15r/mim，任意选取一个工作频率检查发射信号包络。

4. 信号频谱测试

（1）发射机输出信号频谱特性测试连接图如图 13.4 所示，将定向耦合器信

215

号输出到频谱仪。

（2）雷达开机,稳定 10min 时间。

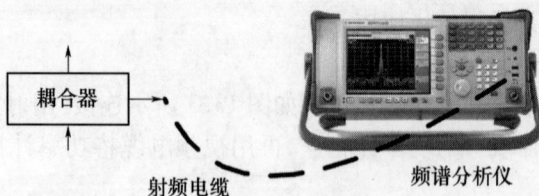

图 13.4　发射机输出信号频谱特性测试连接图

（3）将信号源频率调至最低频率。

（4）将频谱仪中频带宽（RBW）设为 3MHz,视频带宽（VBW）设为 100kHz,中心频率设为工作频率,扫描带宽设为 1GHz,在此带宽条件下测试带内杂散。

（5）在显控界面按 20MHz 间隔测试各频率点的杂散,分别记录。

（6）将频谱仪接到发射信号输入端。

（7）在显控界面按上述顺序分别测试和记录输入信号的杂散。

（8）将相同频率点输入信号杂散与输出信号杂散进行比较。

（9）将频谱仪接到定向耦合器输出端。

（10）将频谱仪扫描带宽设置为 6GHz。

（11）在雷达显控界面按上述从低频到高频的顺序测量和记录发射信号的谐波。

5. 改善因子限制测试

（1）雷达开机。

（2）在显控界面控制改善因子测试。

（3）在总体性能显示模块应能显示雷达总的改善因子;如果总的改善因子优于 55dB,则发射机改善因子限制优于 55dB。

13.4　接收机测试

1. 测试设备

（1）噪声系数测试仪:HP8975A（标配噪声源）。

（2）频谱仪:E4440A（或可满足测量要求的其他类型频谱仪）。

（3）信号源:E83620B（或可满足要求的其他信号源）。

（4）示波器:TDS-3054B（或可满足测量要求的其他类型示波器）。

（5）函数发射器:HP81004A（或可满足要求的其他函数发射器）。

2. 激励信号功率测试

（1）断开接收机与发射机连接电缆（激励信号输出）的发射机端。

（2）将微波激励信号直接输出到功率计。

（3）将峰值功率计量程选择到 100mW 挡。

（4）可以直接测量得到激励信号功率。

3. 激励信号频谱测试

（1）将微波激励信号直接输出到频谱仪。

（2）通过合理设置频谱仪参数，能够读出输出微波信号杂散和谐波的相对功率。

（3）在显控台上任意选取一个频率点，分别读出激励源信号的杂散和谐波。

4. 承受峰值功率测试

在整机联调阶段完成，在全功率发射状态接收回波强度和噪声电平应正常。

5. 噪声系数测试

噪声系数测试连接如图 13.5 所示。

图 13.5　噪声系数测试框图

该测试的步骤如下：

（1）在显控终端界面将接收机 STC 置为数值 0。

（2）将噪声系数测试仪校准后，用高频电缆将接收机输入端（06 - 01XS1）接至噪声源端，用高频电缆将接收机出入端（06 - 01XS9）接至噪声系数测试仪输入端，从噪声系数测试仪上读出高波束通道测试值。

（3）将噪声系数测试仪校准后，用高频电缆将接收机输入端（06 - 01XS3）接至噪声源端，用高频电缆将接收机出入端（06 - 01XS4）接至噪声系数测试仪输入端，从噪声系数测试仪上读出低波束通道测试值。

6. 动态范围和 STC 控制测试

输入动态及 STC 控制范围测试连接如图 13.6 所示。

该测试的步骤如下：

（1）在显控终端界面置 STC 控制值为 0。

（2）依据噪声系数 F 和带宽 B 等指标推算出接收机的灵敏度 $P_{min} = -108dBm$，即输入最小可接收信号功率为 -108dBm。

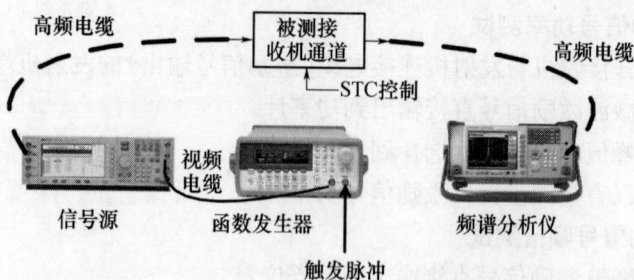

图 13.6　输入动态及 STC 控制范围测试框图

（3）按图 13.6 连接好；将信号源接至 06 - 01XS1，频谱仪接至中频输出 06 - 01XS9。

（4）置 HP83620B 频率为雷达射频中心点，通过显控终端界面置雷达工作频率为中心频率点，置 E4440A 的中心频率为中频频率，从频谱仪上监视中频信号幅度。

（5）改变信号源功率，找到 1dB 压缩点 P_{-1in}。

（6）显控终端控制 STC 系数逐步到最大，读出接收机输出功率 P_2。

（7）再增加信号源输出功率 30dB，读出接收机输出功率 P_3，检查有没有饱和。

（8）线性动态范围：$P_{-1in} - P_{min}$。

（9）STC 控制范围：$P_{-1in} - P_2$。

（10）如果 P_3 没有饱和，动态范围：线性动态范围 +30dB。

7. 中频采样测试

I/Q 一致性检查连接如图 13.7 所示。该测试需要专业测试条件，步骤如下：

（1）A/D 位数和输入信号最高频率可以从使用的 A/D 芯片参数资料上查到。

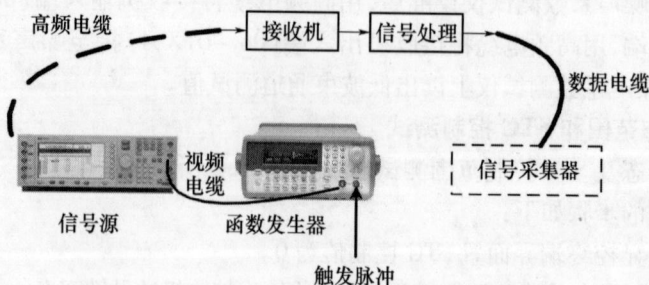

图 13.7　I/Q 一致性检查框图

（2）可以进一步使用信号源检查中频采样模块的输入信号最高频率,保证输出幅度不变的条件下,在 10～40MHz 范围内调整信号频率,在信号处理或采集器(属于专业测试条件)上观察到的信号幅度应没有明显下降。

（3）断开中频采样模块与接收机的中频连接电缆,使用中频信号源给中频采样模块输入稳定的信号,中频采样模块的 I/Q 正交性同样可以在信号处理或采集器上检查。对采集数据进行幅度和相位特性分析。

8. 频率源测试

（1）将一本振输出信号直接接到频谱仪上,通过对频谱仪合适设置,直接读出本振信号的相位噪声。

（2）任意选择本振 5 个频率点,读出 5 个频率点的相位噪声。

（3）将激励信号直接接到频谱仪上,在显控终端界面上按顺序选择频率点,检查信号频谱的变化,可以测量到信号频率点数量。

13.5　信号处理器测试

1. 测试设备

（1）示波器:TDS－3054B。

（2）数字万用表:DT890D。

（3）DSP 仿真器:ADDS－HPPCI。

（4）信号源:E83620B(或可满足要求的其他信号源)。

2. 信号处理通道测试

在整机联试阶段测试。因为数据处理输入目标点迹的距离、方位、时标都是通过信号处理输出的,所以读取点迹数据文件可以验证信号处理输入信号及输出信号的内容。该测试需要专业测试条件,对用户不作要求。

3. 脉冲压缩波形测试

（1）通过显控面板将接收机 STC 控制清 0。

（2）将信号处理插箱第 3 号信号处理板视频输出接到示波器 CH1,同步输出接示波器外同步。

（3）将视频信号接至示波器 CH1,触发模式选择 CH1 外同步,触发方式选择"自动";选 CH1 通道。

（4）通过显控面板选择雷达 12r/min 工作方式。

（5）通过显控面板将接收机模拟目标距离设为 10km,可以从示波器上读出短脉冲宽度信号的主副瓣比。

（6）通过显控面板将接收机模拟目标距离设为 60km,可以从示波器上读出长脉冲宽度信号的主副瓣比。

13.6　数据处理器测试

1. 航迹点测试

（1）一次和二次雷达同时开机，自动跟踪空中目标。

（2）在显控终端上控制计算机记录目标航迹数据。

（3）5min 后按停止记录键。

（4）在计算机上打开目标数据文件。

（5）检查目标特征数据。

2. 气象数据测试

（1）一次雷达开机，跟踪气象目标。

（2）在显控终端上控制计算机记录气象回波数据。

（3）15min 后按停止记录键。

（4）在计算机上打开目标数据文件。

（5）检查气象回波特征数据。

3. 数据处理空间测试

（1）雷达开机，检查一次雷达航迹，连续开机 10min 就可以验证雷达能够在 360°全方位跟踪目标。

（2）雷达关机。

（3）雷达数据处理和显控计算机开机。

（4）在显控界面启动目标模拟功能。

（5）在增程工作模式选择起始点距离为 252km，终点为 0.9km。

（6）在目标运动过程中，检查数据处理是否稳定跟踪目标。

（7）在其他工作模式选择起始点距离为 152km，终点为 0.9km。

（8）在目标运动过程中，检查数据处理是否稳定跟踪目标。

4. 目标容量测试

（1）启动雷达数据处理计算机和显控计算机。

（2）在显控界面启动数据处理计算机一次雷达目标模拟功能。

（3）选择模拟目标数量为 800 批。

（4）5min 后从显控界面检查一次雷达航迹数量。

（5）二次雷达开机。

（6）一次雷达开机（发射可以不开）。

（7）设定天线转速为 15r/min。

（8）启动二次雷达目标模拟功能。

（9）选择二次雷达模拟目标数量为 1350 批。

（10）5min 后从一次雷达显示器上检查二次雷达航迹数量。

5. 特殊运动条件目标跟踪测试

（1）雷达开机（发射机可以不开）。

（2）启动接收机目标模拟功能。

（3）设定目标运动速度 1000m/s；航路为匀速直线运动，航路捷径 20km。

（4）检查能否对目标稳定跟踪。

（5）设定目标运动加速度为 3g；航路为圆周运动，圆心距雷达 25km，目标运动 2 周后检查稳定跟踪能力。

（6）模拟目标在以雷达为圆心，半径 20km 作圆周运动，加速度小于 3g，运动 2 周后检查雷达对目标的稳定跟踪能力。

（7）模拟 3 个目标匀速直线运动交汇的航路，其中两个目标航向相差 30°，第 3 个目标与其中一个目标相差 180°，3 个目标在一点相遇；相遇后检查雷达是否稳定跟踪 3 个目标，3 个目标是否交叉换批。

6. 一/二次雷达数据融合测试

（1）一次和二次雷达都开机。

（2）观察民航目标。

（3）开启一/二次融合功能。

（4）以一次雷达航迹数量为基准，统计一/二次雷达配对成功率。

13.7　本章小结

本章只是提供测试方法，其中天线测试需要在专用测试场地完成，有些参数测试需要在专用测试平台上完成，所以，许多方法只能供满足条件时才适用。在雷达设备正常工作期间，一般只需要查看终端 BIT 界面，并使用终端界面上的在线测试功能就可以完成对雷达设备各模块和插件的状态和性能检查，进而可以确定所要更换的模块和插件。

思考题与习题

1. 典型空管一次雷达装备的性能测试和故障检测分为哪几类？

2. 典型空管一次雷达装备需要采用仪表测试的性能参数有哪些？

3. 为什么天线测试通常不能在雷达站进行？

4*. 矢量网络分析仪、峰值功率计、普通示波器、功率衰减器、同轴检波器、普通射频信号源、脉冲发生器、噪声系数测试仪等在空管一次雷达的测试中有何用途？并举例说明。

5. 为什么要求仪器仪表必须在有效使用期内？

6. 矢量网络分析仪在测试中有哪些注意事项？

附　　录

附录1　傅里叶变换表

	时域函数 $s(t)$	频域函数 $S(f)$
傅里叶变换 定义式	$s(t) = \int_{-\infty}^{\infty} S(f) \cdot e^{j2\pi ft} df$	$S(f) = \int_{-\infty}^{\infty} s(t) \cdot e^{-j2\pi ft} dt$
傅里叶变换 特性	$s_1(t) \cdot s_2(t)$	$S_1(f) \otimes S_2(f)$
	$s_1(t) \otimes s_2(t)$	$S_1(f) \cdot S_2(f)$
	$S(t)$	$s(-f)$
	$s(t-t_0)$	$S(f) \cdot e^{-j2\pi ft_0}$
	$s(t) \cdot e^{j2\pi f_0 t}$	$S(f-f_0)$
	$s^*(t)$	$S^*(-f)$
	实函数	偶函数
	虚函数	奇函数
	周期性	离散性
	离散性	周期性
典型函数 傅里叶变换对	$\text{rect}\left(\dfrac{t}{\tau}\right)$	$\tau \cdot \dfrac{\sin(\pi\tau f)}{\pi\tau f}$
	$B \cdot \dfrac{\sin(\pi Bt)}{\pi Bt}$	$\text{rect}\left(\dfrac{f}{B}\right)$
	$e^{-\pi t^2}$	$e^{-\pi f^2}$
	$\displaystyle\sum_{n=-\infty}^{\infty} \delta(t-nT)$	$\dfrac{1}{T} \cdot \displaystyle\sum_{n=-\infty}^{\infty} \delta\left(f-\dfrac{n}{T}\right)$

积分公式：$\displaystyle\int_{-\infty}^{\infty} e^{-Ax^2 \pm 2Bx - C} dx = \sqrt{\dfrac{\pi}{A}} \cdot e^{\frac{AC-B^2}{A}}$，其中 A、B、C 可以为复数

附录2 卷 积 公 式

卷积形式	积分形式
$s_1(t) \otimes s_2(t)$ $= s_2(t) \otimes s_1(t)$	$\int_{-\infty}^{\infty} s_1(t-t') \cdot s_2(t') \mathrm{d}t' = \int_{-\infty}^{\infty} s_2(t-t') \cdot s_1(t') \mathrm{d}t'$
$s_1(-t) \otimes s_2(t)$	$\int_{-\infty}^{\infty} s_1(-t+t') \cdot s_2(t') \mathrm{d}t' = \int_{-\infty}^{\infty} s_1(-t') \cdot s_2(t-t') \mathrm{d}t' = \int_{-\infty}^{\infty} s_1(t') \cdot s_2(t+t') \mathrm{d}t'$
$s_1(t) \otimes s_2(-t)$	$\int_{-\infty}^{\infty} s_1(t-t') \cdot s_2(-t') \mathrm{d}t' = \int_{-\infty}^{\infty} s_1(t') \cdot s_2(-t+t') \mathrm{d}t' = \int_{-\infty}^{\infty} s_1(t+t') \cdot s_2(t') \mathrm{d}t'$
$s_1(-t) \otimes s_2(-t)$	$\int_{-\infty}^{\infty} s_1(-t+t') \cdot s_2(-t') \mathrm{d}t' = \int_{-\infty}^{\infty} s_1(-t') \cdot s_2(-t+t') \mathrm{d}t'$ $= \int_{-\infty}^{\infty} s_1(t') \cdot s_2(-t-t') \mathrm{d}t' = \int_{-\infty}^{\infty} s_1(-t-t') \cdot s_2(t') \mathrm{d}t'$

附录3 许瓦兹不等式

许瓦兹(Schwarz)不等式为:

$$\int_{-\infty}^{\infty} |A(x)|^2 \mathrm{d}x \cdot \int_{-\infty}^{\infty} |B(x)|^2 \mathrm{d}x \geqslant \left| \int_{-\infty}^{\infty} A^*(x) \cdot B(x) \mathrm{d}x \right|^2 \quad (\text{附录}3.1)$$

证明:设函数

$$Q(x) = \frac{A(x)}{\left[\int_{-\infty}^{\infty} |A(x)|^2 \mathrm{d}x \right]^{1/2}} \quad (\text{附录}3.2)$$

则

$$\int_{-\infty}^{\infty} |Q(x)|^2 \mathrm{d}x = \int_{-\infty}^{\infty} \frac{|A(x)|^2}{\int_{-\infty}^{\infty} |A(x)|^2 \mathrm{d}x} \mathrm{d}x = 1 \quad (\text{附录}3.3)$$

又设复数

$$Z = \int_{-\infty}^{\infty} Q^*(x) \cdot B(x) \mathrm{d}x \quad (\text{附录}3.4)$$

则

$$|Z|^2 = \frac{\left| \int_{-\infty}^{\infty} A^*(x) \cdot B(x)\mathrm{d}x \right|^2}{\int_{-\infty}^{\infty} |A(x)|^2\mathrm{d}x}$$

（附录 3.5）

由

$$|Z \cdot Q(x) - B(x)|^2 \geqslant 0$$

（附录 3.6）

即

$$|Z|^2 \cdot |Q(x)|^2 + |B(x)|^2 - Z \cdot Q(x) \cdot B^*(x) - Z^* \cdot Q^*(x) \cdot B(x) \geqslant 0$$

（附录 3.7）

有

$$|Z|^2 \int_{-\infty}^{\infty} |Q(x)|^2\mathrm{d}x + \int_{-\infty}^{\infty} |B(x)|^2\mathrm{d}x - Z \int_{-\infty}^{\infty} Q(x) \cdot$$

$$B^*(x)\mathrm{d}x - Z^* \int_{-\infty}^{\infty} Q^*(x) \cdot B(x)\mathrm{d}x \geqslant 0$$

（附录 3.8）

得到

$$|Z|^2 + \int_{-\infty}^{\infty} |B(x)|^2\mathrm{d}x - Z \cdot Z^* - Z^* \cdot Z \geqslant 0$$

（附录 3.9）

再代入式（附录 3.5）即得到式（附录 3.1），证毕。

附录 4　缩略语及技术词汇表

缩写	解　释
	A scope(Range Indicator) A 型示波器(距离显示器)，简称 A 显
ACP	Azimuth Clock Pulses 方位时钟脉冲
ADS	Automatic Dependent Surveillance 自动相关监视
ADT	Automatic Detection and Track 自动检测和跟踪
ADU	Azimuth Distribution Unit 方位分配单元
	Aircraft 航空器，飞机

（续）

缩写	解　释
	Airport Area 机场区域
	Air Route 航路
	Airway 航线
	Altitude(海拔)高度,指基于平均海平面的垂直高度
AMTI	Adaptive Moving Target Indication 自适应动目标显示
AMTD	Adaptive Moving Target Detection 自适应动目标检测
	Angel Echoes 仙波
AOA	Angle Of Arrival 到达角
APD	Amplitude Phase Detector 幅度相位检波器
APP	APProach 进近,指飞机进入机场地区,或飞机相互接近
ARINC	Aeronautical Radio Incorporated(美国)航空无线电公司
ARP	Azimuth Reference Pulse 方位参考脉冲
ARSR	Air Route Surveillance Radar 航路监视雷达
ASDE	Airport Surface Detection Equipment 机场场面探测设备
ASM	Air Space Management 空域管理
ASR	Air Surveillance Radar 对空监视雷达 Airport Surveillance Radar 机场(对空)监视雷达
ATC	Air Traffic Control 空中交通管制,简称空管,或航管
ATCC	Air Traffic Control Centre 空中交通管制中心,简称空管中心
ATCR	Air Traffic Control Radar 空中交通管制雷达,简称空管雷达
ATCRBS	Air Traffic Control Radar Beacon System 空中交通管制雷达信标系统
BITE	Built – In Test Equipment 机内测试设备
	Blanking Area 屏蔽区域
	Business Aviation 商业航空
CAAC	Civil Aviation Administration of China 中国民用航空局
CA – CFAR	Cell Average – Constant False Alarm Rate 单元平均恒虚警率
CAN	Controller Area Network(总线)一种串行通信协议
CDM	Clear Day Map 晴天图(也称晴空图)
CFAR	Constant False Alarm Rate 恒虚警率
	Civil Aviation 民用航空

（续）

缩写	解　释
C/N	Clutter to Noise 杂噪比
	Correlation 相关
CPI	Coherent Processing Interval 相参处理间隔
CPIS	Coherent Processing Interval Sequence 相参处理间隔序列
CPLD	Complex Programmable Logic Device 复杂可编程逻辑器件
	Clutter Visibility Factor 杂波可见度因子
dbc	Decibels With Respect to Carrier 相对于载波的分贝值
dbi	Decibels With Respect to Isotropic Source 相对于全向源的分贝值
dbm	Decibels With Respect to 1 Milliwatt 相对于1mW 的分贝值
dbz	Z（Radar Reflectivity Factor）In Decibels 用分贝值表示的 Z（雷达反射率因子）dBZ
dDFS	Direct Digital Frequency Synthesizer 直接数字频率合成器
dDS	Direct Digital Synthesis 直接数字合成
	Dead Time 寂静时间
	Detectability Factor 识别系数
	Discrimination 鉴别力，即雷达系统完成飞机坐标测量精度给出的最小可分辨单元
DOA	Direction Of Arrival 到达方向
DFT	Discrete Fourier Transform 离散傅里叶变换
DP	Data Processing 数据处理 Data Processor 数据处理器
DSP	Digital Signal Processing 数字信号处理 Digital Signal Processor 数字信号处理器
	Duty Factor 工作比（也称占空比）
DVIP	Digital Video Integration Processing 数字视频积累处理
	Early Warning 预警
EMC	Electro Magnetic Compatibility 电磁兼容性
EMI	Electro Magnetic Interference 电磁干扰（滤波器）
EP	Echo Presence（Also Called Primitive Target）回波出现（或回波存在）（也称原始目标）
EPLD	Electrically Programmable Logic Device 电可编程逻辑器件
	Evaporation Duct 蒸汽波导
FAA	Federal Aviation Administration（美国）联邦航空局
FAT	Factory Acceptance Test 工厂验收测试

（续）

缩写	解　释
FFT	Fast Fourier Transform 快速傅里叶变换
FIFO	First – In First – Out 先入先出
FIR	Finite Impulse Response 有限冲击响应
FPGA	Field Programmable Gate Array 现场可编程门阵列
	Fixed Echoes Area 固定回波区域
ft	foot 英尺，1ft = 0.3048m
FTC	Fast Threshold Control 快门限控制
	General Aviation 通用航空
GO – CFAR	Greater Of – Constant False Alarm Rate 选大型恒虚警率
	Ground Vehicle Area 地面车辆区域
GTC	Gain Time Control 增益时间控制
	Height 高度，指基于某一基准点的垂直距离，或泛指物体的垂直尺度
HB	High Beam(High Coverage)高波束(高覆盖)
I	Improve Factor 改善因子
ICAO	International Civil Aviation Organization 国际民航组织
ICR	Integrated Cancellation Ratio 积累对消比
	Interference Area 干扰区域
	Invade 侵入，指未知飞机进入了探测范围
ISA	International Standard Atmosphere 国际标准大气压
I_{SCR}	Signal to Clutter Ratio Improvement 信杂比改善
IV	Interclutter Visibility 杂波间可见度
JPDA	Joint PD 联合概率数据关联
kt	knot 节(航海术语中的速度单位)，1knot = 1nmile/h，约0.515m/s
LAN	Local Area Network 局域网
LB	Low Beam (Low Coverage)低波束(低覆盖)
LFM	Linear Frequency Modulation 线性调频
LNA	Low Noise Amplifier 低噪声放大器
LO	Local Oscillator 本地振荡器
LP	Long Pulse 长脉冲

（续）

缩写	解　释
LR	Long Range 远距离
LRU	Line Replaceable Unit 线路(现场)可更换单元
	Ma 马赫数(速度单位,相当于声速的飞行速度)
MDS	Minimum Detectable Signal 最小可检测信号,即灵敏度
Mile	英里,1mile =1.609km
MLAT	Multilateration 多点相关定位
MSSR	Monopulse Secondary Surveillance Radar 单脉冲二次监视雷达
MTBCF	Mean Time Between Critical Failures 平均任务(致命)故障间隔时间
MTBF	Mean Time Between Failures 平均故障间隔时间
MTI	Moving Target Indication 动目标显示
MTD	Moving Target Detection 动目标检测
MTL	Minimum Trigger Level 最小触发电平,即灵敏度
MTTR	Mean Time To Repair 平均修复时间
	Multipath 多(路)径
MWA	Microwave Assembly 微波组件
NLFM	Non Linear Frequency Modulated 非线性调频
NM 或 nmile	Nautical Mile 海里,1nmile =1.853km North Marker 正北标志
NNDA	Nearest Neighbor Data Association 最近邻数据关联
	Non Initialization Area 禁止起批区域
NTP	Network Time Protocol 网络时间协议
NWS	National Weather Service 国家气象局
	Nyquist 奈奎斯特(采样频率)
OBA	Off – Boresight Angle 偏离波束轴角
	Phased Array 相控阵
PAR	Precision Approach Radar 精密进近雷达
PAT	Provisional Acceptance Tests 临时验收测试
PC	Personal Computer 个人计算机 Pulse Compression 脉冲压缩
PD	Pulse Doppler 脉冲多普勒 Pulse Duration 脉冲宽度 Phase Detection 相位检波

（续）

缩写	解 释
P_d	Probability of Detection 检测概率（也称发现概率）
PDA	Probability Data Association 概率数据关联
PE	Permanent Echo（固定）永久回波（视作为一次雷达信标） Plot Extraction 点迹录取
P_{fa}	Probability of False Alarm 虚警概率
	Plot Threshold Area 点迹门限区域
PMP	Parallel Microprogrammed Processor 并行微编程处理器
PPC	Power Program Control 功率程序控制
PPI	Plane Position Indicator 平面位置显示器
PRF	Pulse Repetition Frequency 脉冲重复频率
PRI	Pulse Repetition Interval 脉冲重复间隔，或脉冲重复周期
PRP	Pulse Repetition Period 脉冲重复周期
PSR	Primary Surveillance Radar 一次监视雷达，简称一次雷达
	Quick Threshold Constant False Alarm Rate 快门限恒虚警
	Rad 弧度（角度单位）
RAG	Range – Azimuth Gate 距离方位门（或距离方位选通）
	Range Ambiguity 距离模糊，指距离值产生了重复周期对应的误差
RAR	Raw Airplane Report 原始飞机报告
RASS	Radar Analysis Support System 雷达分析支援系统
RCS	Radar Cross Section（目标）雷达截面积
RJ	Rotary Joint 转动铰链
RPS	Radar Parameter Set 雷达参数设置
RX	Receiver 接收机
SASS	Surveillance Analysis Support System 监视分析支援系统
SAT	Site Acceptance Tests 阵地验收测试
SCV	Sub – Clutter Visibility 杂波中可见度 Super – Clutter Visibility 超杂波可见度
SD	Synchrodrive Digital 同步机数字式
SDC	Synchro – Data Converter 同步机—数据转换器（又称自整角机—数据转换器）
SDPT	Site Dependent Parameter Tool 阵地相关参数工具（程序）
	Sharp Cut – off 锐截止

（续）

缩写	解　释
SHF	Super High Frequency 超高频(3～30GHz)
	Sidelobe Punchthrough 副瓣穿刺
	Slow Threshold Constant False Alarm Rate 慢门限恒虚警率
SMR	Surface Movement Radar 地面活动监视雷达
SMT	Slow Moving Target 慢动目标
SP	Short Pulse 短脉冲 Signal Processing 信号处理
SR	Short Range 近距离
SSR	Secondary Surveillance Radar 二次监视雷达,简称二次雷达
SST	Solid‐State Transmitter 固态发射机
STA	Second Time Around 跨周期(回波)
STALO	Stable Local Oscillator 稳定本地振荡器
STC	Sensitivity Time Control 灵敏度时间控制
TCP/IP	Transmission Control Protocol/Internet Protocol 传输控制协议
TEM	Transverse Electro Magnetic 横(向)电磁(波)
TOA	Time Of Arrival 到达时间
TOP	Track And Output Processing 航迹和输出处理
TTG	Test Target Generator 测试目标产生器
TWS	Track‐While‐Scan 边扫描边跟踪
TX	Transmitter 发射机
UAP	User Application Profile 用户应用协议
UHF	Ultrahigh Frequency 特高频(300～3000MHz)
VHF	Veryhigh Frequency 甚高频(30～300MHz)
	Visibility Factor(杂波)可见度因子
VME	Versa Module Europe 指 VME 接口协议
VSWR	Voltage Standing Wave Ratio 电压驻波比
	Wilkinson 威尔金森(功率分配器)

常用符号含义

R:目标至雷达的斜距　　　　　β:以正北为参考的目标方位角

ε:以水平面为参考的目标仰角　　H:以球形地面为参考的目标高度

τ:脉冲宽度　　　　　　　　　T_r:重复周期

f_0:发射频率或工作频率　　　　f_d:多普勒频率

σ:目标雷达截面积

说明：

（1）空管一次雷达技术及设备可在世界各国通用。国外多采用海里（nmile）、英里（mile）、英尺（ft）等单位；我国采用千米（km）、米（m）等单位；本书不便于统一，这些单位均有采用，上表中给出它们之间的换算关系。

（2）上表中"（ ）"给出技术词汇的补充解释。

参 考 文 献

[1] M I Skolnik. Introduction to Radar Systems. 3rd Ed. New York：McGraw－Hill, 2001.

[2] M I Skolnik. 雷达系统导论(第 3 版). 左树声,徐国良,马林,等译. 北京：电子工业出版社, 2006.

[3] M I Skolnik. Radar Handbook. McGraw－Hill, Inc. New York, 1970.

[4] M I Skolnik. 雷达手册(第 2 版). 王军,林强,米慈中,等译. 北京：电子工业出版社, 2003.

[5] D K Bardon. 雷达系统分析. 陈方林,译. 北京：国防工业出版社, 1985.

[6] 王小谟,匡永胜,陈忠先,等. 监视雷达技术. 北京：电子工业出版社, 2008.

[7] B R Mahafza. 雷达系统分析与设计(MATLAB 版)(第 2 版). 陈志杰,罗群,沈齐,等译. 北京：国防工业出版社, 2008.

[8] 中国民用航空总局. 空中交通管制 S 波段一次监视雷达设备技术规范 MH/T 4017—2004. 北京：中国民航出版社,2005.

[9] 中国民用航空总局. 空中交通管制 L 波段一次监视雷达技术要求 MH/T 4038—2013. 北京：中国民用航空总局,2013.

[10] 郦能敬,王被德,沈齐,等. 对空情报雷达总体论证理论与实践. 北京：国防工业出版社, 2008.

[11] 林茂庸,柯有安. 雷达信号理论. 北京：国防工业出版社,1981.

[12] 丁鹭飞,耿富录,陈建春. 雷达原理(第 4 版). 西安：西安电子科技大学出版社, 2002.

[13] 马晓岩,向家彬,等. 雷达信号处理. 长沙：湖南科学技术出版社, 1999.

[14] 马晓岩,等. 现代雷达信号处理. 北京：国防工业出版社, 2013.

[15] 赵树杰. 雷达信号处理技术. 北京：清华大学出版社, 2010.

[16] 郝永昭·赵征,等. 雷达系统. 武汉：中国人民解放军空军雷达学校, 1983.

[17] 尹以新,等. 雷达系统. 武汉：中国人民解放军空军雷达学院, 1998.

[18] 中航雷达与电子设备研究院. 雷达系统. 北京：国防工业出版社, 2005.

[19] 王雪松,李盾,王伟,等. 雷达技术与系统. 北京：电子工业出版社, 2009.

[20] 承德宝,等. 雷达原理. 北京：国防工业出版社, 2008.

[21] 向敬成,张明友. 雷达系统. 北京：电子工业出版社, 2001.

[22] 陈忠先,王景嗣. JY－21 全固态航管一次监视雷达. 现代电子, 2002,3.

[23] 张辉. 航管一次监视雷达—JY－21. 现代电子, 2000,3.

[24] 王景嗣. 航管一次雷达的过去现在和将来. 现代电子工程,2000,2.

[25] 王鹏. 3821 国产一次雷达天线概述. 科技风,2011,8.

[26] 张焱. 航管一次雷达接收/信号产生子系统. 现代雷达,2011,6.

[27] 孙实泽,李宏. JY21 航管一次监视雷达信号处理设计. 空中交通管理,2006,8.

[28] 孙实泽. 航管一次机场监视雷达信号处理设计. 现代电子技术,2007,23.

[29] 颜波涛. 远程航路监视一次雷达信号处理实现. 雷达与对抗,2011,2.

[30] 张辉. 航管一次监视雷达中气象通道的设计. 现代电子,2001,2.

[31] 李太勇,游志胜,费向东,等. 一次雷达气象数据处理研究. 四川大学学报(自然科学版),2004,4.

[32] 张祖稷,金林,束咸荣. 雷达天线技术. 北京:电子工业出版社,2005.

[33] 张德斌,周志鹏,朱兆麒. 雷达馈线技术. 北京:电子工业出版社,2010.

[34] 郑新,李文辉,潘厚忠,等. 雷达发射机技术. 北京:电子工业出版社,2006.

[35] 戈稳. 雷达接收机技术. 北京:电子工业出版社,2006.

[36] 吴顺君,梅晓春,等. 雷达信号处理和数据处理技术. 北京:电子工业出版社,2008.

[37] 黄培康,殷红成,许小剑. 雷达目标特性. 北京:电子工业出版社,2005.

[38] 朱晓华. 雷达信号分析与处理. 北京:国防工业出版社,2011.

[39] 许小剑,黄培康. 雷达系统及其信息处理. 北京:电子工业出版社,2010.

[40] 何友,修建娟,张晶炜,等. 雷达数据处理及应用(第 2 版). 北京:电子工业出版社,2009.

[41] 权太范. 目标跟踪新理论与技术. 北京:国防工业出版社,2009.

[42] 徐毓,华中和,周焰,等. 雷达网数据融合. 北京:军事科学出版社,2002.

[43] 贾玉贵. 现代对空情报雷达. 北京:国防工业出版社,2004.

[44] 欧阳和贵. 军用空管雷达应用研究. 雷达与电子对抗,2009,3.

[45] 郑定积. 雷达终端抑制杂波干扰技术综述. 现代电子工程,1995,2.

[46] 阮信畅,方志宏,杨文琳. 动目标检测(MTD)点迹处理技术. 现代电子,1999,1.

[47] 徐玲,吴增辉. 相参积累后雷达目标参数的自动录取. 现代雷达,2000,4.

[48] 彭卫华. 雷达信号的非相参积累检测和恒虚警处理. 舰船电子对抗,2007,6.

[49] 雷远宏. 地面常规雷达体制下的点迹凝聚算法分析. 硅谷,2012,7.

[50] 惠荣昌. 雷达录取终端的发展趋势. 中国雷达,2002,2.

[51] 张尉,武文,宁永安.《雷达系统》课程中的"主线"教学法. 空军雷达学院学报,2003,3.

[52] 张尉. 时域—多普勒域的警戒雷达信号分析. 中国电子科学研究院学报,2008,4.

[53] 王红,毕红葵,张尉. 脉冲雷达 R_{min} 范围内目标距离的确定. 现代雷达,2002,1.

[54] 张尉. 米波雷达阵地地面有效反射区的探讨. 现代雷达,2003,4.

[55] 张尉,王军. 抛物线用作雷达阵地地面有效反射区曲线. 火力与指挥控制,2003,12.

[56] 张尉,何康. 二次雷达威力连续覆盖需求分析. 空军雷达学院学报, 2010,6.

[57] 罗玉文,傅文斌,徐生求,等. 圆极化雷达反气象干扰的机理分析. 吉首大学学报(自然科学版), 1999,3.

[58] 孙传军,等. 雷达管制实务. 北京:国防工业出版社, 2008.

[59] 邓斌. 雷达性能参数测试. 北京:国防工业出版社, 2010.

[60] 中国民用航空总局空中交通管理局雷达导航处. 雷神 ASR – 10SS 设备手册. 1999.